高等院校“互联网+”精品教材系列

实用电路分析与实践
（第2版）

王勤　戴丽华　主编
汤小兰　杭海梅　徐君怡　副主编
王栋　主审

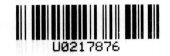

電子工業出版社
Publishing House of Electronics Industry
北京 · BEIJING

美丽中国——广西桂林漓江风光

内 容 简 介

本书依据教育部最新提出的高等职业教育教学改革精神，以构建校企共育人才培养模式为目标，结合近几年的课程改革成果进行修订。本书共 8 个项目：电路及基本元件测试、电路的等效变换与分析测试、正弦稳态电路的分析及实践、串/并联谐振电路的分析及实践、三相电路的分析及实践、动态电路的分析及实践、非正弦周期电流电路的分析与测试、变压器的认知与使用，共 24 个任务。

本书为高等职业本专科院校相应课程的教材，也可作为开放大学、成人教育、自学考试、中职学校和培训班的教材，以及工程技术人员的参考书。

本书配有微课视频、电子教学课件、电子教案等数字化教学资源，详见前言。

图书在版编目（CIP）数据

实用电路分析与实践 / 王勤，戴丽华主编. -- 2 版. 北京 : 电子工业出版社，2024. 8. -- (高等院校“互联网+”精品教材系列). -- ISBN 978-7-121-48659-3

Ⅰ. TM133

中国国家版本馆 CIP 数据核字第 2024DX6494 号

责任编辑：陈健德
印　　刷：中煤（北京）印务有限公司
装　　订：中煤（北京）印务有限公司
出版发行：电子工业出版社
　　　　　北京市海淀区万寿路 173 信箱　邮编：100036
开　　本：787×1 092　1/16　印张：11　字数：296 千字
版　　次：2017 年 8 月第 1 版
　　　　　2024 年 8 月第 2 版
印　　次：2024 年 8 月第 1 次印刷
定　　价：45.00 元

凡所购买电子工业出版社图书有缺损问题，请向购买书店调换。若书店售缺，请与本社发行部联系，联系及邮购电话：（010）88254888，88258888。

质量投诉请发邮件至 zlts@phei.com.cn，盗版侵权举报请发邮件至 dbqq@phei.com.cn。

本书咨询联系方式：chenjd@phei.com.cn。

前　言

随着我国高等职业教育改革的不断深入与创新，高职院校在专业与课程改革方面取得了丰硕成果。高职教育不仅要注重培养学生的专业能力，还要注重培养学生的社会能力、方法能力和职业综合能力。根据教育部最新提出的高等职业教育教学改革精神，编者结合多年的校企合作经验，以构建校企共育人才培养模式为目标，对“电路分析与实践”课程进行了重大改革，与合作企业共同开发完善了该课程，在此基础上对本书进行了修订。

本书共 8 个项目：电路及基本元件测试、电路的等效变换与分析测试、正弦稳态电路的分析及实践、串/并联谐振电路的分析及实践、三相电路的分析及实践、动态电路的分析及实践、非正弦周期电流电路的分析与测试、变压器的认知与使用，共 24 个任务。

本书的主要特点如下。

(1) 书中设计的项目具有实操性，内容符合企业岗位技能要求。

(2) 书中相关电路已进行 Multisim 仿真，将真实实验与仿真实验相结合，提高了实验效率，增强了学生实验的自主性和主观能动性。

(3) 本书配有免费的微课视频（包括授课视频、实验操作视频、习题指导视频）、电子教学课件、电子教案、自测练习参考答案、拓展知识等数字化教学资源，以方便教学。请有此需求的读者扫描书中二维码观看或下载相关资源，也可登录华信教育资源网(http://www.hxedu.com.cn) 免费注册后下载。若有问题请在网站留言或与电子工业出版社联系（E-mail：hxedu@phei.com.cn）。

(4) 本书配套有在线开放课程“电路分析基础”，访问受课程官网搜索本课程后，可在计算机网页端或手机 App 上进行该课程的学习。

本书由苏州工业职业技术学院王勤、戴丽华任主编，由苏州工业职业技术学院汤小兰、杭海梅和苏州华芯微电子股份有限公司徐君怡任副主编，由苏州工业职业技术学院王栋任主审。在此特别感谢合作企业为课程开发提供的无私帮助，以及学院领导的大力支持。

由于编者水平有限，书中疏漏之处在所难免，恳请广大读者批评指正。

编　者

扫一扫下载本课程电子教学课件

扫一扫下载本课程自测练习参考答案

扫一扫下载本课程电子教案

目　　录

项目 1

电路及基本元件测试

项目导入

扫一扫看项目1教学课件

扫一扫看项目1电子教案

本项目主要学习目标是掌握电路的基本规律和基本分析方法。本项目从建立电路模型、了解电路变量等基本问题入手，重点讨论电路基本元件及定律。

任务 1.1 仪器仪表的认知与使用

学习导航

学习目标	1. 知道电路模型的含义及组成
	2. 掌握电压、电流的参考方向
	3. 了解直流稳压电源、电流表、电压表等仪器仪表的使用方法
	4. 能正确使用仪器仪表测量电路元件的电压、电流
重点知识要求	1. 掌握电路组成及电路模型的含义
	2. 理解电压、电流的参考方向
关键能力要求	能规范使用仪器仪表完成测量

实施步骤

扫一扫看微课视频：电工实验台介绍

1. 认识电工实验台

图 1-1-1 所示为电工实验台面板布置图，实验台上已安装的器件有电源部分、仪表部分、电路连接模型和一些具有特定功能的电路板（如日光灯板）。

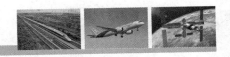

①—0～250V 单相调压器输出指示按钮（交流电压表）；②—单相调压器输出插座；③—三相电源开关，也是实验台总开关（断路器）；④—漏电保护器；⑤—三相五线制输出插座（U、V、W 为三相线电压输出，N 为中性线，PE 为接地线）；⑥—三相电源指示灯；⑦—三相四孔插座；⑧—急停按钮开关（用于制造人为漏电）；⑨—单相电（220V）输出开关；⑩—单相电（220V）输出插座。

图 1-1-1　电工实验台面板布置图

（1）电源部分：电源部分提供 0～250V 连续可调交流电、220V 固定交流电输出和三相交流电源。

（2）仪表部分：实验台上有交（直）流电压表、交（直）流电流表、功率表等，实验台设计是框架式的，可以根据需求配置仪表。学生可以使用桌面上的模块和导线连接电路，并应用仪表进行测量。观察交流、直流电压表的表盘标记与型号，完成表 1-1-1。

表 1-1-1　交流、直流电压表的量程与准确度等级

电压表	量程	准确度等级
交流电压表		
直流电压表		

扫一扫看微课视频：直流电压表和直流电流表介绍

扫一扫看拓展知识：测量数据的处理

2. 直流稳压电源与直流电压表/电流表的使用

1）直流稳压电源与直流电压表的使用

按图 1-1-2 接线，调节直流稳压电源调节旋钮，使其分别输出 30V、18V、4V、2.5V 的电压，利用直流电压表测量实际输出端电压，并将数据记录在表 1-1-2 中。

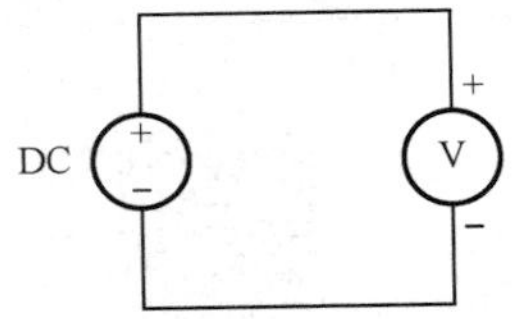

图 1-1-2　直流电压表接入图

表 1-1-2　直流电压表测直流稳压电源输出电压记录表

直流稳压电源电压/V	30	18	4	2.5
测量值				
所选量程				

扫一扫看微课视频：直流电压表和直流电流表的使用

扫一扫看拓展知识：交流电源和交流电压的使用

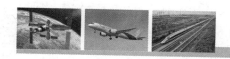

2）直流稳压电源与直流电流表的使用

按图 1-1-3 接线，调节直流稳压电源调节旋钮，使其分别输出 2.5V、5V、7.5V、10V、12.5V、15V 的电压，选择阻值固定的负载（100Ω），接在直流稳压电源两端，串联直流电流表测量回路电流，并将数据记录在表 1-1-3 中。

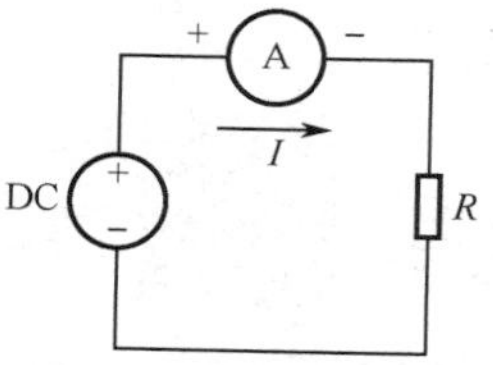

图 1-1-3　直流电流表接入图

表 1-1-3　直流电流表测直流回路电流记录表

R/Ω	100	100	100	100	100	100
U_s/V	2.5	5	7.5	10	12.5	15
I/mA						
P/W						

【小贴士】当直流电压表并联在待测对象两端进行测量时，直流电压表的正极接在待测对象的高电位端，直流电压表的负极接在待测对象的低电位端。直流电流表串联在待测对象支路中进行测量的接线方式如图 1-1-3 所示。直流稳压电源的内阻很小，在使用时严禁输出端短路。

3. 万用表的使用

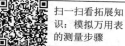

扫一扫看拓展知识：模拟万用表的测量步骤

扫一扫看微课视频：用万用表测量交直流电压

1）用万用表测量交流/直流电压

（1）万用表（见图 1-1-4）水平放置，将黑表笔插入 COM 孔，将红表笔插入 VΩ 孔。

（2）开始测量时，应把选择开关旋到相应的测量项目和量程。注意电流和电压有直流（用符号“—”表示）和交流（用符号“～”表示）之分。

（3）测量电压时，与电压表的使用方法一样，应把万用表并联在被测电路中，对于直流电压，必须使红表笔接在电位高的点（正极），使黑表笔接在电位低的点（负极）。对于交流电压，红、黑表笔接入电路时不分正、负极。

（4）读数时要注意，应读取与选择开关的挡位对应的刻度。如果不知道所测电压的大小，要从大量程开始测，有了基本读数，再用接近的量程测出准确值。

图 1-1-4　数字万用表

（5）测量后，要把表笔从插孔中拔出，并把选择开关置于 OFF 挡，以防电池漏电。在长期不使用时，应把电池取出。

（6）调节直流稳压电源调节旋钮，使输出端分别为表 1-1-4 中的直流电压，并用万用表直流电压挡测量，将测量值及所选量程记录在表 1-1-4 中。

表 1-1-4　万用表测量直流电压记录表

直流电压/V	25	18	5	3
测量值				
所选量程				

（7）调节交流稳压电源调节旋钮，使输出端分别为表 1-1-5 中的交流电压，并用万用表交流电压挡测量，将测量值及所选量程记录在表 1-1-5 中。

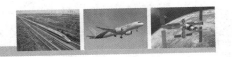

表 1-1-5　万用表测量交流电压记录表

交流电压/V	210	130	12	5
测量值				
所选量程				

2）用万用表测量电阻的阻值

扫一扫看微课视频：用万用表测量电阻的阻值

（1）测量前，确保万用表功能正常，电池电量充足。确保表笔及连线无破损，表笔接触良好。

（2）将万用表的旋钮转到欧姆（Ω）挡。根据待测电阻的范围，选择合适的量程。如果阻值未知，可以先选择最大量程，再逐步降低量程以获得更精确的读数。

（3）将红表笔插入万用表的 VΩ 插孔（或标有 Ω 的插孔），将黑表笔插入 COM 插孔。

（4）测量时，将两个表笔分别与待测电阻的两端相接，确保接触良好。注意，手指不要接触测试线的金属部分，以防人体电阻影响测量结果。从显示屏中读出示数，并将测量结果和所选量程记录在表 1-1-6 中。

（5）测量后，要把表笔从测试笔插孔中拔出，关闭万用表电源。如长期不使用，应把电池取出。

表 1-1-6　万用表测量交流电压记录表

电阻标称值	测量值	所选量程
51Ω		
100Ω		
620Ω		
1kΩ		
100kΩ		
430kΩ		

相关知识

扫一扫看拓展知识：测量方法与误差

1.1.1　电路的基本概念

电路是电流流通的路径，是为了实现某种功能由各种电气设备或元器件按照一定方式连接而成的。图 1-1-5（a）所示为简单的手电筒电路示意图。

电路的基本组成包括以下四部分。

（1）电源（供能元件）：为电路提供电能的设备和元器件，如电池、发电机等。

（2）负载（耗能元件）：使用（消耗）电能的设备和元器件，如灯泡等。

（3）控制器件：控制电路工作状态的器件或设备，如开关等。

（4）连接导线：将电气设备、元器件按一定方式连接起来的导线，如各种铜、铝电缆线等。

为便于对电路进行分析和计算，常用一些表征电路主要电磁特性的理想元件来替代实际元件。由多个理想元件连接而成的电路称为电路模型，如图 1-1-5（b）所示。

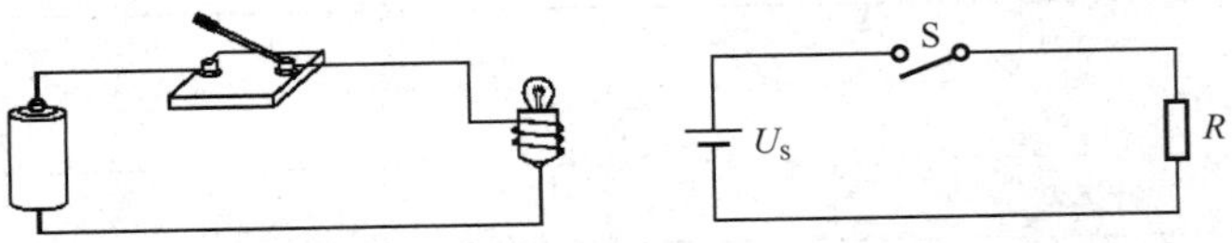

（a）简单的手电筒电路示意图　（b）手电筒的电路模型图

图 1-1-5　电路示意图和电路模型图

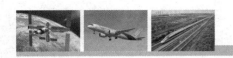

1.1.2　描述电路的常见物理量

1. 电流

（1）电流的定义：单位时间内通过导体横截面的电荷量，称为电流强度，简称电流。用符号 I 或 $i(t)$ 表示，讨论一般电流时可用符号 i 表示。

$$i(t)=\frac{\mathrm{d}Q}{\mathrm{d}t} \tag{1-1-1}$$

式中，$\mathrm{d}t$ 为很小的时间间隔，国际单位制单位为秒（s）；$\mathrm{d}Q$ 为单位电量，国际单位制单位为库仑（C）。

（2）电流的单位：电流的国际单位制单位为安培（A），常用的电流单位还有毫安（mA）、微安（μA）、千安（kA）等，它们与安培的换算关系如式（1-1-2）所示：

$$1\text{mA}=10^{-3}\text{A}，1\mu\text{A}=10^{-6}\text{A}，1\text{kA}=10^{3}\text{A} \tag{1-1-2}$$

（3）实际方向：规定电流实际方向为正电荷运动的方向。

（4）参考方向：在解析电路问题时，通常并不知道电路中的电流实际方向。为了便于对电路进行分析，可以任意地设定一个参考方向。电流参考方向的表示方法如图 1-1-6 所示。其中，图 1-1-6（a）用箭头表示电流参考方向，箭头的指向为电流参考方向；图 1-1-6（b）用双下标来表示电流参考方向，i_{ab} 表示电流参考方向是从 a 流向 b。需要注意的是，这种设定参考方向的做法不会影响电路实际的物理特性，只是为了便于进行数理分析。

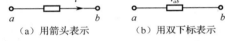

（a）用箭头表示　（b）用双下标表示

图 1-1-6　电流参考方向的表示方法

当计算得到的电流为正时，表示设定的参考方向与实际方向一致；当计算得到的电流为负时，表示设定的参考方向与实际方向相反。

【例 1-1-1】 请说明图 1-1-7 中流过电阻的电流实际方向。

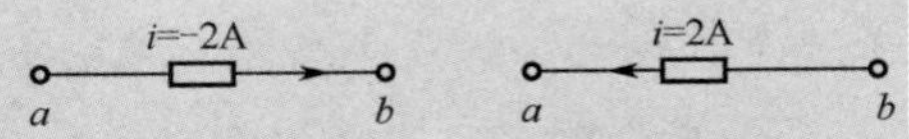

（a）情况一　（b）情况二

图 1-1-7　判断电流实际方向

【解】 图 1-1-7（a）中的电流参考方向是箭头的指向，即从 a 流向 b，根据参考方向得出的电流为-2A，说明实际方向与参考方向相反，因此图 1-1-7（a）中的电流实际方向为从 b 流向 a；图 1-1-7（b）中的电流参考方向是箭头的指向，即从 b 流向 a，根据参考方向得出的电流为 2A，说明电流实际方向与参考方向一致，因此图 1-1-7（b）中的电流实际方向为从 b 流向 a。

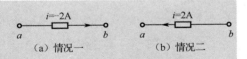

（5）电流的分类：电流分为直流电流和交流电流两类。

直流电流：电流的大小及方向都不随时间变化，记为 DC 或 dc，用大写字母 I 表示。

交流电流：电流的大小及方向均随时间变化，记为 AC 或 ac，用小写字母 i 或 $i(t)$ 表示。

2. 电压

（1）电压的定义：电压是指电路中两点间的电位差。若正电荷 $\mathrm{d}q$ 受电场力作用从 A 点移动到 B 点所做的功为 $\mathrm{d}W$，则 A、B 两点间的电压由式（1-1-3）表示：

$$u_{AB}=\frac{\mathrm{d}W}{\mathrm{d}q} \tag{1-1-3}$$

（2）电压的单位：电压的国际单位制单位为伏特（V），常用的单位还有毫伏（mV）、微伏（μV）、

千伏（kV）等，它们与伏特的换算关系如式（1-1-4）所示：

$$1\text{mV}=10^{-3}\text{V},\ 1\mu\text{V}=10^{-6}\text{V},\ 1\text{kV}=10^{3}\text{V} \tag{1-1-4}$$

（3）电压的实际方向：规定电压的实际方向为从高电位指向低电位的方向。

由于难以确定电路中电压的实际方向，故在实际分析时先任意假定一个参考方向，再根据在此假定下计算得出的电压的正负来判断实际电压方向。电压参考方向的表示方法如图 1-1-8 所示。

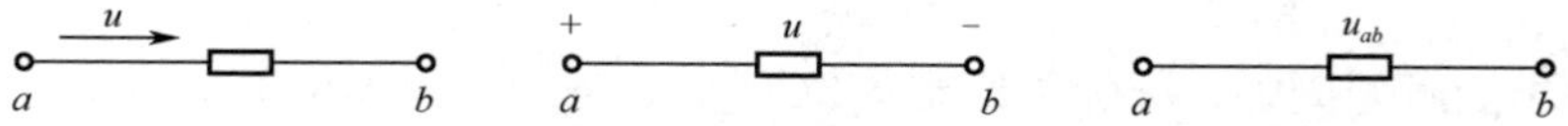

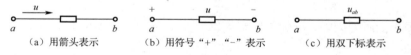

（a）用箭头表示　（b）用符号“+”“−”表示　（c）用双下标表示

图 1-1-8　电压参考方向的表示方法

（4）电压的分类：电压分为直流电压和交流电压两大类，分别用 U 和 $u(t)$ 表示。

3. 电流与电压参考方向的关联性

定义：对于确定的电路元件或支路来说，若电流参考方向是从电压参考极性的“+”极流向“−”极，则称电流与电压为关联参考方向，简称关联方向；否则，为非关联参考方向，如图 1-1-9 所示。

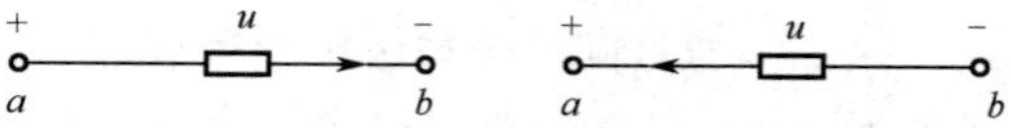

（a）关联参考方向　（b）非关联参考方向

图 1-1-9　参考方向的关联性

【例 1-1-2】 在如图 1-1-10 所示的电路中，分别讨论 A、B 元件两端电压 u 和电流 i 是否为关联参考方向。

【解】 在图 1-1-10 中，电流参考方向为顺时针方向。对于元件 A 而言，参考电流是由参考电压的“−”极流向参考电压的“+”极的，电压 u 与电流 i 为非关联参考方向；对于元件 B 而言，参考电流是由参考电压的“+”极流向参考电压的“−”极的，电压 u 与电流 i 为关联参考方向。

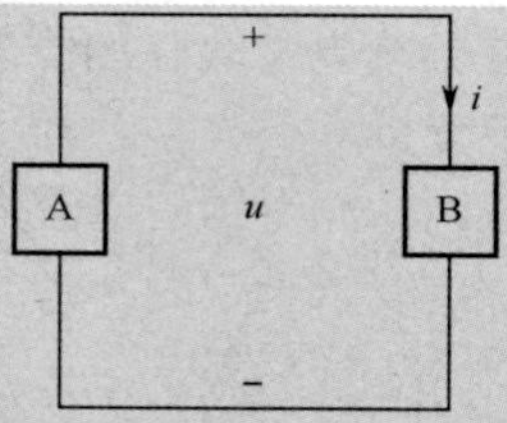

图 1-1-10　判断电压、电流是否为关联参考方向

4. 功率

（1）功率的定义：单位时间电场力所做的功称为电功率，简称功率，用符号 $p(t)$ 表示。

（2）功率的推导过程如下：

$$\because p=\frac{\mathrm{d}W}{\mathrm{d}t},\ u=\frac{\mathrm{d}W}{\mathrm{d}q},\ i=\frac{\mathrm{d}q}{\mathrm{d}t}$$

$$\therefore p=\frac{\mathrm{d}W}{\mathrm{d}t}=\frac{\mathrm{d}W}{\mathrm{d}q}\cdot\frac{\mathrm{d}q}{\mathrm{d}t}=ui \tag{1-1-5}$$

式中，u、i 为关联参考方向；若 u、i 为非关联参考方向，则 $p=-ui$ 。

（3）功率的单位：功率的国际单位制单位为瓦特（W）。

（4）吸收功率与发出功率的判断：根据计算结果的正负可以判断元件实际是吸收功率还是发出功率。当 $p>0$ 时，元件吸收功率；当 $p<0$ 时，元件发出功率。

【例 1-1-3】 在图 1-1-11 中，各电流大小均为 2A，各电压大小均为 5V，其参考方向如图中所示，求各元件的吸收功率或发出功率。

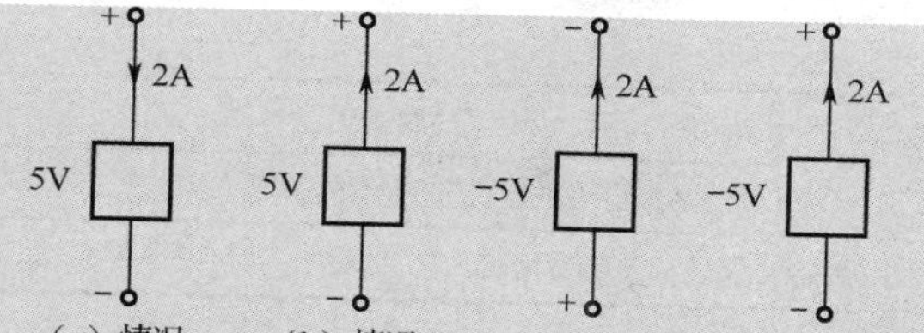

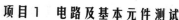

（a）情况一 （b）情况二 （c）情况三 （d）情况四

图 1-1-11 求各元件的吸收功率或发出功率

【解】 图 1-1-11（a）：$p=ui=5\times2=10$（W）>0，元件吸收 10W 的功率。

图 1-1-11（b）：$p=-ui=-5\times2=-10$（W）<0，元件发出 10W 的功率。

图 1-1-11（c）：$p=ui=-5\times2=-10$（W）<0，元件发出 10W 的功率。

图 1-1-11（d）：$p=-ui=-(-5\times2)=10$（W）>0，元件吸收 10W 功率。

【例 1-1-4】 在图 1-1-12（a）中，已知元件的功率为-20W，$I_1=5\text{A}$，求电压 U_1；在图 1-1-12（b）中，已知元件的功率为-12W，$U_2=-4\text{V}$，求电流 I_2。

【解】（1）图 1-1-12（a）中的 U_1、I_1 为关联参考方向，依据 $P_1=U_1I_1$ 可得

$$U_1=\frac{P_1}{I_1}=\frac{-20}{5}=-4\ (\text{V})$$

（2）图 1-1-12（b）中的 U_2、I_2 为非关联参考方向，依据 $P_2=-U_2I_2$ 可得

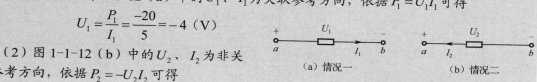

$$I_2=-\frac{P_2}{U_2}=-\frac{-12}{-4}=-3\ (\text{A})$$

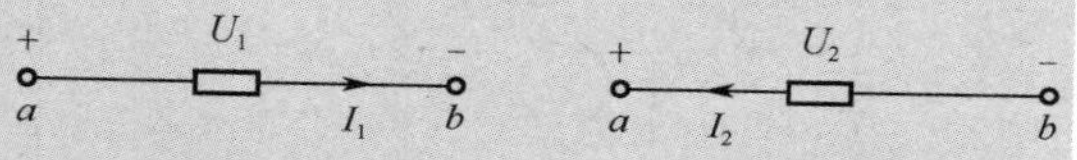

（a）情况一 （b）情况二

图 1-1-12 求图中未知参数

【小贴士】 对于完整电路而言，发出功率等于吸收功率，满足能量守恒定律。

【例 1-1-5】 已知 $U_1=1\text{V}$，$U_2=-3\text{V}$，$U_3=8\text{V}$，$U_4=-4\text{V}$，$I=2\text{A}$，求如图 1-1-13 所示电路中各方框代表的元件的吸收功率或发出功率，证明满足能量守恒定律。

【解】 元件 1：电压、电流为非关联参考方向，$P_1=-U_1I=-(1\times2)=-2\text{W}$。

元件 2：电压、电流为关联参考方向，$P_2=U_2I=-3\times2=-6\text{W}$。

元件 3：电压、电流为关联参考方向，$P_3=U_3I=8\times2=16\text{W}$。

元件 4：电压、电流为关联参考方向，$P_4=U_4I=(-4)\times2=-8\text{W}$。

$\Delta P=P_1+P_2+P_3+P_4=0\text{W}$，满足能量守恒定律。

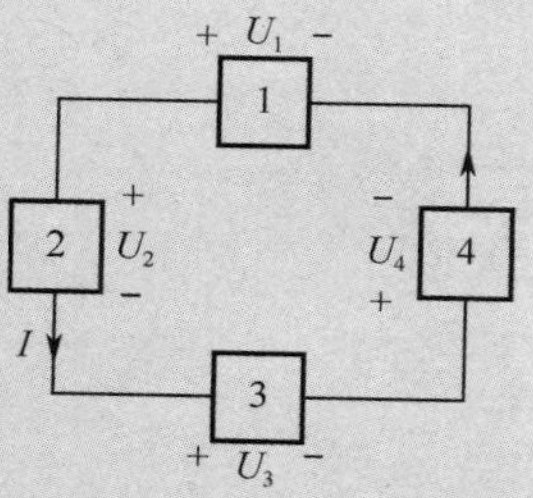

图 1-1-13 例 1-1-5 电路

任务 1.2 电阻元件特性测试

学习导航

学习目标	1．能应用欧姆定律分析计算电阻的电压、电流
	2．了解万用表的使用知识，会正确测量电阻的电压、电流
	3．设计电路测量线性电阻的伏安特性，并绘制伏安特性曲线

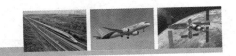

续表

重点知识要求	1. 能应用线性电阻的欧姆定律
	2. 掌握电阻的定义和计算方法
关键能力要求	能规范使用万用表

实施步骤

扫一扫看拓展知识：测量非线性电阻的伏安特性

电阻伏安特性曲线的测定

（1）按如图1-2-1所示电路连接元器件，R_L= 100Ω，U_s为直流稳压电源的输出电压，先将直流稳压电源输出电压调节旋钮置于最小位置。

（2）打开直流稳压电源开关，调节直流稳压电源的输出电压，使其输出电压为表1-2-1中所列数值，并将所测电阻的电压和电流及算得的阻值记录在表1-2-1中。

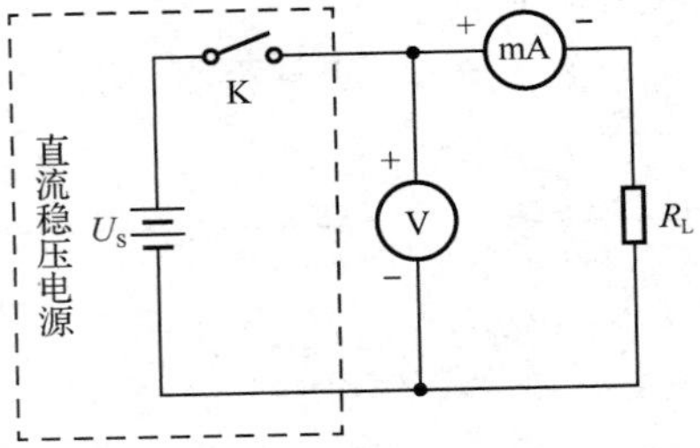

图1-2-1　电阻伏安特性曲线的测定电路

表1-2-1　电阻伏安特性曲线的测定记录表

直流稳压电源电压/V	0	2	4	6	8	10
U/V						
I/mA						
R=U/I						

（3）根据测量的数据在下方坐标系中画出电阻的伏安特性曲线。

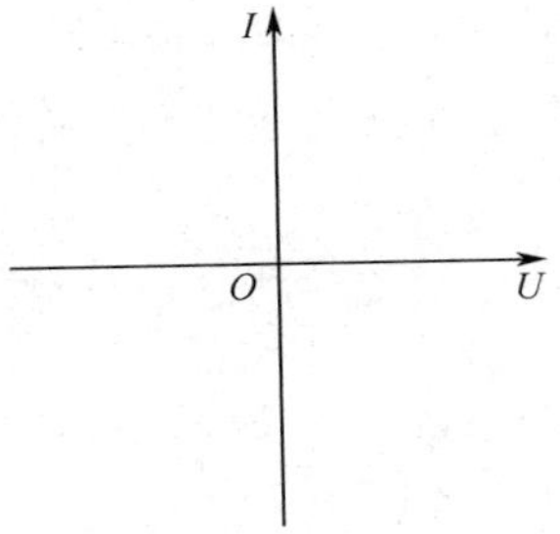

（4）分析实验结果。

相关知识

常见的无源二端理想电路元件包括电阻、电容、电感。它们在电路中起不同作用。其中，电容能储存电场能，电感能储存磁场能，这两种元件将在后续章节进行详细分析，本节重点分析电阻。

在物理学中，常用电阻来表示导体对电流阻碍作用的大小，用电导（Conductance）来衡量导体导电能力，电导是电阻的倒数。电阻越大（电导越小）表示导体对电流的阻碍作用越大。

1.2.1 电阻元件

扫一扫看拓展知识：电阻的标注

1. 电阻的基本概念

1）电阻的大小

电阻是导体的固有属性，在固定温度下，可以通过式（1-2-1）来计算电阻 R 的大小：

$$R=\rho\frac{L}{S} \tag{1-2-1}$$

式中，ρ 为电阻率，与导体材料有关；L 为导体的长度；S 为导体内电荷流动的横截面面积。

2）电阻的单位

电阻的国际单位制单位为欧姆（Ω），常用的单位还有毫欧（mΩ）、千欧（kΩ）、兆欧（MΩ）等，它们与欧姆的换算关系如式（1-2-2）所示：

$$1\text{m}\Omega=10^{-3}\Omega，1\text{k}\Omega=10^{3}\Omega，1\text{M}\Omega=10^{6}\Omega \tag{1-2-2}$$

3）电阻的热效应

前面是在固定温度的前提条件下讨论电阻大小的，那么温度的变化会对电阻有怎样的影响呢？电阻温度系数是描述电阻随温度变化特性的物理量，其定义为温度每升高 1℃电阻的相对变化。

（1）对于金属材料的导体而言，电阻率随温度的升高而增大，随温度的降低而减少。

（2）对于半导体和绝缘体而言，电阻率随温度的升高而减小，随温度的降低而增大。

绝缘体是不容易导电的物体；半导体的导电性能介于导体和绝缘体之间，受温度、光照或掺入微量杂质等多种因素影响。

【例 1-2-1】 一根导线长 8m，横截面面积是 4mm²，该材料的电阻率为 $5.0\times10^{-7}\Omega\cdot\text{m}$，求该导线的电阻 R。

【解】 由公式 $R=\rho\frac{L}{S}$ 可得，$R=\rho\frac{L}{S}=5.0\times10^{-7}\Omega\cdot\text{m}\times8\text{m}\div(4\times10^{-6})\text{m}^2=1\Omega$。

2. 线性电阻与非线性电阻

1）线性电阻

线性电阻是一种理想元件。在任何时刻，它两端的电压 U 和通过它的电流 I 的比值都保持不变。在 U–I 坐标系中，线性电阻的 U/I 比值呈现为一条通过坐标原点的直线。描绘元件 U/I 比值的线又称为伏安特性曲线。

通常所说的电阻，如无特殊说明，均指线性电阻。线性电阻的符号如图 1-2-2 所示，线性电阻的伏安特性曲线如图 1-2-3 所示。电阻的阻值可以由直线的斜率来确定，是一个常数。

2）非线性电阻

还有一类电阻的伏安特性曲线不是一条直线，如二极管，其伏安特性曲线表现出明显的非线性特性，如图 1-2-4 所示，这类元件被称为非线性电阻。非线性电阻的阻值不是固定的

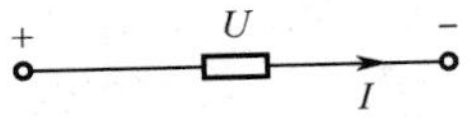

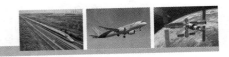

图 1-2-2　线性电阻的符号

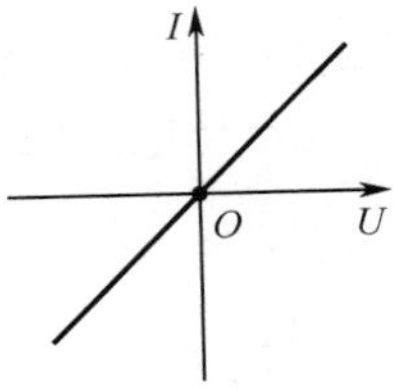

图 1-2-3　线性电阻的伏安特性曲线

常量，而是随着电压或电流的大小和方向而改变的，其伏安特性曲线上的每一点的斜率都不同。需要注意的是，某些非线性电阻的伏安关系还与电压或电流的方向有关。当元件两端施加的电压方向不同时，通过它的电流也会完全不同。由图 1-2-4（b）可以看出，非线性电阻的伏安特性曲线关于坐标原点是不对称的。

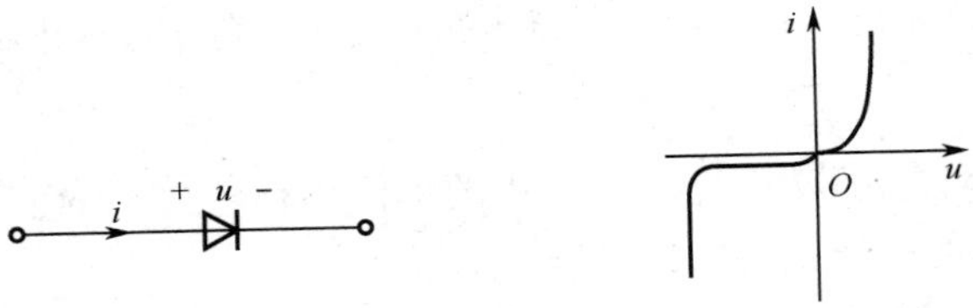

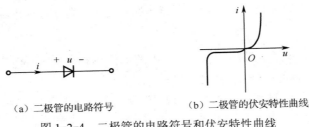

（a）二极管的电路符号　　（b）二极管的伏安特性曲线

图 1-2-4　二极管的电路符号和伏安特性曲线

所有线性电阻的伏安特性曲线都是直线，在坐标原点处具有对称性，这意味着其伏安关系与电压、电流的方向无关。

还有一类电阻被称为时变电阻，它的阻值会随着时间的变化而改变。非线性电阻种类繁多，分析较为复杂，本书主要对线性电阻进行讨论。

3. 电导

电阻的特性还可以用电导来表示。电导是电阻的倒数，用符号 G 表示，即

$$G=\frac{1}{R} \tag{1-2-3}$$

在国际单位制中，电导的单位是西门子（S），简称西。电导常采用的单位还有毫西门子、微西门子表示。

例如，在研究液体导电性能时，通常用电阻的倒数——电导来衡量其导电能力。电导率（κ）是电阻率的倒数，如式（1-2-4）所示，因此电导还可以用式（1-2-5）表示：

$$\kappa=\frac{1}{\rho} \tag{1-2-4}$$

$$G=\kappa\frac{S}{L} \tag{1-2-5}$$

1.2.2　欧姆定律

欧姆定律（Ohm’s Law，OL）是电路分析中重要的基本定律之一，它说明了流过线性电阻的电流与该电阻两端电压之间的关系，反映了电阻的特性。电阻作为消耗电能的元件，总是电场力做功，故实际的电流总是从高电位流向低电位，即电流的方向与电压的方向一致。欧姆定律反映了电阻的伏安关系（电压、电流关系）。

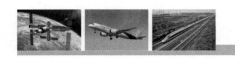

1. 欧姆定律的内容

若线性电阻上的电压、电流取关联参考方向，则u、i之间的关系由式(1-2-6)和式(1-2-7)表示：

$$u = Ri \tag{1-2-6}$$

$$i = \frac{u}{R} = Gu \tag{1-2-7}$$

若线性电阻上的电压、电流取非关联参考方向，则u、i之间的关系由式（1-2-8）表示：

$$u = -Ri \text{ 或 } i = -\frac{u}{R} \tag{1-2-8}$$

欧姆定律在使用时应注意以下几点。

（1）只适用于线性电阻（R为常数）。

非线性电阻的伏安特性曲线不是一条通过原点的直线而是曲线，所以元件两端的电压和流过元件的电流不服从欧姆定律。

（2）如果电阻上的电压与电流为非关联参考方向，那么公式中应冠以负号，即$u = -Ri$。

（3）在参数值不等于零或不等于无限大的电阻上，电流与电压是同时存在、同时消失的。

【例 1-2-2】 电路如图 1-2-5 所示，图中标示的方向为各个物理量的参考方向，已知电源电压为 20V，求开关分别拨至 A 端和 B 端时，电路中的电流及电阻两端的电压。

【解】 当开关拨至 A 端时，电阻两端的电压为

$$u_A = u_S = 20\text{（V）}$$

电阻两端的电压和流过电阻的电流为关联参考方向，运用式（1-2-7），可得

$$i_A = \frac{u_A}{R_A} = \frac{20}{10} = 2\text{（A）}$$

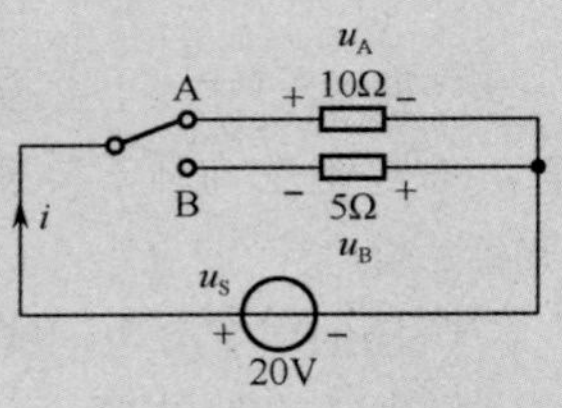

图 1-2-5 例 1-2-2 电路

当开关拨至 B 端时，电阻两端的电压为

$$u_B = -u_S = -20\text{（V）}$$

电阻两端的电压和流过电阻的电流为非关联参考方向，运用式（1-2-8），可得

$$i_B = -\frac{u_B}{R_B} = -\frac{-20}{5} = 4\text{（A）}$$

2. 开路和短路

（1）开路：对应电阻为无穷大的情况，其伏安特性曲线如图 1-2-6 所示。

（2）短路：对应电阻为零的情况，其伏安特性曲线如图 1-2-7 所示。

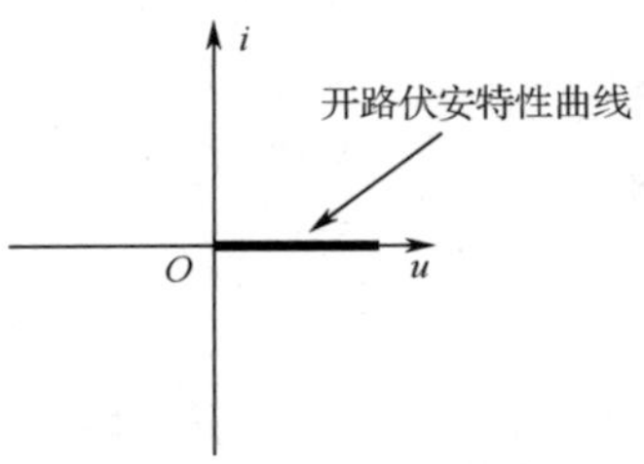

图 1-2-6 开路伏安特性曲线

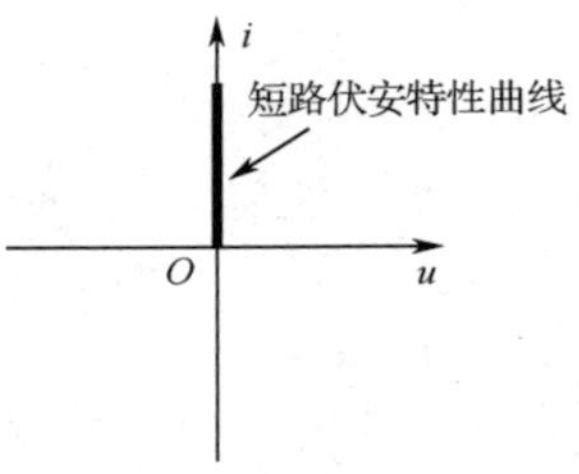

图 1-2-7 短路伏安特性曲线

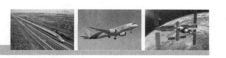

【小贴士】 开路时电流为零，短路时电压为零。

【例 1-2-3】 图 1-2-8 所示的电路存在故障，当开关 S 闭合时，灯泡 L_1、L_2 都不亮；当用导线连接 a、b 两点时，两个灯泡都不亮；当用导线连接 b、c 两点时，两个灯泡都不亮；当用导线连接 c、d 两点时，两个灯泡都亮，说明故障为（　　）。

A. L_1 断路　　B. L_2 断路

C. L_2 短路　　D. 开关 S 断路

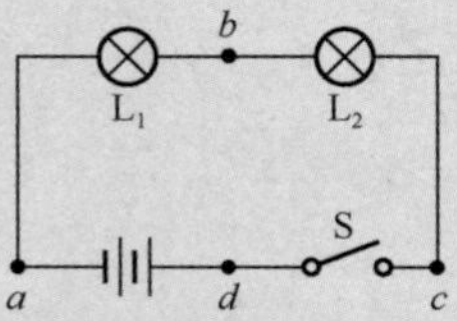

图 1-2-8　例 1-2-3 电路

【解】 当开关 S 闭合时，灯泡 L_1、L_2 都不亮，说明电路中存在的故障是断路。当用导线连接 a、b 两点时，L_1 被短路，两个灯泡都不亮，说明断路支路非 ab 支路。当用导线连接 b、c 两点时，L_2 被短路，两个灯泡都不亮，说明断路支路非 bc 支路。当用导线连接 c、d 两点时，两个灯泡都亮，说明故障支路为 cd 支路。因此是 cd 支路中的开关 S 断路，选择 D。

3. 线性电阻的功率

电阻是一种对电流呈现阻力的元件，有阻碍电流流动的特性，电流要流过电阻必然要消耗能量。因此，电阻是消耗电能的元件，简称耗能元件。

在电压、电流为关联参考方向的条件下，电阻消耗的功率为

$$p = ui = Ri^2 = \frac{u^2}{R} \text{ 或 } p = ui = Gu^2 = \frac{i^2}{G} \quad (1\text{-}2\text{-}9)$$

应注意，式（1-2-9）和关联参考方向必须配套使用。由式（1-2-9）可知，p 恒为非负值，与电阻的电压、电流是否为关联参考方向无关，故电阻在任何时刻都是消耗功率的，是耗能元件。

在任何时刻，电阻总在吸收功率，不会向外发出功率。理想电阻消耗的功率是不受限制的，但对于实际电阻而言，其功率的消耗不能超过电阻的额定功率，否则电阻将因过热而有被烧坏的风险。在实际使用中，可以根据电阻的标称阻值和额定功率，应用相关公式计算出电阻的工作电流和电压，以保证电阻安全工作。

【例 1-2-4】 一个标有“220V，40W”字样的白炽灯，在正常发光时通过灯丝的电流是多少？灯丝的电阻是多少？若将该白炽灯接到 110V 的电源上，则其实际功率是多少？

【解】 白炽灯正常工作时的电流可由 $P=UI$ 求得

$$I = \frac{P}{U} = \frac{40}{220} \approx 0.1818 \text{（A）}$$

灯丝的电阻 R 可由 $P = \frac{U^2}{R}$ 求得

$$R = \frac{U^2}{P} = \frac{220^2}{40} = 1210 \text{（Ω）}$$

若将该白炽灯接到 110V 的电源上，则其实际功率为

$$P = \frac{U^2}{R} = \frac{110^2}{1210} = 10 \text{（W）}$$

对于额定功率为 40W 的负载，当工作电压为额定电压的一半时，其实际功率只有 10W，是额定功率的 1/4。由此可知，负载只有在额定电压下工作，才能达到额定功率。

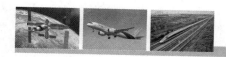

任务 1.3　电源元件特性测试

学习导航

学习目标	1．了解理想电源的特性
	2．理解实际电源的种类及特点
	3．理解和区分理想电源、实际电源的作用与特点
重点知识要求	1．了解理想电源特性
	2．掌握实际电源特性及两种模型
关键能力要求	能搭建合理的测试电路，并结合测量结果分析电源元件特性

实施步骤

1．测量理想电压源的伏安特性曲线

（1）按如图 1-3-1 所示电路接线，将直流稳压电源视为理想电压源，将直流稳压电源输出电压调为 10V，固定不变。外电路为在端口并联电压表，在回路中串联电流表及一个阻值可变的滑动变阻器。在将滑动变阻器接入电路时，请将阻值调至最大。

（2）闭合开关 K，改变滑动变阻器的阻值，取 R_L 为 100Ω、200Ω、300Ω、400Ω、500Ω、600Ω。测量对应的理想电压源的端电压 U 和电路中的电流 I，并将测量值记录在表 1-3-1 中。

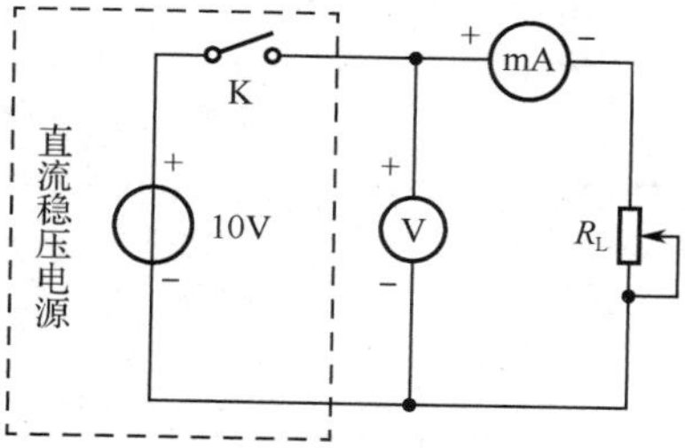

图 1-3-1　测量理想电压源的伏安特性曲线的电路

表 1-3-1　测量理想电压源的伏安特性曲线的记录表

R_L/Ω	100	200	300	400	500	600
U/V						
I/A						

（3）根据测量值在下方坐标系中画出理想电压源的伏安特性曲线。

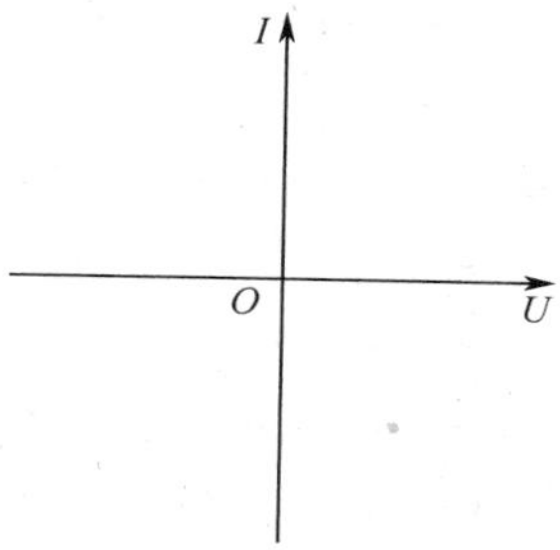

（4）分析实验结果。

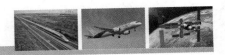

2. 测量实际电压源的伏安特性曲线

（1）按如图 1-3-2 所示电路接线，将直流稳压电源与电阻 R_S（R_S=51Ω）串联，以模拟实际电压源。在将滑动变阻器接入电路时，请将阻值调至最大。

（2）闭合开关 K，将直流稳压电源的输出值调为 10V，改变滑动变阻器的阻值，使 R_L 分别为 100Ω、200Ω、300Ω、400Ω、500Ω、600Ω。测量实际电压源的端电压 U 和电路中的电流 I，并将测量值记录在表 1-3-2 中。

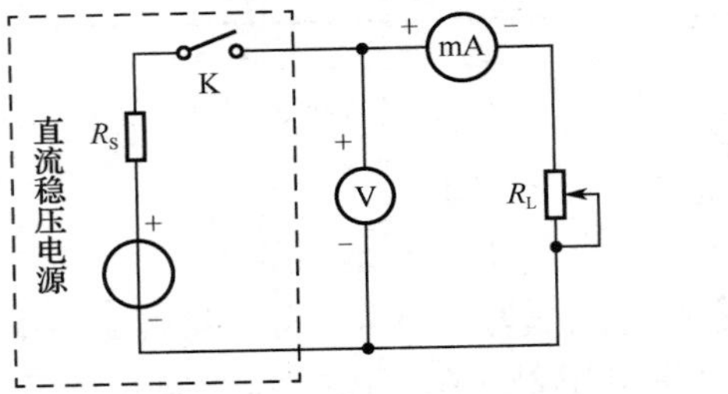

图 1-3-2　测量实际电压源的伏安特性曲线的电路

表 1-3-2　测量实际电压源的伏安特性曲线记录表

R_L/Ω	100	200	300	400	500	600
U/V						
I/A						

（3）根据测量值在下方坐标系中画出实际电压源的伏安特性曲线。

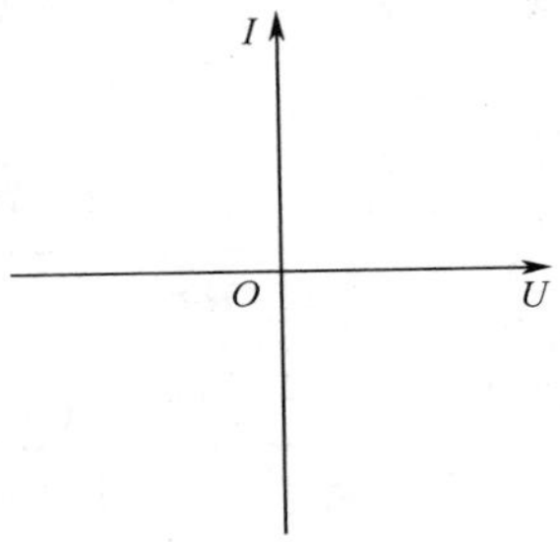

（4）分析实验结果。试问实际电压源两端电压的大小与它的外接电阻阻值大小有没有关系？与流经它的电流大小有没有关系？

【小贴士】 电流表应串接在被测电流支路中，电压表应并接在被测电压两端，要注意直流仪表“+”端、“−”端的接线，并选择适当的量程。直流稳压电源输出端不能短路。交流电压源和直流电压源不能接错，否则会将电阻烧坏（电路中电阻的功率不可超过电阻的额定功率）。

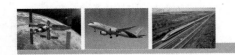

相关知识

电源是一种能将其他形式的能量（如光能、热能、机械能、化学能等）转换成电能的装置，又称激励源。发电机、蓄电池、干电池等是常见的电源，用于为电路提供电能。理想电压源和理想电流源是实际电源的理想化模型。

扫一扫看拓展知识：电源的种类

扫一扫拓展知识：受控源

1.3.1　理想电源

本节所讲的电压源和电流源都是理想电源，它们是从实际电源中抽象出来的一种电源模型，是一种有源元件。

1. 理想电压源

理想电压源的定义：无论流过它的电流是多少，其两端电压总是保持不变。简单来说，理想电压源两端电压与流过它的电流无关。

理想电压源的电路符号如图 1-3-3 所示。

理想电压源有如下两个特点。

（1）电压源两端电压 $u(t)$ 的函数（或在一定时间范围内的波形）是固定的。无论连接的外电路如何变化，理想电压源的输出电压始终保持不变，即 $u(t)=U_S$ 始终成立。

（2）流过电压源的电流会随外电路的不同而改变。

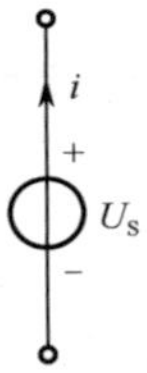

图 1-3-3　理想电压源的电路符号

1）理想电压源的伏安关系

（1）理想电压源两端电压由理想电压源自身决定，与连接的外电路无关。这意味着无论电流的方向和大小如何，理想电压源两端电压都保持不变。理想电压源的伏安特性曲线如图 1-3-4 所示。理想电压源的伏安特性曲线在 $i-u$ 坐标系内是一条不经过原点且与 i 轴平行的直线。

（2）流过理想电压源的电流是由理想电压源及其外电路共同决定的。如图 1-3-5 所示，当理想电压源与外接电阻连接形成闭合回路时，回路中的电流可以用式（1-3-1）表示：

$$i=\frac{U_S}{R} \tag{1-3-1}$$

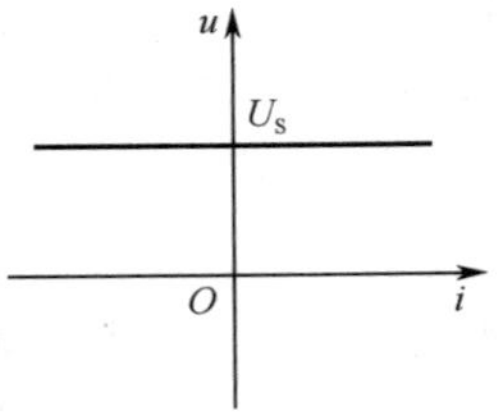

图 1-3-4　理想电压源的伏安特性曲线

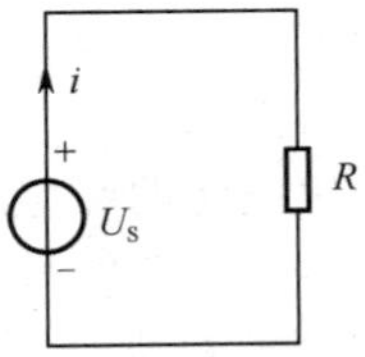

图 1-3-5　理想电压源与外接电阻连接

由式（1-3-1）可得式（1-3-2）：

$$\begin{cases} i\to 0\ (R\to\infty) \\ i\to\infty\ (R\to 0，即短路) \end{cases} \tag{1-3-2}$$

即当 $R\to\infty$ 时，$i\to 0$；当 $R\to 0$ 时，$i\to\infty$，此时会产生一个极大的电流，容易烧毁电路

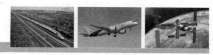

中的元器件，应该避免发生这种情况，因此理想电压源可以开路，但不能短路。

【例 1-3-1】 求如图 1-3-6 所示的两种情况下的 U。

【解】 图 1-3-6（a）中端口电压的正极与理想电压源的正极连接，端口电压的负极和理想电压源的负极连接，可得

$$U = 7\text{V}$$

图 1-3-6（b）中 U 的正极与理想电压源的负极连接，U 的负极接与理想电压源的正极连接，因此 U 的取值应该与理想电压源的输出电压相反，即

$$U = -8\text{V}$$

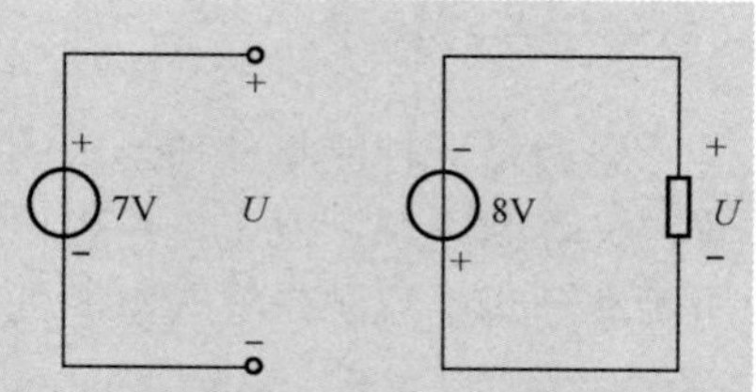

图 1-3-6　例 1-3-1 电路

2）理想电压源的功率

（1）当理想电压源两端的电压与电流为非关联参考方向时，如图 1-3-7 所示，其功率为

$$P = -U_S I \tag{1-3-3}$$

（2）当理想电压源两端的电压与电流为关联参考方向时，如图 1-3-8 所示，其功率为

$$P = U_S I \tag{1-3-4}$$

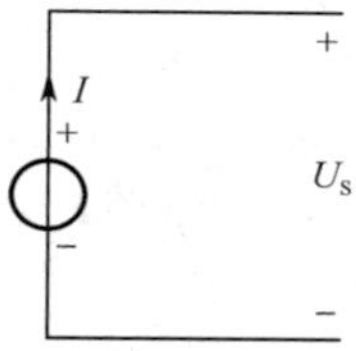

图 1-3-7　非关联参考方向

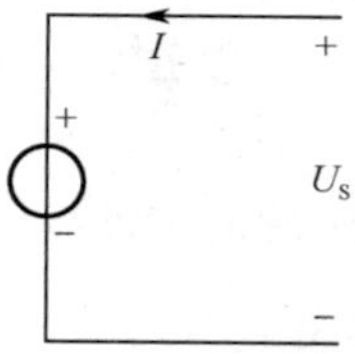

图 1-3-8　关联参考方向

需要指出的是，理想电压源两端电压是固定的，流过理想电压源的电流由外电路决定，电流的大小和方向随外电路的变化而改变。在一般情况下，选择将理想电压源的电压和电流设为非关联参考方向，如图 1-3-7 所示。

2. 理想电流源

理想电流源的定义：它的输出电流总能保持定值，与其两端电压无关。

理想电流源具有如下两个特点。

（1）流过理想电流源的电流 $i(t)$ 的函数（或在一定时间范围内的波形）是固定的。无论连接的外电路如何变化，理想电流源的输出电流始终保持不变。

（2）理想电流源两端电压会随外电路的不同而改变。

理想电流源的电路符号如图 1-3-9 所示，箭头方向是理想电流源输出电流的参考方向。

图 1-3-9　理想电流源的电路符号

1）理想电流源的伏安关系

（1）理想电流源的输出电流是由理想电流源自身决定的，与外电路无关，与理想电流源两端电压的方向和大小也无关。理想电流源的伏安特性曲线如图 1-3-10 所示，在 $i-u$ 坐标系内是一条不经过原点且与 u 轴平行的直线。这表明电流 i 由 I_S 决定，与理想电流源两端电压无关。

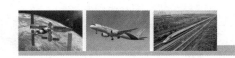

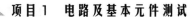

（2）理想电流源两端电压由理想电流源及其外电路共同决定。如图 1-3-11 所示，当理想电流源与外接电阻连接形成闭合回路时，回路中的端口电压为

$$U = I_S R_L \tag{1-3-5}$$

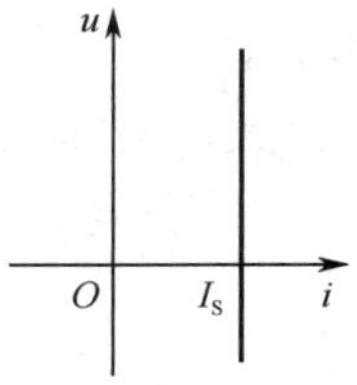

图 1-3-10　理想电流源的伏安特性曲线

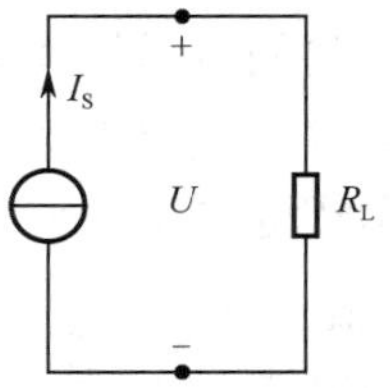

图 1-3-11　理想电流源与外接电阻连接

由式（1-3-5）可得式（1-3-6）：

$$\begin{aligned} &U \to 0\ （R_L \to 0） \\ &U \to \infty\ （R_L \to \infty，即开路） \end{aligned} \tag{1-3-6}$$

即当 $R_L \to 0$ 时，$U \to 0$；当 $R_L \to \infty$ 时，$U \to \infty$，此时理想电流源对外输出极大的电压，会导致电路中的元器件负荷过大，因此理想电流源可以短路，但不能开路。

2）理想电流源的功率

当理想电流源的输出电流和两端电压为非关联参考方向时，如图 1-3-12 所示，其功率为

$$P = -UI_S \tag{1-3-7}$$

当理想电流源的输出电流和两端电压为关联参考方向时，如图 1-3-13 所示，其功率为

$$P = UI_S \tag{1-3-8}$$

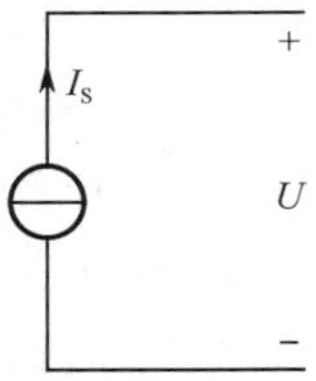

图 1-3-12　非关联参考方向

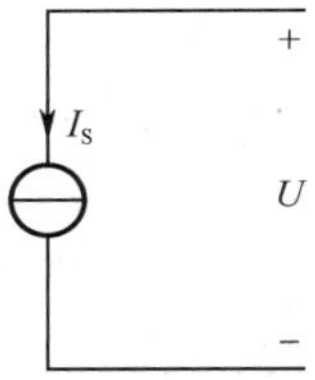

图 1-3-13　关联参考方向

需要指出的是，理想电流源的输出电流是固定的，而它两端的电压是由连接的外电路决定的，电压大小和方向会随着外电路的变化而改变。在一般情况下，选择将理想电流源的输出电流和两端电压设为非关联参考方向，如图 1-3-12 所示。

【例 1-3-2】 如图 1-3-14 所示，计算电路中各元件的功率。

【解】 对于 2A 理想电流源而言，其输出电流与两端电压为非关联参考方向，则有

$$P_{2A} = -(5 \times 2) = -10\ （W），发出功率$$

对于 5V 理想电压源而言，其两端电压与流过的电流为关联参考方向，则有

$$P_{5V} = 5 \times 2 = 10\ （W），吸收功率$$

满足 $P_{发}=P_{吸}$。

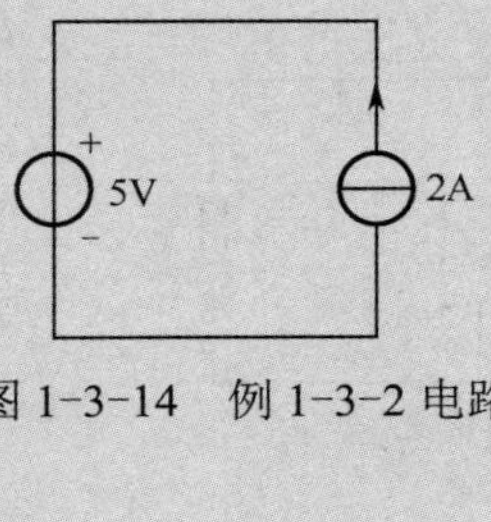

图 1-3-14　例 1-3-2 电路

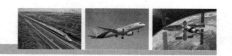

1.3.2 实际电源

当电压源外电路短路时，$i \to \infty$，其两端电压仍保持不变，功率为无穷大，实际上这是不可能的。实际电源的内部是存在电阻（称为内阻）的，其两端电压将随电流增大而下降。通常将带有串联电阻的电压源作为实际电压源的模型。同理，当电流源外电路开路时，相当于外接电阻 $R \to \infty$，其输出电流仍保持不变，输出功率为无穷大，实际上这也是不可能的。为了更准确地表示实际电源，通常将带有并联电阻的电流源作为实际电流源的模型。

1. 实际电压源

实际的直流电压源在供电时输出的电压 u 和电流 i 都随负载的变化而改化。负载变小，输出电流变大，输出电压变低。若负载短路，则输出电压为零，输出电流最大。负载短路时的输出电流称为短路电流，用 i_{SC} 表示。若负载开路，则输出电流为零，输出电压最高。负载开路时的输出电压称为开路电压，用 u_{OC} 表示。

图 1-3-15（a）所示为实际电源向负载供电的电路。此时实际电源两端电压 u 和电流 i 的关系称为伏安关系，简称 VAR（Volt-Ampere Relation），可用直线近似描述，如图 1-3-15（b）所示。这里可以借助斜率的计算方法，来推导伏安特性曲线的表达式：

$$\frac{u}{i_{SC} - i} = \frac{u_{OC}}{i_{SC}} \tag{1-3-9}$$

变换式（1-3-9）可得式（1-3-10）：

$$u = u_{OC} - \frac{u_{OC}}{i_{SC}} i \tag{1-3-10}$$

由理想电压源的定义及其伏安特性曲线可以得知 $u_S = u_{OC}$，代入式（1-3-10）可以得到 $u = u_S - R_S i$，R_S 为电源的等效内阻，其大小用 $R_S = u_{OC} / i_{SC}$ 表示。

在研究一个实际电压源的输出电压 u 和输出电流 i 时，可以用一个理想电压源和内阻串联的模型来表示实际电压源，如图 1-3-16(a)所示。实际电压源的等效内阻 R_S 很小，即 $R_S \approx 0$，输出电压随 R_S 变化很小，说明此电源在此工作状态下具有很好的近似恒压性。实际电压源并不再具有端电压保持不变的特点。本书中通常将实际电压源简称为电压源。

由图 1-3-16（a）可以得知，实际电压源的端电压 U 与电流 I 的关系可用式（1-3-11）表示。图 1-3-16（b）所示为实际电压源的伏安特性曲线。可以观察到，电压源的端电压 U 低于 U_S，它们之间的差值就是内阻的压降 IR_S，而且随着 I 的增大，IR_S 会增大，端电压 U 会降低。实际电压源的内阻越小，就越接近理想电压源。

$$U = U_S - IR_S \tag{1-3-11}$$

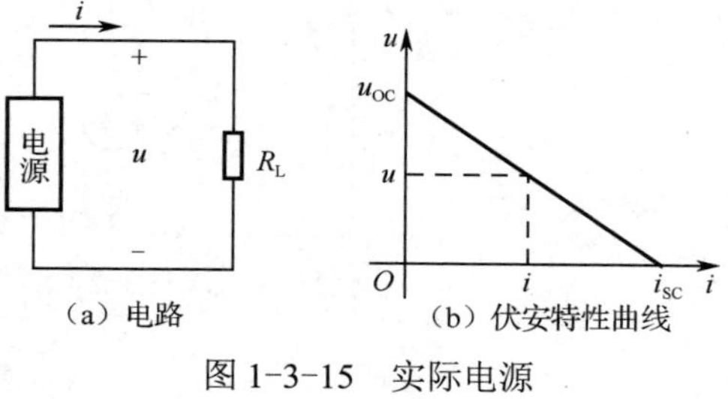

图 1-3-15　实际电源

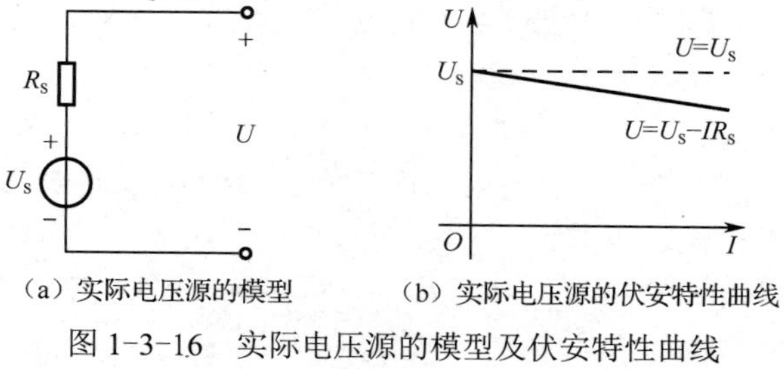

图 1-3-16　实际电压源的模型及伏安特性曲线

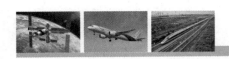

【例 1-3-3】 一个实际电压源和一个理想电压源外接同样的负载，如图 1-3-17 所示。$R=10\Omega$，$U_S=12V$，$R_S=2\Omega$，求两种电压源的输出功率。

【解】 图 1-3-17（a）所示为实际电压源外电路：

$$I=\frac{U_S}{R_S+R}=\frac{12}{2+10}=1\ (\text{A})$$

实际电压源的输出功率：

$$P=UI=I^2R=1^2\times10=10\ (\text{W})$$

图 1-3-17（b）所示为理想电压源外电路：

$$I'=\frac{U_S}{R}=\frac{12}{10}=1.2\ (\text{A})$$

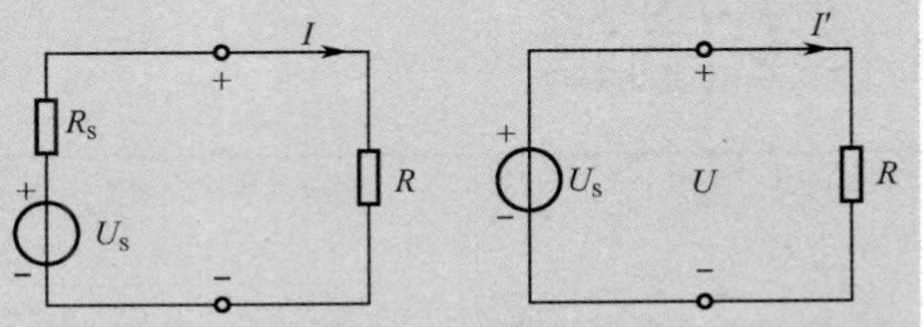

（a）实际电压源外接电路　（b）理想电压源外接电路

图 1-3-17　例 1-3-3 电路

理想电压源的输出功率：

$$P=UI'=I'^2R=1.2^2\times10=14.4\ (\text{W})$$

2. 实际电流源

由式（1-3-9）可以推导出式（1-3-12）：

$$\frac{i_{SC}-i}{u}=\frac{i_{SC}}{u_{OC}} \tag{1-3-12}$$

变换式（1-3-12）可以得出式（1-3-13）：

$$i=i_{SC}-\frac{i_{SC}}{u_{OC}}u \tag{1-3-13}$$

取理想电流源输出电流为I_S，其大小和方向均与短路电流i_{SC}相同，即$I_S=i_{SC}$。由式（1-3-13）可得$i=I_S-G_Su$，其中$G_S=i_{SC}/u_{OC}$是电源的等效内电导。

由此可见，在研究一个实际电流源的输出电压和输出电流时，可以将它等效为一个理想电流源与一个内阻并联的电路模型，如图 1-3-18（a）所示。实际电流源内阻很大，通常远大于外接负载，即$R_S \gg R_L$，电流源输出电流随R_L的变化很小，说明此电源在此工作状态下具有很好的近似恒流性。本书中通常将实际电流源简称为电流源。

由图 1-3-18（a）可以得知，实际电流源的端电压U与电流I之间的关系可用式（1-3-14）来表示。图 1-3-18（b）所示为实际电流源的伏安特性曲线。实际电流源的内阻越大，内部分流作用越小，就越接近理想电流源。因此，可以将理想电流源看作实际电流源在内阻趋于无穷大时的极限情况。

$$I=I_S-U/R_S \tag{1-3-14}$$

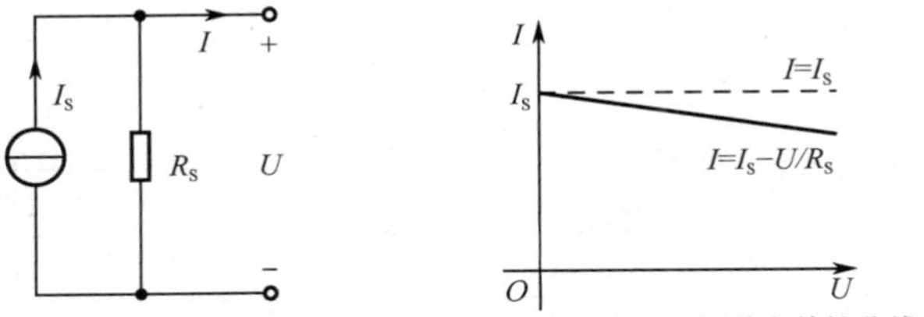

（a）实际电流源的模型　（b）实际电流源的伏安特性曲线

图 1-3-18　实际电流源的模型及伏安特性曲线

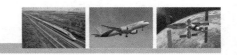

任务 1.4　基尔霍夫定律验证测试

学习导航

学习目标	1. 理解基尔霍夫电流定律（Kirchhoff's Current Law，KCL）、基尔霍夫电压定律（Kirchhoff's Voltage Law，KVL），会列写 KCL 方程、KVL 方程
	2. 能应用基尔霍夫定律对较复杂电路中的电压、电流等进行计算
	3. 能正确使用电压表、电流表对复杂电路进行测量，验证基尔霍夫定律
重点知识要求	掌握 KCL、KVL
关键能力要求	掌握复杂直流电路的搭建与电压、电流测量的方法

实施步骤

1. 电压/电位的测量

（1）按如图 1-4-1 所示的电路接线，调节双路可调直流稳压电源，设置两个电源，输出电压分别为 U_{S1}=10V，U_{S2}=6V。连接两路开关及 5 个电阻，阻值分别为 R_1=430Ω，R_2=150Ω，R_3=51Ω，R_4=100Ω，R_5=51Ω。

（2）用万用表检测电路，检查电路通路及元件的选取是否正确，若有问题，则进行故障排除。（注意：检测时要断开电源。）

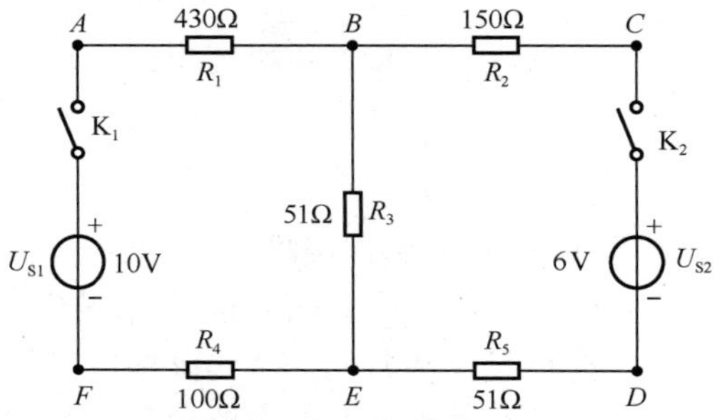

图 1-4-1　电压/电位的测量电路

（3）闭合开关 K_1 和 K_2，以 *B* 点、*D* 点、*E* 点为电位的参考点（参考点电位为 0），测量电路中其余点的电位。将电压表跨接在被测点与参考点之间，电压表的读数就是该点的电位。当电压表的“+”端接被测点，“−”端接参考点时，若电压表指针正向偏转，读数为正，则该点电位为正；反之，该点电位为负。用电压表分别测量 *A* 点、*B* 点、*C* 点、*D* 点、*E* 点、*F* 点电位。然后测量电压 U_{AB}、U_{BC}、U_{CD}、U_{DE}、U_{EF}、U_{AF}、U_{BE}，其中 *A*、*B* 两点间的电压 U_{AB} 的参考方向是由 *A* 指向 *B*，也就是说 *A* 点的参考极性为正，*B* 点的参考极性为负，当电压表指针正向偏转，读数为正时，两点间的电压为正；反之，两点间的电压为负。将数据记入表 1-4-1（测试中注意电位的极性）。

表 1-4-1　电压/电位的测量记录表

参考点	V_A	V_B	V_C	V_D	V_E	V_F	U_{AB}	U_{BC}	U_{CD}	U_{DE}	U_{EF}	U_{AF}	U_{BE}
B 点													
D 点													
E 点													

（4）根据测量数据进行分析，理解电位与电压的关系，以及它们之间的相同点与不同点，并回答以下问题。

① 以不同的点为参考点时，电路中各点的电位是否相同？电路中两点间的电压是否有变化？这说明什么？

② 以 B 点为参考点，测量各点的电位和电压，验证电位与电压的关系。

③ 在测量过程中如何确定电位的极性和两点间电压的正、负，请说明。

2. 基尔霍夫定律验证

（1）按如图 1-4-2 所示的电路接线，调节双路可调直流稳压电源，设置两个电源，输出电压分别为 U_{S1}=25V，U_{S2}=15V，将 3 个电流表串联在电路中，注意电流表的正、负极连接方式，不可接反，并将 5 个电阻接入电路，阻值分别为 R_1=430Ω，R_2=150Ω，R_3=51Ω，R_4=100Ω，R_5=51Ω 。

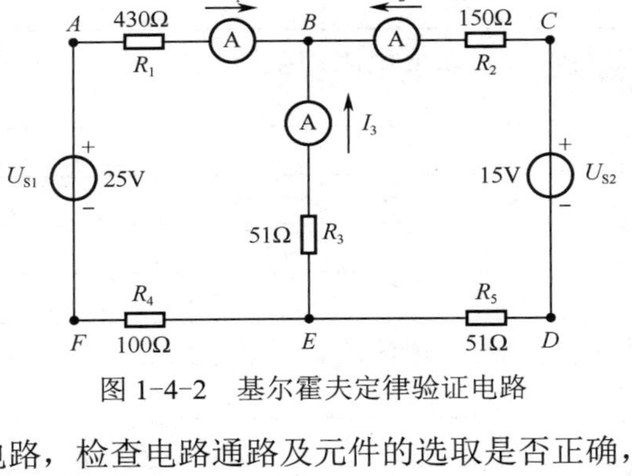

扫一扫看微课视频：基尔霍夫电流定律验证

扫一扫看微课视频：基尔霍夫电压定律验证

图 1-4-2　基尔霍夫定律验证电路

（2）用万用表检测电路，检查电路通路及元件的选取是否正确，若有问题，则进行故障排除。（注意：检测时要断开电源。）

（3）利用接入的电流表测量 I_1、I_2、I_3 的数值（注意电流的方向）。通常事先不知道每条支路中的电流实际方向，这时可以任意假定各条支路中的电流方向，并标在电路图上。若电流表正向偏转，则电流为正；反之，电流为负，说明其参考方向与实际方向相反。根据图1-4-2中标示的电流参考方向确定被测电流的正、负，并将数据填入表1-4-2。

表1-4-2　基尔霍夫定律验证电流数据记录表

I_1/mA	I_2/mA	I_3/mA	B点上的电流的代数和

（4）用导线代替电流表，并用直流电压表测量电压U_{AB}、U_{BE}、U_{EF}、U_{FA}和U_{CB}、U_{BE}、U_{ED}、U_{DC}的数值，根据图1-4-2中标示的电压参考方向确定被测电压的正、负，并将数据填入表1-4-3。

表1-4-3　基尔霍夫定律验证电压数据记录表

U_{AB}/V	U_{BE}/V	U_{EF}/V	U_{FA}/V	回路$ABEFA$压降之和
U_{CB}/V	U_{BE}/V	U_{ED}/V	U_{DC}/V	回路$CBEDC$压降之和

（5）分析实验结果，验证基尔霍夫定律。

KCL指出，任何时刻，在电路的任意一个节点上，所有支路电流的代数和恒等于零，即$\sum I=0$。

KVL指出，任何时刻，沿电路中任意一个闭合回路绕行一周，各段电压的代数和恒等于零，即$\sum U=0$。

思考实验过程，整合实验数据，并回答以下问题。

① 根据实验结果是否可以验证基尔霍夫定律，请用数据说明。

② 分析在实验过程中是否可以改变电源的电压。

③ 在实验过程中如何确定电压、电流的正、负？

相关知识

在电路中，各条支路的电流和电压受到两类约束：第一类约束是元件特性的约束，如电阻支路的电压和电流必须符合欧姆定律；第二类约束是连接特性的约束，这类约束的基本关系由基尔霍夫定律描述。

1.4.1　电路中的电位与电压的关系

扫一扫看拓展知识：支路、节点、网课、回路的概念

1. 电位的定义

电场力把1C正电荷从电场中的 a 点沿任意路径移动到无穷远处（该处的电场强度为零），在这个过程中，电场力所做的功［以焦耳（J）为单位］称为电场中 a 点的电位，用 V_a 表示，单位为V。电场中 a、b 两点间的电位差称为 a、b 两点间的电压，用 U_{ab} 表示，如式（1-4-1），单位为V。

$$U_{ab}=V_a-V_b \tag{1-4-1}$$

若 $U_{ab}>0$，则 a 点的实际电位高于 b 点的实际电位，即 $V_a>V_b$；若 $U_{ab}<0$，则 a 点的实际电位低于 b 点的实际电位，即 $V_a<V_b$；若 $U_{ab}=0$，则 a、b 两点的实际电位相等，即 $V_a=V_b$。由此可见，电路中某点的电位是该点与参考点间的电压，若这个电压为正，则表示该点电位比参考点电位高；若该点电位为负，则表示该点电位比参考点电位低。通常电路分析是基于同一个参考点电位进行的。

2. 计算电路中某点电位的方法

（1）确认电位参考点：在开始对电路进行分析之前，选择计算电位的起点，这个起点被称为电位参考点或零电位点。在电路中，可以随意选择一个点作为参考点，视其电位为0，通常用符号“⊥”表示。在一般情况下，大地的电位被设定为0，也可以选取设备的机壳作为参考点。

（2）确定电流方向和电压极性：需要确定电路中的电流方向，以及各元器件两端的电压极性。

（3）计算电位：从待求点开始通过一定的路径绕到电位参考点，待求点的电位等于此路径上所有压降的代数和。电阻压降写成±RI 的形式，当电流 I 的参考方向与路径绕行方向一致时，选取“+”；反之，选取“−”。电源的电动势写成±E 的形式，当电动势的方向与路径绕行方向一致时，选取“−”；反之，选取“+”。

引入电位概念后，电路图的绘制方式会有所不同，即不再用电压源符号，而是标明极性和电压。按照这种画法，图1-4-3（a）可以改画成如图1-4-3（b）所示的形式，图中 a 点标出的+6V表示电压源的大小为6V，电压源的正极接 a 点，电压源的负极接参考点 d。同样 c 点标出的−2V，表示电压源的负极接 c 点，电压源的正极接参考点 d。

如图1-4-3（b）所示，图中未进行刻意说明，实际上选取 d 点作为参考点，$V_a=6\text{V}$，表示 a 点相对 d 点的电位，等同于 $V_a-V_d=6\text{V}$。同理，$V_c=-2\text{V}$，表示 c 点相对于 d 点的电位，等同于 $V_c-V_d=-2\text{V}$。图中 a、c 两点间的电压表示为 $U_{ac}=V_a-V_c=[6-(-2)]=8\text{V}$。

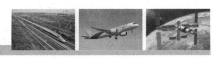

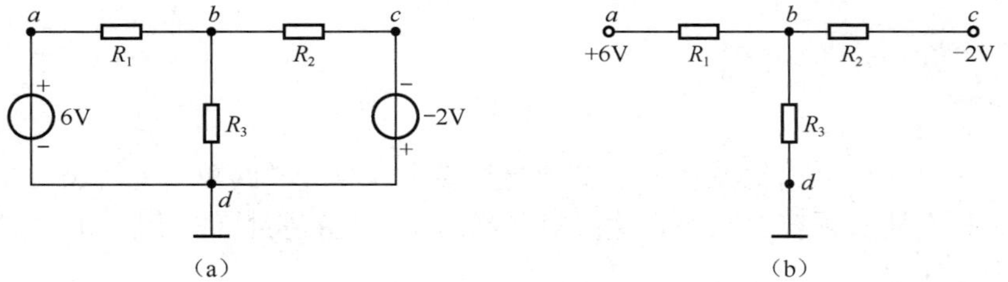

图 1-4-3　电位的定义示意模型

【例 1-4-1】 电路如图 1-4-4 所示，分别以 a 点、b 点为参考点求电路中的 V_a、V_b、V_c、V_d 并计算 U_{ab}、U_{ac}、U_{ad}。

【解】（1）设 a 为参考点，如图 1-4-5 所示，进行分析。因为 a 点为参考点，所以视 a 点电位为 0，即 $V_a = 0$（V）。

$$V_b = U_{ba} = -10\times 6 = -60\text{（V）}$$
$$V_c = U_{ca} = 4\times 20 = 80\text{（V）}$$
$$V_d = U_{da} = 6\times 5 = 30\text{（V）}$$

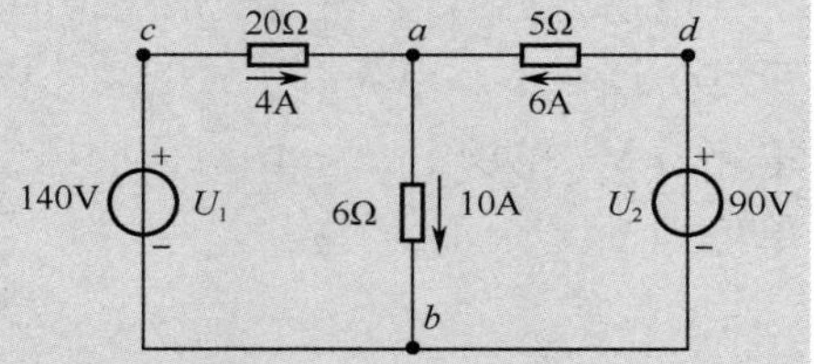

图 1-4-4　例 1-4-1 电路

（2）设 b 点为参考点，如图 1-4-6 所示，进行分析。

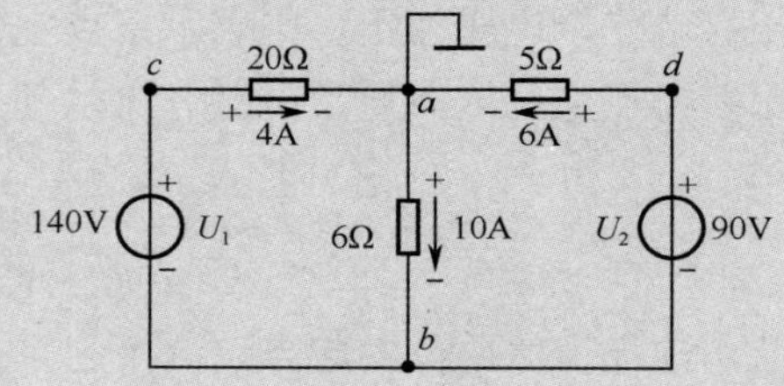

图 1-4-5　以 a 点为参考点

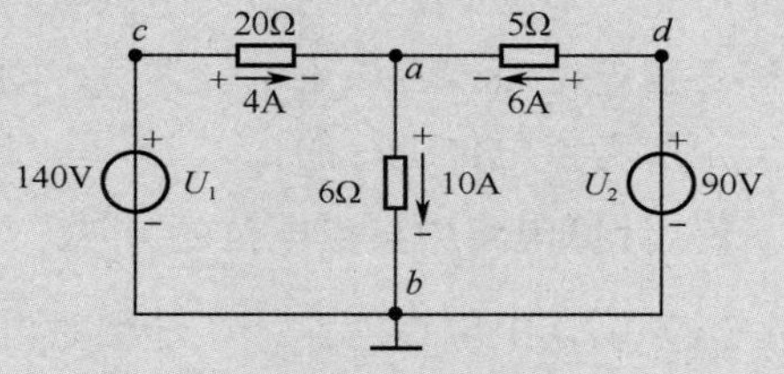

图 1-4-6　以 b 点为参考点

b 点为参考点，即 $V_b = 0$（V）。

$$V_a = U_{ab} = 10\times 6 = 60\text{（V）}$$
$$V_c = U_{cb} = U_1 = 140\text{（V）}$$
$$V_d = U_{db} = U_2 = 90\text{（V）}$$

U_{ab} 表示参考电压 a 点极性为“+”、b 点极性为“−”，与电流的参考方向为关联参考方向，应运用 $U = IR$ 进行计算：

$$U_{ab} = 10\times 6 = 60\text{（V）}$$

U_{ac} 表示参考电压 a 点极性为“+”、c 点极性为“−”，与电流的参考方向为非关联参考方向，应运用 $U = -IR$ 进行计算：

$$U_{ac} = -4\times 20 = -80\text{（V）}$$

U_{ad} 表示参考电压 a 点极性为“+”、d 点极性为“−”，与电流的参考方向为非关联参考方向，应运用 $U = -IR$ 进行计算：

$$U_{ad} = -6\times 5 = -30\text{（V）}$$

由例 1-4-1 可以得出结论，电位是相对的，选取不同参考点，电路中各点的电位将随之改变，但电路中两点间的电压是固定的，不会随参考点的改变而发生变化。换句话说，电压与参考点的选取无关。规定电路中参考点的选取是任意的，但是一旦选定，在测量过程中就不能随意改变。

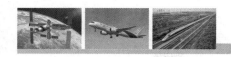

【例 1-4-2】 电路如图 1-4-7 所示，求在开关 S 断开和闭合两种状态下 A、B 两点的电位。

【解】（1）在开关 S 断开时，等效电路如图 1-4-8 所示。3 个电阻串联在同一条支路上，支路两端电压为

$$U_{ED}=V_E-V_D=12-(-18)=30\text{（V）}$$

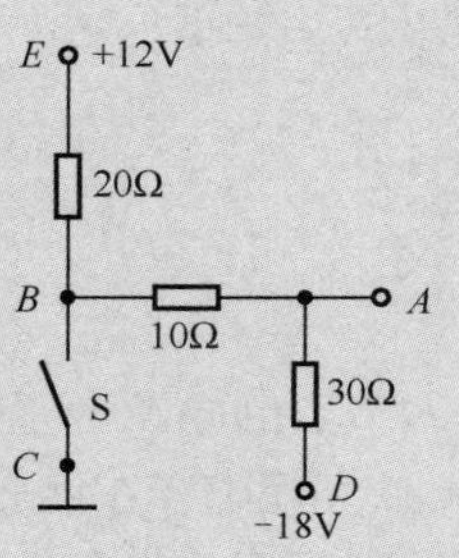

图 1-4-7 例 1-4-2 电路

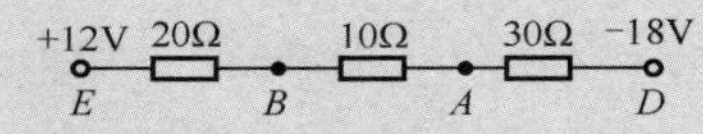

图 1-4-8 开关 S 断开时的等效电路

因为电压参考方向选取 E 点为高电位端、D 点为低电位端，所以电流参考方向选取由 E 点流向 D 点，两者为关联参考方向，可得电流大小为

$$I=\frac{U_{ED}}{20+10+30}=0.5\text{（A）}$$

$$V_B=V_E-I\times 20=12-0.5\times 20=2\text{（V）}$$

$$V_A=V_E-I\times(20+10)=I\times 30+V_D=-3\text{（V）}$$

（2）在开关 S 闭合时，等效电路如图 1-4-9 所示。

开关 S 闭合时，B 点通过开关接地，则有

$$V_B=0\text{（V）}$$

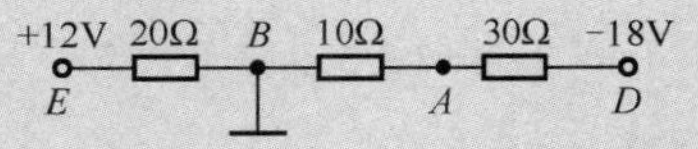

图 1-4-9 开关 S 闭合时的等效电路

由 $V_D=-18\text{V}$ 可得

$$U_{BD}=V_B-V_D=0-(-18)=18\text{（V）}$$

$$I_{BD}=\frac{U_{BD}}{10+30}=0.45\text{（A）}$$

$$V_A=V_B-I_{BD}\times 10=I_{BD}\times 30+V_D=-4.5\text{（V）}$$

1.4.2 基尔霍夫定律

1. KCL

KCL 描述了电路中各支路电流间的相互关系，它有如下两种表述方式。

（1）任何时刻，从某个节点流出的所有支路电流之和，等于流入该节点的所有支路电流之和，其数学表达式为

$$\sum i_{入}=\sum i_{出} \qquad (1\text{-}4\text{-}2)$$

（2）任何时刻，在电路的任意一个节点上，所有支路电流的代数和恒等于零，其数学表达式为

$$\sum I=0 \qquad (1\text{-}4\text{-}3)$$

对于一条支路的横截面，进入横截面的电荷等于离开横截面的电荷，保持平衡。在一个

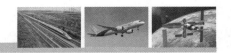

封闭回路中，电流大小处处相等，这是电流的连续性。同样地，在任意时刻，流入节点的电流大小和流出节点的电流大小也是平衡的，所以KCL是成立的。

【例 1-4-3】 通过节点 a 的电流如图 1-4-10 所示，求电流 i。

【解】 设流入节点 a 的电流为正，流出节点 a 的电流为负，依据KCL有

$$1+(-5)-i-4-(-2)=0$$

$$i=-6\ \text{（A）}$$

若设流入节点 a 的电流为负，流出节点 a 的电流为正，则依据KCL有

$$-1-(-5)+4+(-2)+i=0$$

$$i=-6\ \text{（A）}$$

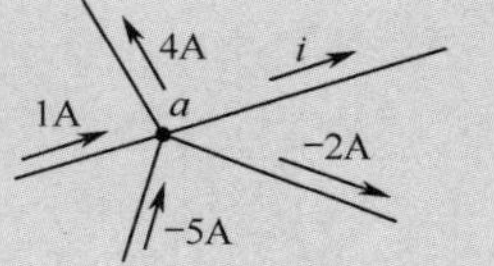

图 1-4-10　例 1-4-3 图形

由例 1-4-3 可知，无论假设流出节点的电流为正，还是流入节点的电流为正，计算结果都一样，但在一个KCL方程中只能采取一种假设。此外，在KCL方程中存在两套符号体系：一套符号体系是根据电流的参考方向与节点的关系确定的（如假设流入节点的电流为正，流出节点的电流为负），另一套符号体系是根据电流参考方向与实际电流方向的关系确定的。

在对集总电路进行分析时，可以把一个封闭的曲面想象成一个节点。当把流入该封闭曲面的电流视为正时，流出该封闭曲面的电流就为负。进而可以推广出广义KCL——在任意时刻，流入（或流出）某个封闭曲面的所有电流的代数和为零。如图 1-4-11 所示，依据广义KCL可以得出 $i_1=i_2$。

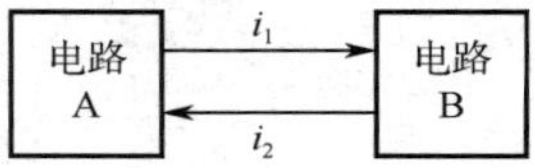

图 1-4-11　广义KCL

【例 1-4-4】 图 1-4-12 中标示了支路电流的参考方向，给出了部分电阻的阻值和支路电流大小，试求 i 的大小。

【解】（1）先对 a 点列写KCL方程，假设流入 a 点的支路电流为正，流出 a 点的支路电流为负：

$$5+10-i_1=0$$

解得

$$i_1=15\ \text{（A）}$$

同理，对 c 点列写KCL方程，同样假设流入 c 点的支路电流为正，流出 c 点的支路电流为负：

$$i_1+i_2-3=0$$

解得

$$i_2=3-i_1=3-15=-12\ \text{（A）}$$

对 b 点和 d 点列写KCL方程：

$$-10-i_2-i_3=0\ \Rightarrow\ i_3=2\ \text{（A）}$$

$$i_3+3-i=0\ \Rightarrow\ i=5\ \text{（A）}$$

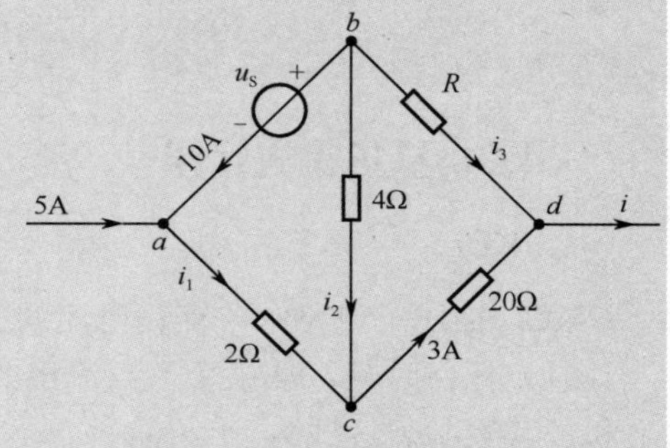

图 1-4-12　例 1-4-4 电路

（2）利用广义KCL，将 $abdca$ 闭合回路看作一个节点，对于这个节点而言，流入电流5A，流出电流为待求电流 i，直接可得

$$5-i=0\ \Rightarrow\ i=5\ \text{（A）}$$

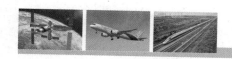

关于 KCL 的应用，要再明确以下几点。

（1）KCL 是普遍适用的。它适用于本书涉及的所有类型的电路。

（2）在对节点或封闭曲面应用 KCL 时，要先明确每支路电流的参考方向，然后依据参考方向，确定符号（流出者取“+”，流入者取“-”；或者反之），列写 KCL 方程。在对连接支路较多的节点列写 KCL 方程时，不要有遗漏。

2. KVL

KVL 描述了电路中各支路电压间的相互关系，它有如下两种表述方式。

（1）任何时刻，沿电路中任意一个闭合回路绕行一周，各段电压的代数和恒等于零，其数学表达式为

$$\sum U=0 \tag{1-4-4}$$

此方程称为回路的 KVL 方程。在列写 KVL 方程时，需要先选择一个绕行方向。当绕行方向与电压的参考方向一致时，取为正；否则，取为负。

（2）在任意时刻，按照一定的绕行方向，沿着一个闭合回路中所有电阻压降的代数和等于该回路中所有电源电压升的代数和，其数学表达式为

$$\sum u_{升}=\sum u_{降} \tag{1-4-5}$$

【例 1-4-5】 电路如图 1-4-13 所示，利用 KVL 求电压 U_1 和 U_2。

【解】（1）对最大回路选取顺时针绕行方向，且设压降为正，电压升为负，列写 KVL 方程，得

$$2-U_1-(-5)-3=0 \Rightarrow U_1=4\ \text{（V）}$$

对左边网孔选取顺时针绕行方向，且设压降为正，电压升为负，列写 KVL 方程，得

$$2+U_2-3=0 \Rightarrow U_2=1\ \text{（V）}$$

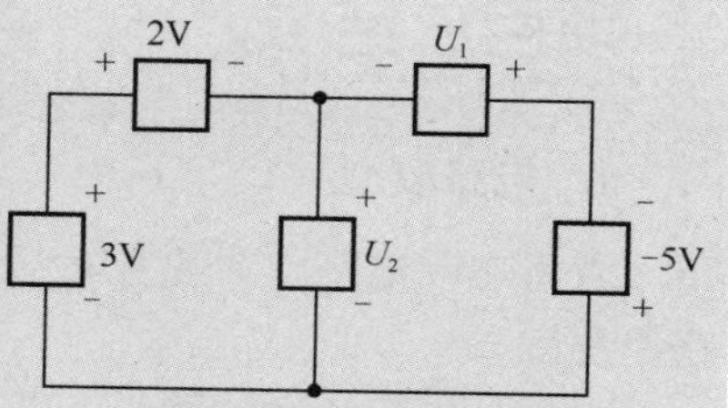

图 1-4-13　例 1-4-5 电路

（2）对最大回路选取逆时针绕行方向，且设压降为正，电压升为负，列写 KVL 方程，得

$$-2+3+(-5)+U_1=0 \Rightarrow U_1=4\ \text{（V）}$$

对左边网孔选取顺时针绕行方向，且设电压升为正，压降为负，列写 KVL 方程，得

$$-U_2+3-2=0 \Rightarrow U_2=1\ \text{（V）}$$

显然，无论是选取绕行方向为顺时针，还是逆时针；也无论是将电压升设为正，还是将压降设为正，结果都是一样的。这些选择不会影响计算结果，但在一个 KVL 方程中只能采取一种假设。此外，在 KVL 方程中，也有两套符号体系：一套符号体系是由绕行方向与电压参考方向的关系确定的，另一套符号体系是由电压参考方向与实际电压方向的关系确定的。

可以把 KVL 从闭合回路的情形推广到开路电路，称之为假想回路。如图 1-4-14 所示，a、b 为开路的端口，可假想有一个端电压为 u_{ab} 的电压源形成闭合回路，选取绕行方向为顺时针，且沿绕行方向设压降为正，列写 KVL 方程为

$$u_{S2}+u_{ab}-u_{S1}-iR=0$$

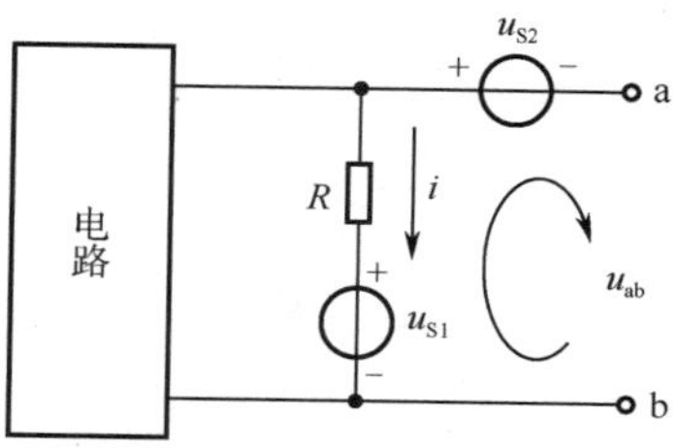

图 1-4-14　KVL 的推广

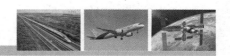

【例 1-4-6】 电路如图 1-4-15 所示，求开路 a、b 端电压 U。

【解】 对于由两个电压源和两个电阻连接成的回路，设电流参考方向和绕行方向均为顺时针，且沿着绕行方向压降为正，电压升为负，则有

$$5I+10+3I-2=0 \Rightarrow I=-1\text{（A）}$$

KVL 可扩展用于对开口电路求取开路电压，设 a、b 端之间的开路电压为 U，与 10V 电压源和 3Ω电阻支路（或 2V 电压源和 5Ω电阻支路）构成为一个假想回路，则有

$$U-3I-10=0$$

将 $I=-1\text{A}$ 代入，得

$$U=10+3\times(-1)=7\text{（V）}$$

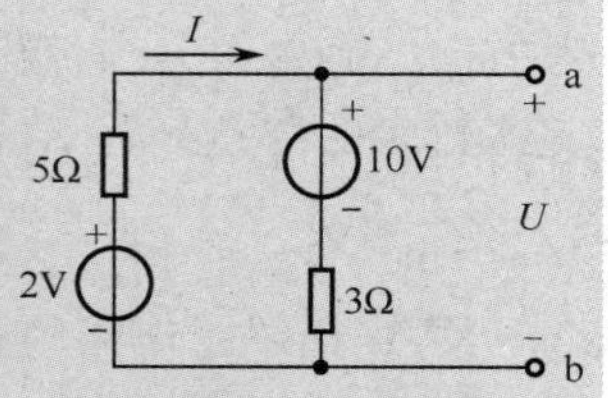

图 1-4-15　例 1-4-6 电路

KVL 的本质是能量守恒，在应用 KVL 时，需要注意以下两点。

（1）KVL 不仅适用于直流电路，还适用于正弦交流电路及谐振电路，适用面广。

（2）在使用 KVL 列写回路电压方程时，要先确定回路中各元件（或各段电路）上的电压参考方向，然后选择一个绕行方向（顺时针或逆时针均可），从回路中的某一点开始，按所选的绕行方向沿着回路“走”一圈。对于电阻，若只标注了电流参考方向，在列写 KVL 方程时，若绕行方向与电流参考方向一致，则电阻两端的电压取正，即 $+Ri$；反之，则电阻两端的电压取负，即 $-Ri$。

扫一扫看拓展知识：线图理论与基尔霍夫定律公式的独立性

项目总结

1. 电路模型

若将实际电路中的各实际部件用其模型符号表示，则画出的图称为电路模型图（又称电路原理图）。

电路是电流流通的路径，基本组成包括四部分：电源（供能元件）、负载（耗能元件）、控制器件、连接导线。

2. 电流

定义：单位时间内通过导体横截面的电荷量，称为电流强度，简称电流。

表达式：$i(t)=\dfrac{\mathrm{d}Q}{\mathrm{d}t}$。

单位：安培（A）。

实际方向：规定正电荷运动的方向为电流的实际方向。

3. 电压

定义：电压是指电路中两点间的电位差。

表达式：$u_{AB}=\dfrac{\mathrm{d}w}{\mathrm{d}q}$。

单位：伏特（V）。

实际方向：规定从高电位指向低电位的方向为电压的实际方向。

4. 关联参考方向

对于确定的电路元件或支路来说，若电流参考方向是从电压参考极性的正极流向负极

的，则称电流与电压为关联参考方向，简称关联方向；否则，为非关联参考方向。

5. 功率

定义：单位时间电场力所做的功称为电功率，简称功率。

表达式：当电压、电流为关联参考方向时为

$$p = ui$$

当电压、电流为非关联参考方向时为

$$p = -ui$$

单位：瓦特（W）。

当 $p > 0$ 时，元件吸收功率；当 $p < 0$ 时，元件发出功率。

对于完整电路而言，发出功率等于吸收的功率，满足能量守恒定律。

6. 电阻

定义：用来表示导体对电流阻碍作用的大小。

表达式：$R = \rho\dfrac{L}{S}$。

单位：欧姆（Ω）。

线性电阻的伏安特性曲线是 U–I 坐标系中的一条通过原点的直线。

7. 电导

定义：用来衡量导体导电能力的大小。

表达式：$G = \dfrac{1}{R}$。

单位：西门子（S）。

8. 欧姆定律

定义：说明了流过线性电阻的电流与该电阻两端电压之间的关系，反映了电阻的特性。

表达式：当电压、电流为关联参考方向时为

$$u = Ri$$

当电压、电流为非关联参考方向时为

$$u = -Ri$$

只适用于线性电阻。

9. 开路和短路

开路：电阻无限大的情况。

短路：电阻为零的情况。

10. 电源

理想电压源：无论流过它的电流是多少，其两端电压总是保持不变。

理想电流源：无论它两端的电压是多少，其输出电流总是保持不变。

实际电压源：理想电压源与内阻串联的模型。

实际电流源：理想电流源与内阻并联的模型。

11. 基尔霍夫定律

KCL：对集总电路的任意节点（含假想节点）有 $\sum I=0$ 或 $\sum i_{出}=\sum i_{入}$ 。

KVL：对集总电路的任意回路（含假想回路）有 $\sum U=0$ 或 $\sum u_{升}=\sum u_{降}$ 。

自测练习1

扫一扫看本项目自测练习参考答案

一、填空题

1. 电流所经过的路径称为________，通常由________、________、________和________四部分组成。

2. 常见的无源二端理想电路元件包括________、________和________。

3. 由________元件构成的、与实际电路相对应的电路称为__________。

4. ________具有相对性，其大小、正负是相对于电路参考点而言的。

5. 单位时间内电流所做的功称为________，它是衡量电能转换为其他形式能量速率的物理量，用字母________表示，单位为________。

6. 通常把负载上的电压、电流方向称为________方向；把电源上的电压和电流方向称为________方向。

7. ________定律体现了电阻支路上的电压、电流约束关系，与电路的连接方式无关；________定律是反映了电路的整体规律，其中________定律体现了电路中任意节点上汇集的所有________的________约束关系，________定律体现了电路中任意回路上所有________的约束关系，具有普遍性。

8. 理想电压源输出的________恒定，输出的________由它自身和外电路共同决定；理想电流源输出的________恒定，输出的________由它自身和外电路共同决定。

9. 实际电压源模型“20V、1Ω”在等效为电流源模型时，其电流源 $I_S=$________A，内阻 $R_i=$________Ω。

二、判断题

1. 电路理论分析的对象是电路模型而不是实际电路。（　）
2. 电压、电位和电动势定义式形式相同，所以它们的单位一样。（　）
3. 电流由元件的低电位端流向高电位端的参考方向称为关联参考方向。（　）
4. 功率大的用电器，其电功也一定大。（　）
5. 在电路分析中一个电流为负，说明它小于零。（　）
6. 电路中任意两个节点之间连接的电路统称为支路。（　）
7. 在应用基尔霍夫定律列写方程式时，可以不参照参考方向。（　）
8. 电压和电流计算结果为负，说明它们的参考方向假设反了。（　）
9. 负载上获得最大功率时，说明电源的利用率达到了最大。（　）

三、单项选择题

1. 当电路中电流的参考方向与电流的实际方向相反时，该电流（　）。

A. 一定为正　　B. 一定为负　　C. 不能肯定是正或负

2. 已知空间中有 a、b 两点，电压 U_{ab}=10V，a 点电位为 V_a=4V，b 点电位 V_b 为（　）。

A．6V　　B．−6V　　C．14V

3．当电阻 R 上的 u、i 为非关联参考方向时，欧姆定律的表达式应为（　　）。

A．$u=Ri$　　B．$u=-Ri$　　C．$u=R|i|$

4．电阻 R 上的 u、i 参考方向不一致，令 u=−10V，吸收功率为 0.5W，则电阻阻值为（　　）。

A．200Ω　　B．−200Ω　　C．±200Ω

5．电阻是（　　）的元件，电感是（　　）的元件，电容是（　　）的元件。

A．储存电场能量　　B．储存磁场能量　　C．耗能

四、计算分析题

1．已知流过某元件的直流电流 I 为 2A，它可以有两种表示方法：I=2A 和 I=−2A。试问这两种表示方法有什么不同？

2. U_{ab} 是否一定是 a 点的电位高于 b 点的电位？若 U_{ab}=−5V，试问 a、b 两点哪个电位高？

3．（1）在自测图 1-1（a）中，若元件 1 吸收功率为 10W，求电流 I。

（2）求自测图 1-1（b）中元件 2 的功率，并指出元件 2 是发出功率还是吸收功率。

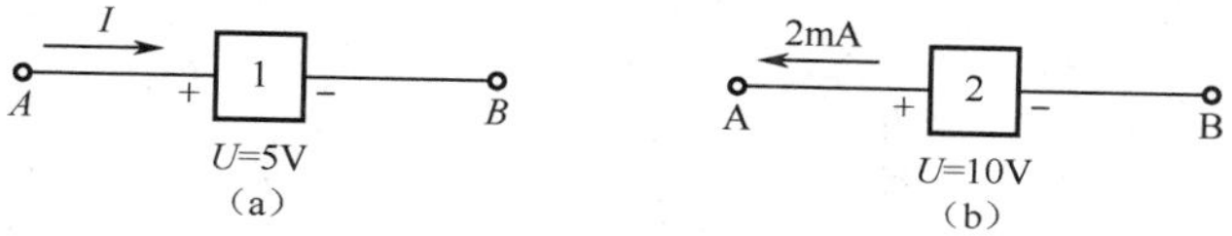

自测图 1-1

4．电路如自测图 1-2 所示，求如下参数。

（1）在自测图 1-2（a）中，若元件 A 吸收功率为 10W，则 U_A 为多少？

（2）在自测图 1-2（b）中，若元件 B 吸收功率为 10W，则 I_B 为多少？

（3）在自测图 1-2（c）中，求元件 C 的功率，并指出是发出功率还是吸收功率。

（4）在自测图 1-2（d）中，求 U_{ab}。

（5）在自测图 1-2（e）中，求 U_{ab}。

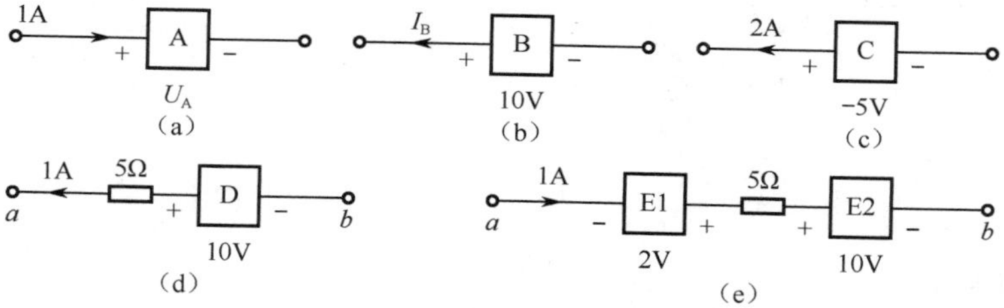

自测图 1-2

扫一扫看微课视频：电位的计算

5．分别计算开关 S 断开与闭合时在如自测图 1-3 所示的电路中 A、B 两点的电位。

6．电路如自测图 1-4 所示，分别以 A 点、B 点为参考点，计算 C 点和 D 点的电位及 C、D 两点间的电压。

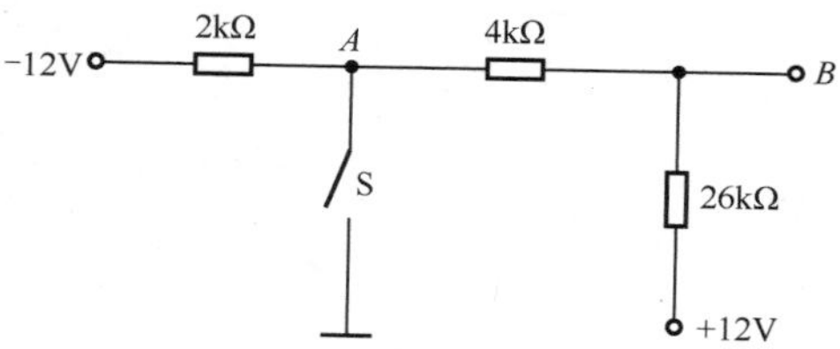

自测图 1-3

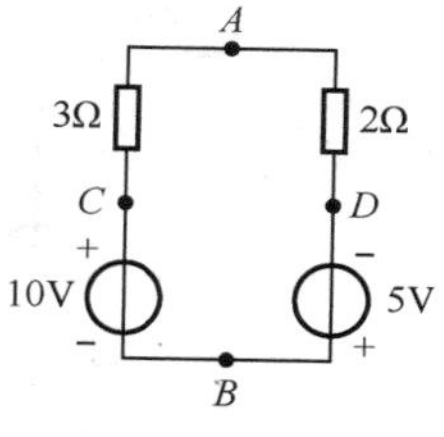

自测图 1-4

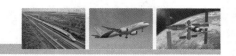

7．一个三极管有三个电极，各极电流如自测图 1-5 所示。分析各极电流关系，并写出各电流关系表达式。

8．在如自测图 1-6 所示电路中，求电流 I 和电压 U；求各元件的功率，并讨论自测图 1-6（a）、自测图 1-6（b）中的功率平衡的情况。

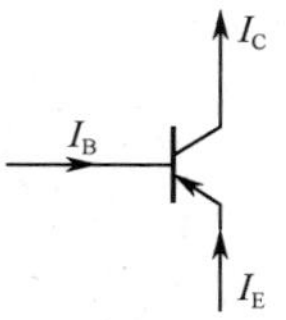

自测图 1-5

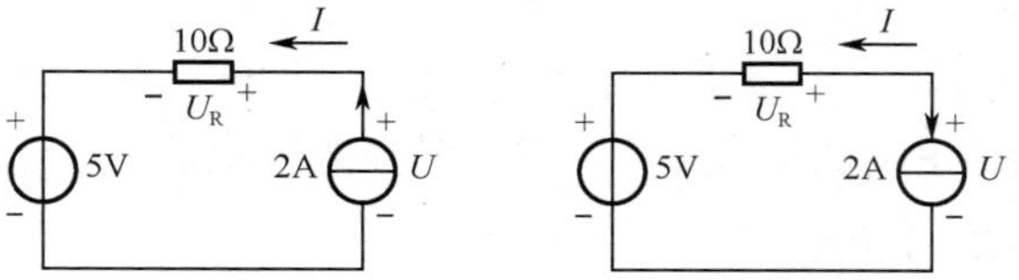

（a）　（b）

自测图 1-6

9．电路如自测图 1-7 所示，已知 $U_S = 3V$，$I_S = 2A$，利用基尔霍夫定律求 U_{AB} 和 I。

10．电路如自测图 1-8 所示，利用基尔霍夫定律求 I_1 和 I_2。

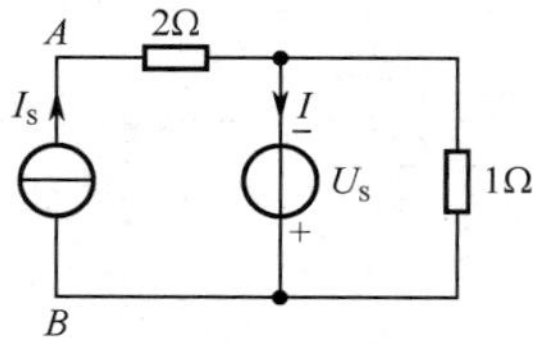

自测图 1-7

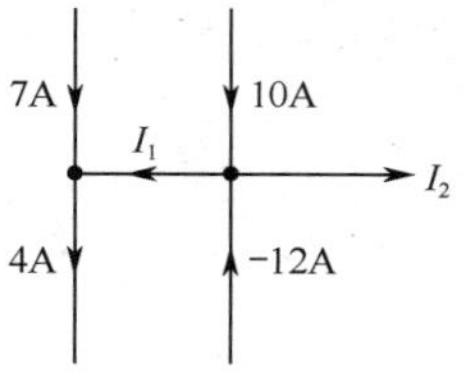

自测图 1-8

11．电路如自测图 1-9 所示，已知 $U_S = 10V$，$I_{S1} = 1A$，$I_{S2} = 3A$，$R_1 = 2Ω$，$R_2 = 1Ω$。求电压源的功率和各电流源的功率。

12．电路如自测图 1-10 所示，求 I_1，I_2，I_3。

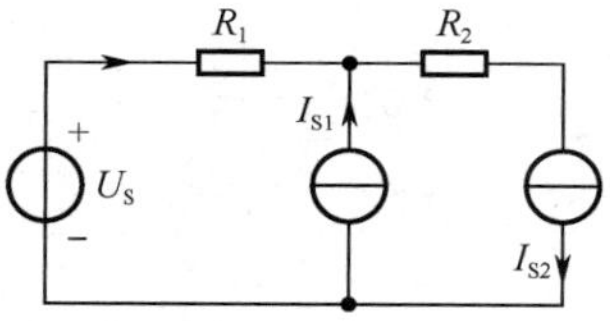

自测图 1-9

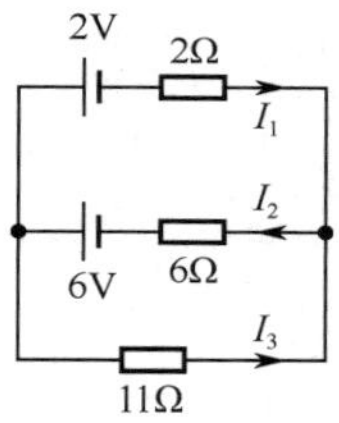

自测图 1-10

13．电路如自测图 1-11 所示，求 A 点的电位。

14．电路如自测图 1-12（a）所示，已知 $R_1 = 30kΩ$，$R_2 = 60kΩ$，$U_1 = 120V$，$U_2 = 60V$，$U_3 = 20V$，判断是否有电流流过二极管［二极管正向导通时电阻视为零，正向导通示意图如自测图 1-12（b）所示］。

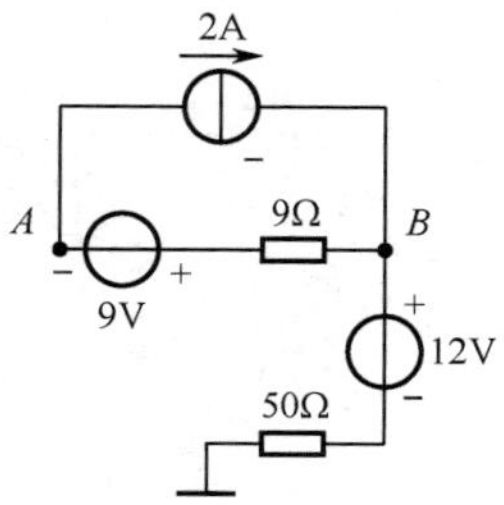

自测图 1-11

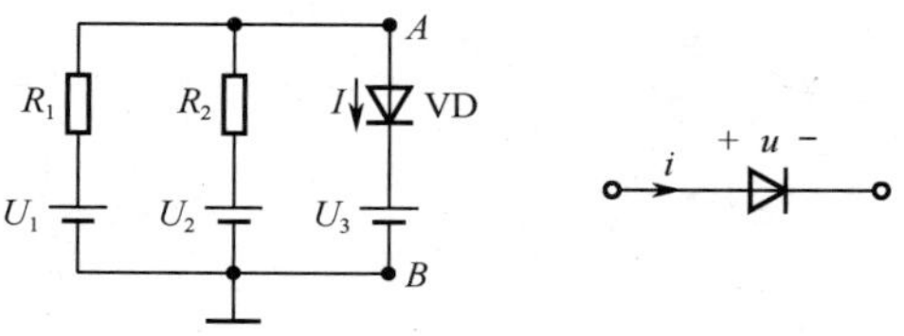

（a）　（b）

自测图 1-12

项目 2 电路的等效变换与分析测试

扫一扫看项目 2 教学课件

扫一扫看项目 2 电子教案

项目导入

电路分析是指已知电路结构和元件参数，求解电路中的电压、电流和功率的方法。本项目主要介绍线性电阻电路分析的方法，主要有三类：等效变换、网络一般分析方法和网络定理，包括电阻的串联、并联、混联等效变换，以及电源的等效变换、支路电流法、节点电压法、叠加定理、戴维南定理等。

任务 2.1 电阻等效变换的分析与测试

学习导航

学习目标	1．理解电阻串联、并联、混联电路中电压、电流、功率的关系
	2．可以进行无源电阻电路的分析计算
重点知识要求	1．理解串联、并联电阻电路中电压、电流、功率的关系
	2．掌握电阻混联电路的分析与计算的方法
关键能力要求	能进行电阻混联电路的分析、化简、计算和测量

实施步骤

扫一扫看微课视频：电阻的串联

1. 电阻的串联电路测试

按如图 2-1-1 所示的电路接线。调节直流稳压电源，分别输出两组不同的电压，测量、计算电路中的电流和电压，并将数据记录在表 2-1-1 中。

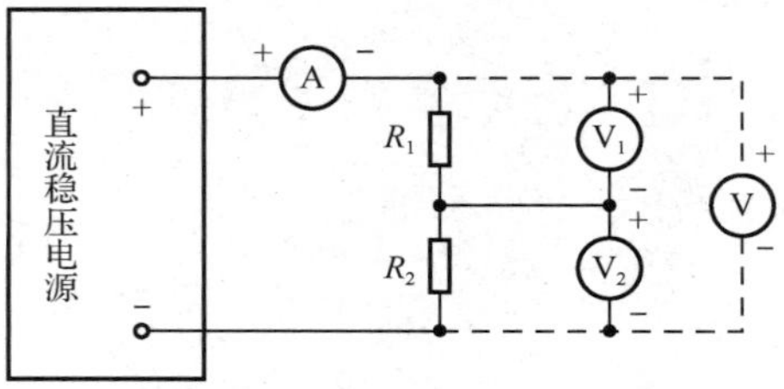

图 2-1-1　电阻的串联电路测试实验电路图

表 2-1-1　电阻的串联电路测试实验数据表

测量值				计算值	
U	U_1	U_2	I	$U=U_1+U_2$	$R=U/I$

扫一扫看微课视频：电阻的并联

2. 电阻的并联电路测试

按如图 2-1-2 所示的电路接线。调节直流稳压电源，分别输出两组不同的电压，测量、计算电路中的电流和电压，并将数据记录在表 2-1-2 中。

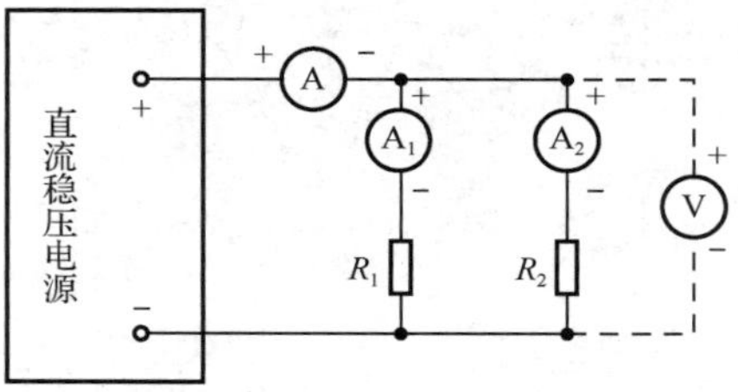

图 2-1-2　电阻的并联电路测试实验电路图

表 2-1-2　电阻的并联电路测试实验数据表

测量值				计算值	
I	I_1	I_2	U	$I=I_1+I_2$	$R=U/I$

相关知识

扫一扫看微课视频：等效的概念

2.1.1 等效的概念

当一个电路只有两个端与外部相连时，就称之为二端网络（单口网络），网络就是电路。每一个二端元件可视作一个最简单的二端网络。如果二端网络包含电源，就称之为有源二端网络；如果二端网络不包含电源，则称之为无源二端网络。

图 2-1-3 给出了二端网络的一般符号。二端网络的端电流、端电压分别称为端口电流和端口电压。图 2-1-3 所示的端口电流 I 和端口电压 U 为关联参考方向。

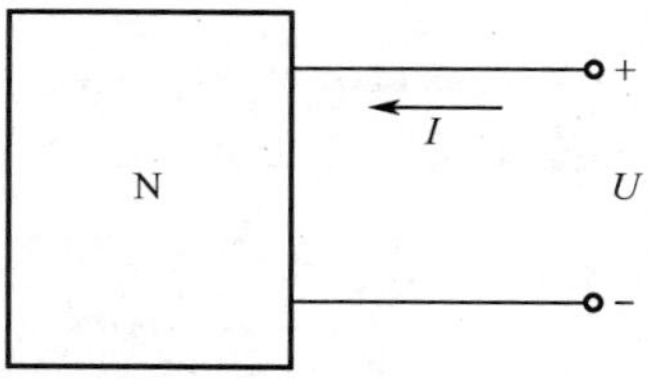

图 2-1-3　二端网络的一般符号

如果两个二端网络的伏安关系完全相同，那么这两个网络就互为等效网络。等效网络的内部结构虽然不同，但对外电路而言，它们的效用完全相同。两个等效网络互换后，它们外部情况不变，故我们所说的“等效”是指“对外等效”。

用结构较简单的网络等效代替结构较复杂的网络，可以简化电路，以便计算。网络等效变换是分析电路的重要手段。

扫一扫看微课视频：电阻的串并联电路

2.1.2 电阻的串联、并联等效变换

1. 电阻的串联等效变换

两个或两个以上电阻依次首尾连接，通过的是同一电流，这种连接方式称为电阻的串联。

在图 2-1-4 中，U 表示总电压；I 表示电流；R_1、R_2……R_n 表示各电阻阻值；U_1、U_2……U_n 表示各电阻两端的电压。

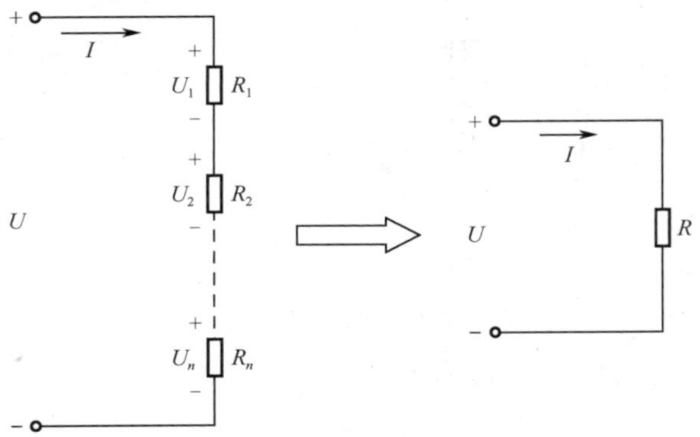

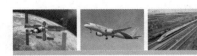

图 2-1-4 电阻串联等效图

设总电压为 U、电流为 I、总功率为 P。

（1）等效电阻：

$$R=R_1+R_2+\cdots+R_n \tag{2-1-1}$$

（2）分压关系：

$$\frac{U_1}{R_1}=\frac{U_2}{R_2}=\cdots=\frac{U_n}{R_n}=\frac{U}{R}=I \tag{2-1-2}$$

（3）功率分配：

$$\frac{P_1}{R_1}=\frac{P_2}{R_2}=\cdots=\frac{P_n}{R_n}=\frac{P}{R}=I^2 \tag{2-1-3}$$

特例：当两个电阻 R_1、R_2 串联时，等效电阻 $R=R_1+R_2$，则有分压公式

$$U_1=\frac{R_1}{R_1+R_2}U\text{，}U_2=\frac{R_2}{R_1+R_2}U \tag{2-1-4}$$

【例 2-1-1】 有一盏额定电压 U_1=40V、额定电流 I=5A 的电灯，应该怎样把它接入电压 U=220V 的照明电路中？

【解】 将电灯（设阻值为 R_1）与一个阻值为 R_2 的分压电阻串联后，接在 U=220V 的电源上，如图 2-1-5 所示。

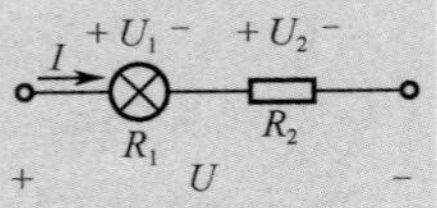

图 2-1-5 照明电路

解法一：分压电阻上的电压为

$U_2=U-U_1=220-40=180$（V），且 $U_2=R_2I$，则

$$R_2=\frac{U_2}{I}=\frac{180}{5}=36\text{（Ω）}$$

解法二：利用两个电阻串联的分压公式 $U_1=\frac{R_1}{R_1+R_2}U$，且 $R_1=\frac{U_1}{I}=8$（Ω），可得

$$R_2=R_1\frac{U-U_1}{U_1}=36\text{（Ω）}$$

2. 电阻的并联等效变换

两个或两个以上电阻首端和尾端分别接在一起，各电阻承受同一电压，这种连接方式称为电阻的并联。

在图 2-1-6 中，U 表示电阻两端的电压；I 表示总电流；I_1、I_2……I_n 表示流过各电阻的电流；G_1、G_2……G_n 表各电阻的电导（G_n=1/ R_n）。

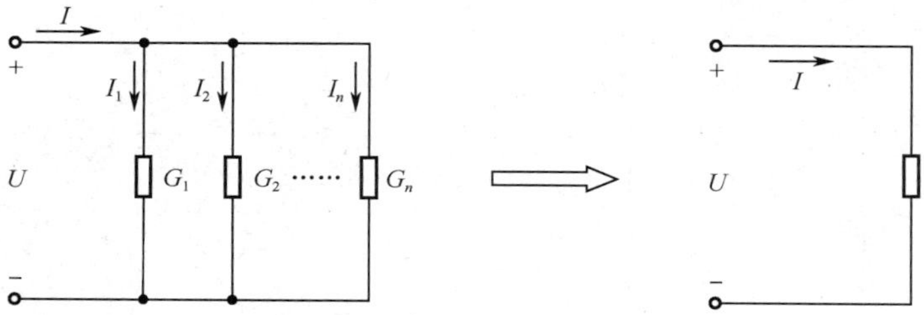

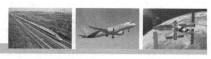

图 2-1-6 电阻并联等效图

设总电流为 I、电压为 U、总功率为 P。

（1）等效电阻：

$$\frac{1}{R}=\frac{1}{R_1}+\frac{1}{R_2}+\cdots+\frac{1}{R_n} \tag{2-1-5}$$

（2）分流关系：

$$R_1I_1=R_2I_2=\cdots=R_nI_n=RI=U \tag{2-1-6}$$

（3）功率分配：

$$R_1P_1=R_2P_2=\cdots=R_nP_n=U^2 \tag{2-1-7}$$

特例：两个电阻 R_1、R_2 并联时，等效电阻为

$$R=\frac{R_1R_2}{R_1+R_2}$$

则有分流公式

$$I_1=\frac{R_2}{R_1+R_2}I\text{，}I_2=\frac{R_1}{R_1+R_2}I \tag{2-1-8}$$

【例 2-1-2】 如图 2-1-7 所示，电源供电电压 U=220V，每根输电导线的电阻均为 R_1=1Ω，电路中一共并联 100 盏额定电压为 220V、额定功率为 40W 的电灯。假设电灯工作（发光）时的电阻为常数。

试求：（1）当只有 10 盏电灯工作时，每盏电灯的电压 U_L 和功率 P_L。

（2）当 100 盏电灯全部工作时，每盏电灯的电压 U_L 和功率 P_L。

【解】 每盏电灯的电阻为 $R=U^2/P$=1210Ω，n 盏电灯并联后的等效电阻为 $R_n=R/n$。

根据分压公式，可得每盏电灯的电压为

$$U_L=\frac{R_n}{2R_1+R_n}U$$

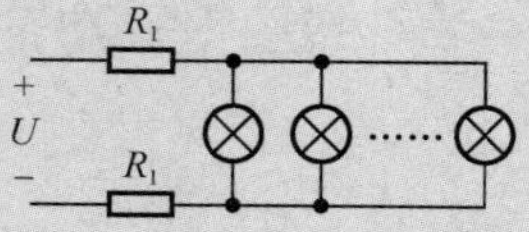

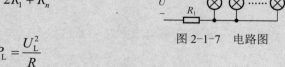

图 2-1-7 电路图

功率为

$$P_L=\frac{U_L^2}{R}$$

（1）当只有 10 盏电灯工作时，n=10，$R_n=R/n$=121Ω，因此有

$$U_L=\frac{R_n}{2R_1+R_n}U\approx 216\text{（V）}, P_L=\frac{U_L^2}{R}\approx 39\text{（W）}$$

（2）当 100 盏电灯全部工作时，n=100，$R_n=R/n$=12.1（Ω），因此有

$$U_L=\frac{R_n}{2R_1+R_n}U\approx 189\text{（V）}, P_L=\frac{U_L^2}{R}\approx 30\text{（W）}$$

2.1.3　电阻的混联等效变换

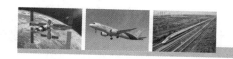

若一个纯电阻二端网络，其内部既有串联连接又有并联连接，则称之为电阻混联。这类电路可以用电阻串联、并联公式化简，具体方法如下。

（1）正确判断电阻的连接关系。串联电路中的所有电阻流过同一电流，并联电路中的所有电阻承受同一电压。

（2）将所有无阻导线连接点用节点表示。

（3）在不改变电路连接关系的前提下，可以根据需要改画电路，以便更清晰地表示各电阻的串联、并联关系。

（4）等电位点间的电阻由于没有电流通过，可以视作开路，也可以视作短路。

（5）采用逐步化简的方法，按照顺序简化电路，最后计算出等效电阻。

【例 2-1-3】 如图 2-1-8 所示，已知 $R_1=R_2=8\Omega$，$R_3=R_4=6\Omega$，$R_5=R_6=4\Omega$，$R_7=R_8=24\Omega$，$R_9=16\Omega$，电路端电压 U=224V，试求：

（1）电路总的等效电阻 R_{AB} 与总电流 I_Σ。

（2）R_9 两端的电压 U_9 与通过它的电流 I_9。

分析：先根据电流的流向整理并画出等效电路，然后根据串联、并联关系计算出总的等效电阻。

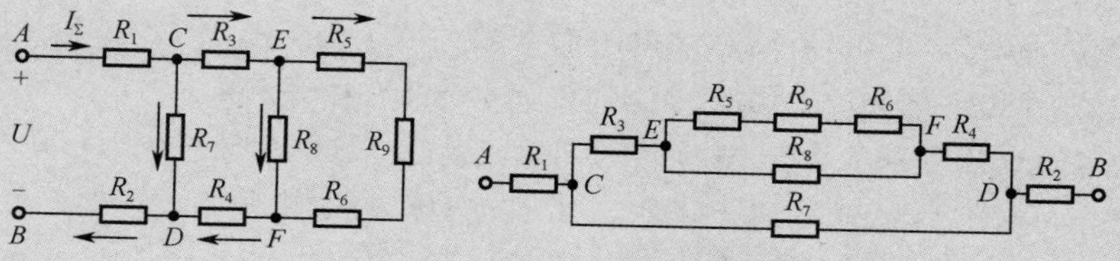

图 2-1-8　电路图及等效电路

【解】（1）R_5、R_9、R_6 三者先串联，然后与 R_8 并联，再与 R_3、R_4 串联后，与 R_7 并联，最后与 R_1、R_2 串联，写成表达式如下（习惯上用“+”表示串联，用“//”表示并联）：

$$R_{AB}=[(R_5+R_9+R_6)//R_8+R_3+R_4]//R_7+R_1+R_2=28\ (\Omega)$$

总电流：

$$I_\Sigma=U/R_{AB}=224/28=8\ (\mathrm{A})$$

（2）利用分压关系求各部分电压：

$$U_{CD}=R_{CD}I_\Sigma=96\ (\mathrm{V})$$

$$U_{EF}=\frac{R_{EF}}{R_3+R_{EF}+R_4}U_{CD}=\frac{12}{24}\times 96=48\ (\mathrm{V})$$

$$I_9=\frac{U_{EF}}{R_5+R_6+R_9}=2\ (\mathrm{A}),\quad U_9=R_9I_9=32\ (\mathrm{V})$$

流过 R_9 的电流 I_9=2A，R_9 两端的电压 U_9= 32（V）。

【例 2-1-4】 如图 2-1-9 所示，已知每个电阻 $R=10\Omega$，电源电动势 E=5V，电源内阻忽略不计，求电路上的总电流。

分析：A 点与 C 点、B 点与 D 点等电位，因此画出如图 2-1-9 所示的等效电路。

【解】 总的等效电阻 $R_总=2.5\Omega$，总电流 I=2A。

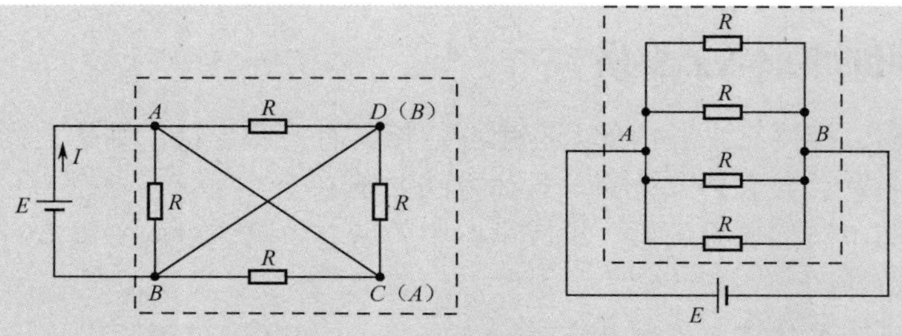

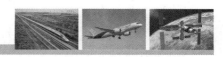

图 2-1-9　电路图及等效电路

【例 2-1-5】 如图 2-1-10 所示，求开关 S 断开和闭合时 a、b 端等效电阻 R_{ab}。

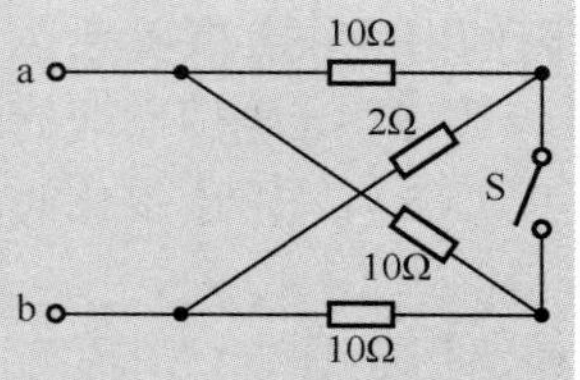

图 2-1-10　电路图

分析：当 S 断开时，上面 10Ω的电阻和 2Ω的电阻串联，下面 10Ω的电阻和斜着的 10Ω的电阻串联，然后二者并联。当 S 闭合时，根据等电位可以把 2Ω的电阻右端下移，斜着的 10Ω的电阻右端上移，电路等效为 10Ω的电阻和 10Ω的电阻并联，2Ω的电阻和 10Ω的电阻并联，然后二者串联。

扫一扫看微课视频：含有开关的电阻等效

【解】（1）当 S 断开时，R_{ab}=(10+2)//(10+10)=7.5（Ω）

（2）当 S 闭合时，R_{ab}=10//10+10//2≈6.67（Ω）

【例 2-1-6】 如图 2-1-11 所示，求电路的等效电阻 R_{ab} 和 R_{cd}。

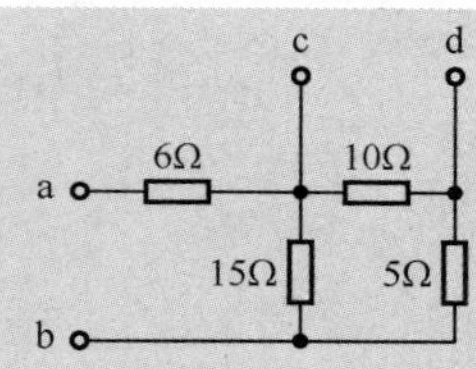

图 2-1-11　电路图

分析：从 a、b 端看进去时，右侧 10Ω的电阻和 5Ω的电阻先串联，然后与 15Ω的电阻并联，再与 6Ω的电阻串联；从 c、d 端看进去时，下面 15Ω的电阻和5Ω的电阻先串联，然后与 10Ω的电阻并联，左侧 6Ω的电阻没有接入 c、d 端之间，不考虑。

【解】（1）当从 a、b 端看进去时，R_{ab}=(10+5)//15+6=13.5（Ω）。

（2）当从 c、d 端看进去时，R_{cd}=(15+5)//10≈6.67（Ω）。

扫一扫看微课视频：从不同端看进去的等效电阻

任务 2.2　电源的等效变换探究与测试

扫一扫拓展知识：电流表的参数与改装

学习导航

学习目标	1．掌握电源的连接及两种实际电源模型的等效变换法则
	2．能进行实际电源的电压源模型与电流源模型之间的等效变换和计算
重点知识要求	1．掌握两种实际电源模型
	2．掌握两种实际电源模型的等效变换法则
关键能力要求	能对电源电路进行分析与变换

实施步骤

扫一扫看微课视频：电源模型等效变换仿真

两种实际电源模型的仿真探究。

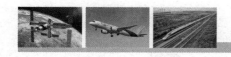

（1）打开 Multisim 仿真软件。

（2）分别测出如图 2-2-1（a）所示的电路 A、B 端的等效电阻及电压、电流。利用等效变换法则，确定如图 2-2-1（b）所示的电路相关参数。

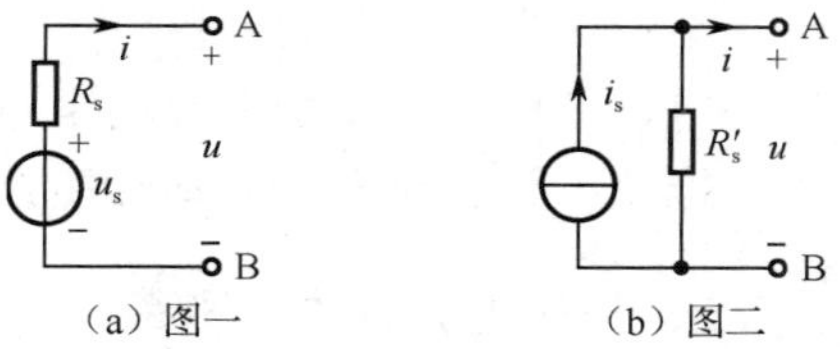

图 2-2-1　仿真测试原理图

相关知识

2.2.1　理想电源的串/并联

1. 理想电压源的串/并联

1）理想电压源的串联

两个或多个理想电压源串联后向外电路供电，对外电路而言，可以用一个等效的理想电压源来代替。

以多个理想电压源串联电路为例，来推导其等效理想电压源的计算公式。对如图 2-2-2 所示的电路列写 KVL 方程，可得等效理想电压源的电压 U_S 为

$$U_S = U_{S1} + U_{S2} + \cdots + U_{Sn} = \sum_{i=1}^{n} U_{Si} \tag{2-2-1}$$

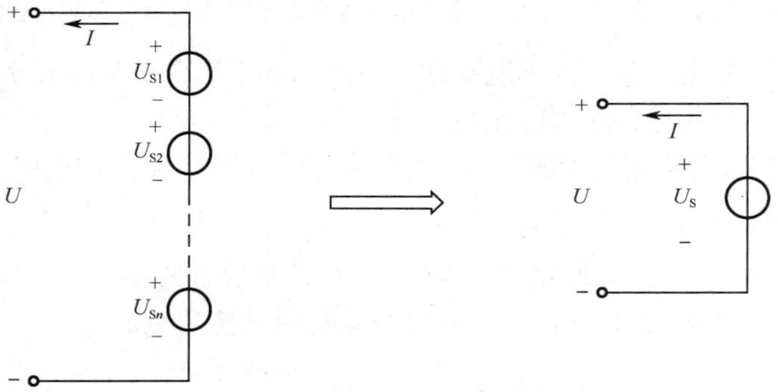

图 2-2-2　理想电压源串联的等效变换

结论： n 个串联的理想电压源可以用一个理想电压源等效替代，等效理想电压源的电压是相串联的各理想电压源电压的代数和。

2）理想电压源的并联

两个及两个以上理想电压源并联电路及其等效理想电压源如图 2-2-3 所示。理想电压源并联必须满足各个理想电压源电压相等、极性一致这个条件。理想电压源并联的目的是提高带载能力。

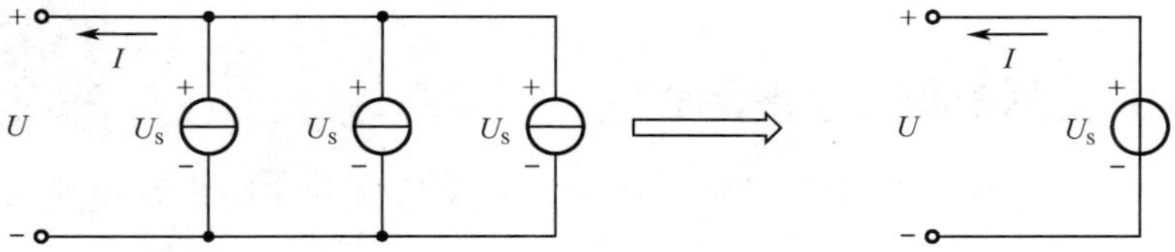

图 2-2-3　两个及两个以上理想电压源并联电路及其等效理想电压源

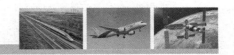

结论：电压不同的理想电压源不能并联；电压相等且极性一致的 n 个理想电压源并联，对外电路的作用与一个理想电压源的作用等效。

推论：任何元器件与理想电压源并联，对外电路的作用都与一个理想电压源的作用等效。

2. 理想电流源的串/并联

1）理想电流源的串联

两个及两个以上理想电流源串联电路及其等效理想电流源如图 2-2-4 所示。理想电流源串联必须满足各个理想电流源电流相等、流向一致的条件。

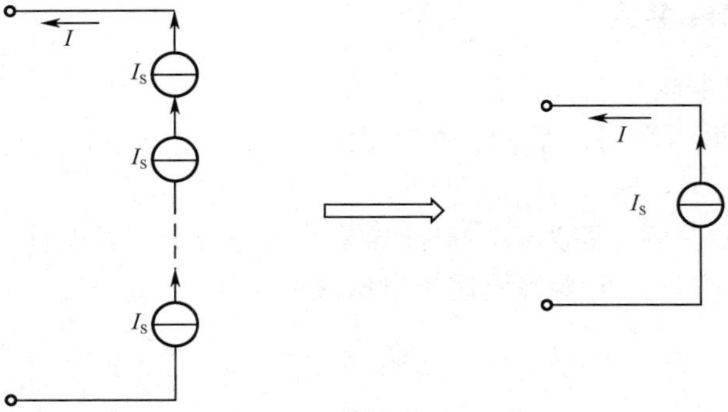

图 2-2-4 两个及两个以上理想电流源串联电路及其等效理想电流源

结论：电流不同的理想电流源不能串联；电流相等且流向一致的 n 个理想电流源串联，对外电路的作用与一个理想电流源的作用等效。

推论：任何元器件与理想电流源串联，对外电路的作用都与一个理想电流源的作用等效。

2）理想电流源的并联

以多个直流理想电流源并联电路为例，来推导其等效理想电流源的计算公式。对如图 2-2-5 所示的电路列写 KCL 方程，可得等效理想电流源的电流 I_S 为

$$I_S = I_{S1} + I_{S2} + \cdots + I_{Sn} = \sum_{i=1}^{n} I_{Si} \qquad (2\text{-}2\text{-}2)$$

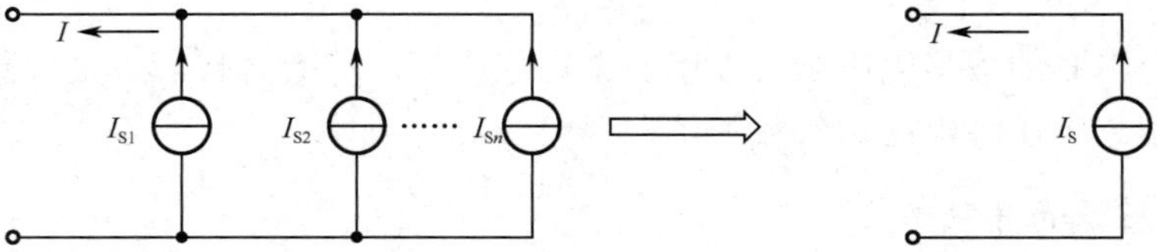

图 2-2-5 理想电流源并联的等效变换

结论：n 个并联的理想电流源可以用一个理想电流源等效替代，等效理想电流源的电流是相并联的各理想电流源电流的代数和。

扫一扫看微课视频：电源的等效变换

2.2.2 两种实际电源的等效变换

图 2-2-6 左图所示为实际电压源等效模型，用电压源和电阻串联电路来表示，伏安关系为

$$U=U_S-R_SI$$

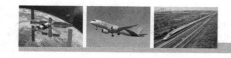

图 2-2-6 右图所示为实际电流源等效模型，用电流源和电阻并联电路来表示，伏安关系为

$$I=I_S-U/R'_S$$

这两种实际电源等效变换的条件是其端口的伏安关系完全相同，可先将上式变化为

$$U=R'_SI_S-R'_SI$$

对比第一个公式和第三个公式，两个电路的等效条件为

$$\begin{cases}U_S=R'_SI_S \text{ 或 } I_S=U_S/R_S\\ R_S=R'_S\end{cases}$$

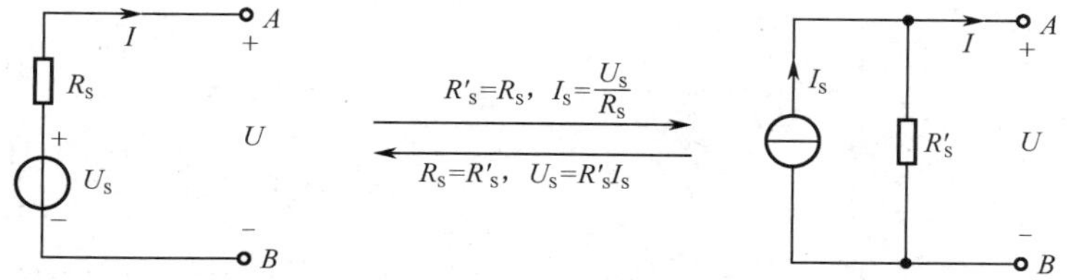

图 2-2-6　两种实际电源模型的等效变换

在进行电源等效变换时应注意如下几点。

（1）电压 U_S 的正极和电流 I_S 的流出端要对应。

（2）实际电压源和实际电流源的等效变换只对外电路等效，对内不等效。

（3）理想电压源和理想电流源之间不能进行等效变换。

【例 2-2-1】 将图 2-2-7 中的有源二端网络等效变换为一个电压源。

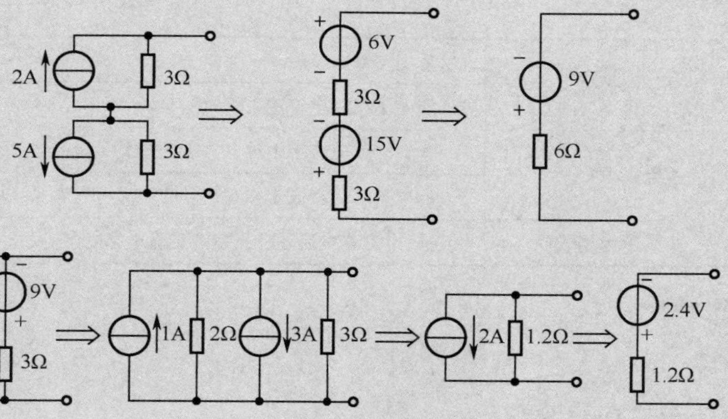

图 2-2-7　例 2-2-1 电路图

【例 2-2-2】 求如图 2-2-8 所示的电路中的电流 I。

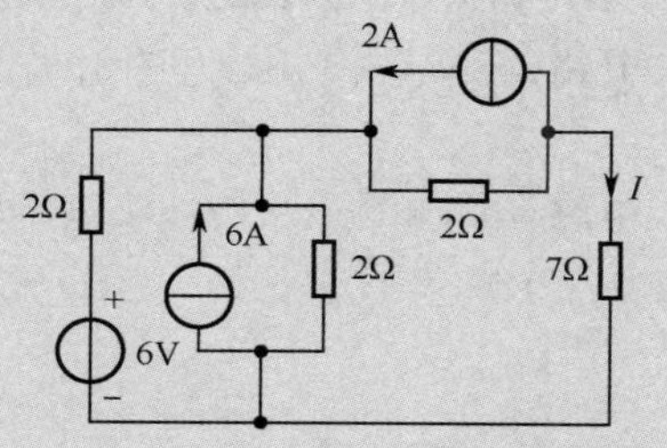

图 2-2-8　例 2-2-2 电路图

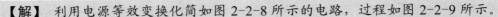

【解】 利用电源等效变换化简如图 2-2-8 所示的电路，过程如图 2-2-9 所示。

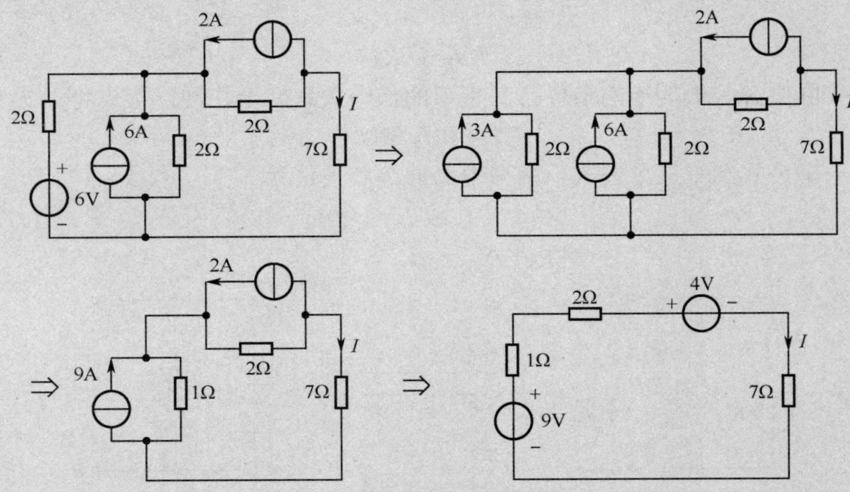

图 2-2-9 等效变换化简过程

由图 2-2-9 可得 $I=(9-4)/(2+1+7)=0.5$（A）。

任务 2.3 支路电流法的应用和验证

学习导航

学习目标	1. 掌握支路电流法	
	2. 能应用支路电流法进行电路分析	
重点知识要求	1. 理解支路电流法中独立方程的含义	
	2. 能根据基尔霍夫定律写出独立电流方程、独立电压方程	
关键能力要求	具备应用支路电流法分析复杂直流电路的能力	

实施步骤

扫一扫看微课视频：支路电流法仿真

支路电流法仿真实验探究。

（1）复习基尔霍夫定律，列出对应电路的 KCL 方程和 KVL 方程。

① 支路电流法仿真实验连线及仿真图如图 2-3-1 所示，据此在 Multisim 仿真软件中绘图。其中，U_{S1}=25V，U_{S2}=15V，R_1=430Ω，R_2=150Ω，R_3=51Ω，R_4=100Ω，R_5=51Ω。

② 将仿真直流电流表接入电路，测量 I_1、I_2、I_3 的值（注意电流的方向），将数据填到表 2-3-1 中。

③ 将仿真直流电压表接入电路，测量电压 U_{AB}、U_{BE}、U_{EF}、U_{FA} 和 U_{CB}、U_{BE}、U_{ED}、U_{DC} 的值，将数据填到表 2-3-2 中。

④ 分析实验结果。

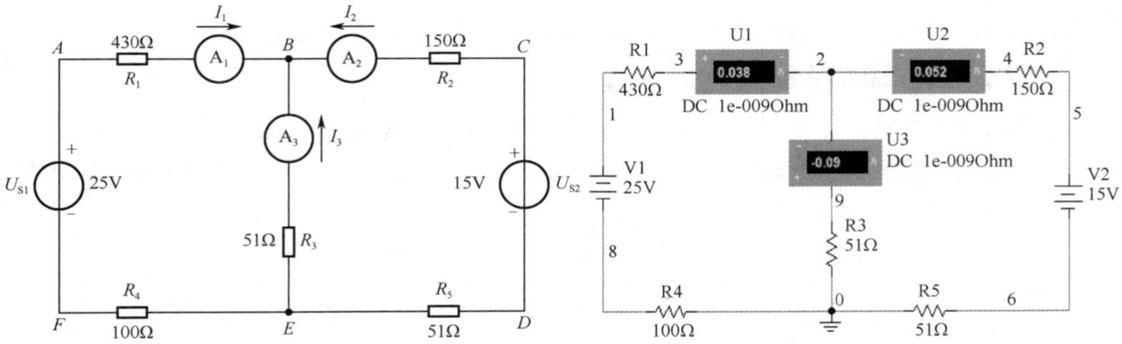

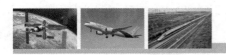

图 2-3-1　支路电流法仿真实验连线及仿真图

表 2-3-1　仿真结果一

I_1/mA	I_2/mA	I_3/mA	节点 *B* 上电流的代数和

表 2-3-2　仿真结果二

U_{AB}/V	U_{BE}/V	U_{EF}/V	U_{FA}/V	回路 *ABEFA* 压降之和
U_{CB}/V	U_{BE}/V	U_{ED}/V	U_{DC}/V	回路 *CBEDC* 压降之和

（2）教师引导学生观察实验数据，从数学的角度分析整理方程，总结出一组合理有效的方程，引出支路电流法。

（3）师生一起总结支路电流法列写方程的注意点，学生练习。

相关知识

1. KCL 和 KVL 的独立方程数

独立方程就是指不能由其他方程推导出的方程，n 元方程组有 n 个未知量，且方程组里各个方程不能相互推导出（互不包含），这叫作方程彼此独立，在这种条件下，方程组有唯一解。

可以证明：对于支路数为 n，节点数为 m 的电路，根据 KCL 可以列出的独立电流方程数为 $m-1$ 个；根据 KVL 可以列出的独立电压方程数为 $n-(m-1)$个，独立方程总数为 n 个，正好可以求出 n 个支路电流。

扫一扫看微课视频：支路电流法

2. 支路电流法

凡不能用电阻的串联、并联等效变换化简的电路，都称为复杂电路。对于复杂电路，可以用 KCL 和 KVL 推导出各种分析方法，支路电流法是其中之一。

所谓的支路电流法就是以支路电流为变量，对电路中的节点根据 KCL 列写独立电流方程，对电路中的回路根据 KVL 列写独立电压方程，进而求解各支路电流的方法。支路电流法的实质就是对基尔霍夫定律的应用。

设电路有 n 条支路，则有 n 个未知电流量，因此要列出 n 个独立方程，这是应用支路电流法的关键。当要求出多条支路的电流时，应用支路电流法比较方便。

3. 支路电流法解题步骤

对于有 n 条支路，m 个节点的电路，应用支路电流法解题的步骤如下。

（1）选定各支路电流为未知量，标出各电流的参考方向，并标出各电阻两端电压的极性。

（2）根据 KCL，列出 $m-1$ 个独立电流方程。

（3）指定回路的绕行方向，根据 KVL，列出 $n-(m-1)$ 个独立电压方程。

（4）代入已知条件，联立方程组，求各支路的电流。

（5）确定各支路电流方向。

【例 2-3-1】 图 2-3-2 所示电路的元件参数已知，求各支路电流 I_1、I_2、I_3。

分析：图 2-3-2 中有 3 条支路，3 个未知量，需要列出 3 个独立方程才可以得到唯一解。（电流参考方向已在图中标出。）

【解】 图 2-3-2 中有 2 个节点，可以列出 1 个独立电流方程：

$$I_1=I_2+I_3。$$

图 2-3-2 中有 2 个网孔，可以列出 2 个独立电压方程：

$$R_2I_2-U_{S1}+R_1I_1=0$$

$$R_3I_3+U_{S2}-R_2I_2=0$$

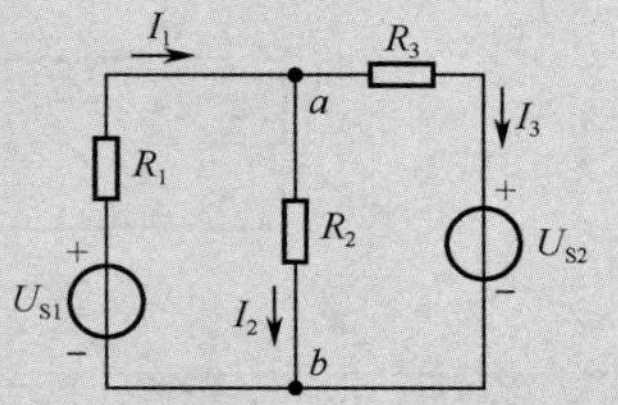

图 2-3-2　支路电流法示意图

上述 3 个方程正好可以求解出 3 条支路的电流，求解后即可得到各支路电流 I_1、I_2、I_3。

【例 2-3-2】 图 2-3-3 所示电路的元件参数已知，求各支路电流 I_1、I_2、I_3。

分析：图 2-3-3 中有 3 条支路，3 个未知量，需要列出 3 个独立方程（有 2 个节点，可列出 1 个独立电流方程；有 2 个网孔，可以列出 2 个独立电压方程）。

【解】 设各支路电流 I_1、I_2、I_3 的参考方向如图 2-3-3 所示，可列出下列方程：

$$\begin{cases} I_1=I_2+I_3 \\ 20I_1+6+60I_3-10=0 \\ 20+40I_2-60I_3-6=0 \end{cases}$$

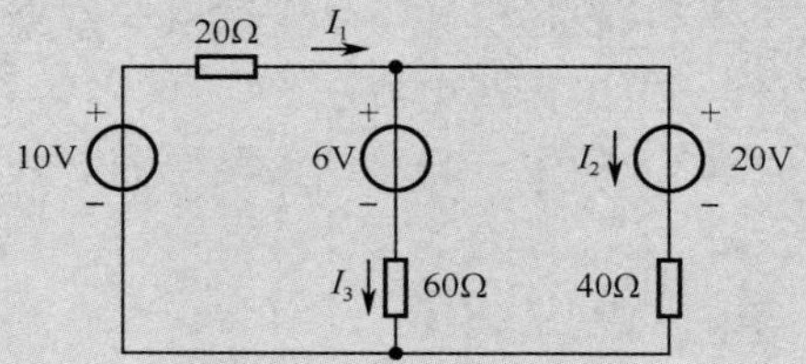

图 2-3-3　例 2-3-2 电路图

联立求解，可得 I_1、I_2、I_3。

$$\begin{cases} I_1=-0.1\text{A} \\ I_2=-0.2\text{A} \\ I_3=0.1\text{A} \end{cases}$$

扫一扫看微课视频：求支路电流

【例 2-3-3】 列写如图 2-3-4 所示电路的独立电流方程、独立电压方程。

分析：若电路中含有给定的电流源，电流源所在支路的电流是已知的。在 KVL 方程中将出现相应的未知电压 u_5，该电压将在求解联立方程时一并求出。

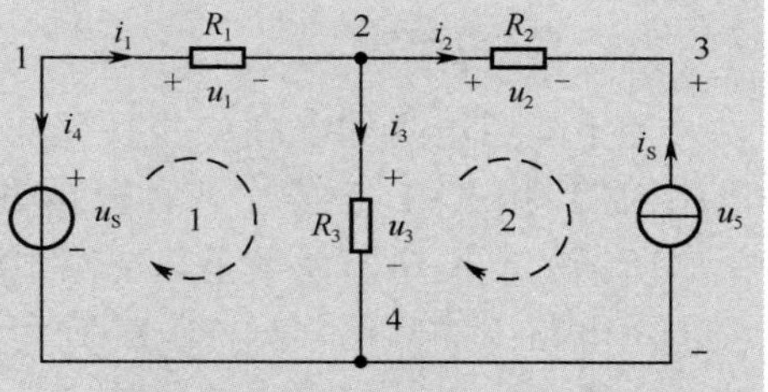

图 2-3-4　例 2-3-3 电路图

【解】 对节点 2 列写独立电流方程：

$$-i_1+i_2+i_3=0 \text{（其中 } -i_2=i_S \text{ 是已知量）}$$

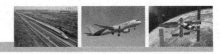

按图示绕行方向分别对网孔 1、2 列写独立电压方程：

$$R_1 i_1 + R_3 i_3 - u_S = 0$$

$$R_2 i_2 + u_5 - R_3 i_3 = 0$$

任务 2.4　叠加定理的应用和验证

扫一扫看拓展知识：网孔电流法和结点电压法

学习导航

学习目标	1．掌握并应用叠加定理对电路进行分析
	2．熟练使用电子仪器仪表完成验证实验
重点知识要求	1．掌握叠加定理及解题步骤
	2．明确叠加定理的适用范围
关键能力要求	具备叠加定理应用分析能力和验证实验设计能力

实施步骤

扫一扫看微课视频：叠加定理实验

（1）按如图 2-4-1 所示的原理图在实验板上将电源 E_1、E_2 和电流表 A_1、A_2、A_3 接入电路，R_1=300Ω，R_2=200Ω，R_3=100Ω。调节电源，使 E_1 输出电压为 16V，使 E_2 输出电压为 6V。

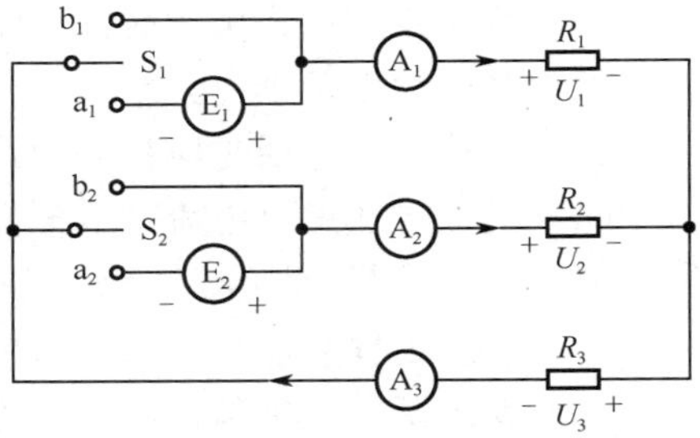

图 2-4-1　叠加定理验证实验原理图

（2）E_1、E_2 共同作用。将 S_1 拨向 a_1 端，将 S_2 拨向 a_2 端，分别测出电流 I_1、I_2 和 I_3，并将数据填入表 2-4-1。分别测出 3 个电阻两端的电压 U_1、U_2 和 U_3，并将数据填入表 2-4-2。（根据电流与电压的参考方向进行测量，如果发现指针反偏，则说明实际方向和参考方向相反，读数为负，请调换表笔再次测量。）

（3）E_1 单独作用。将 S_1 拨向 a_1 端，将 S_2 拨向 b_2 端，分别测出电流 I'_1、I'_2 和 I'_3，并将数据填入表 2-4-1。分别测出 3 个电阻两端的电压 U'_1、U'_2 和 U'_3，并将数据填入表 2-4-2。

（4）E_2 单独作用。将 S_1 拨向 b_1 端，将 S_2 拨向 a_2 端，分别测出电流 I''_1、I''_2 和 I''_3，并将数据填入表 2-4-1。分别测出 3 个电阻两端的电压 U''_1、U''_2 和 U''_3，并将数据填入表 2-4-2。

表 2-4-1　数据记录及结果分析一

项目	E_1	E_2	I'_1	I'_2	I'_3	I_1''	I_2''	I_3''	I_1	I_2	I_3
测量结果											

表 2-4-2　数据记录及结果分析二

项目	E_1	E_2	U'_1	U'_2	U'_3	U_1''	U_2''	U_3''	U_1	U_2	U_3
测量结果											

分析测得的 3 个电阻上的电流和电压是否符合下列关系：

$$I_1 = I_1' + I_1'',\quad I_2 = I_2' + I_2'',\quad I_3 = I_3' + I_3''$$
$$U_1 = U_1' + U_1'',\quad U_2 = U_2' + U_2'',\quad U_3 = U_3' + U_3''$$

相关知识

扫一扫看微课视频：叠加定理

1. 叠加定理

叠加定理：当线性电路（由独立电源和线性元件组成的电路）中有几个电源共同作用时，各支路的电流（或电压）等于各个电源分别单独作用时在该支路产生的电流（或电压）的代数和（叠加）。

2. 叠加定理解题步骤

（1）在原电路中标出各支路电流（或电压）的参考方向。

（2）分别画出各电源单独作用，其他电源不作用时的分解图，求出各支路电流（或电压）大小和实际方向。（所谓不作用，就是电压源用短路代替，电流源用开路代替。）

（3）对各支路电流（或电压）进行叠加，求出各支路的总电流（或总电压）。

3. 叠加定理注意事项

（1）叠加定理只适用于线性电路。

（2）必须画出每个电源单独作用时的分解图，且尽量保持原图结构不变。

（3）电压源不作用时应视为短路，电流源不作用时应视为开路。

（4）叠加时注意分电流（或分电压）与所求总电流（或总电压）的方向是否一致，若一致则取“+”，若相反则取“−”。

（5）叠加定理只能用来求电路中的电压和电流，不能直接用来计算功率。

（6）受控源不能单独作用于电路。

【例 2-4-1】 电路如图 2-4-2（a）所示，已知 U_1=17V，U_2=17V，R_1=2Ω，R_2=1Ω，R_3=5Ω，试应用叠加定理求各支路电流 I_1、I_2、I_3。

【解】（1）画出当电源 U_1 单独作用，电源 U_2 不作用（视为短路）时的电路图，如图 2-4-2（b）所示。

$$R_{23} = R_2 // R_3 \approx 0.83\ (\Omega)$$

$$I_1' = \frac{U_1}{R_1 + R_{23}} = \frac{17}{2.83} \approx 6\ (\mathrm{A})$$

$$I_2' = \frac{R_3}{R_2 + R_3} I_1' = 5\ (\mathrm{A})$$

$$I_3' = \frac{R_2}{R_2 + R_3} I_1' = 1\ (\mathrm{A})$$

（2）画出当电源 U_2 单独作用，电源 U_1 不作用（视为短路）时的电路图，如图 2-4-2（c）所示。

$$R_{13} = R_1 // R_3 \approx 1.43\ (\Omega)$$

$$I_2''=\frac{U_2}{R_2+R_{13}}=\frac{17}{2.43}\approx 7\text{（A）}$$

$$I_1''=\frac{R_3}{R_1+R_3}I_2''=5\text{（A）}$$

$$I_3''=\frac{R_1}{R_1+R_3}I_2''=2\text{（A）}$$

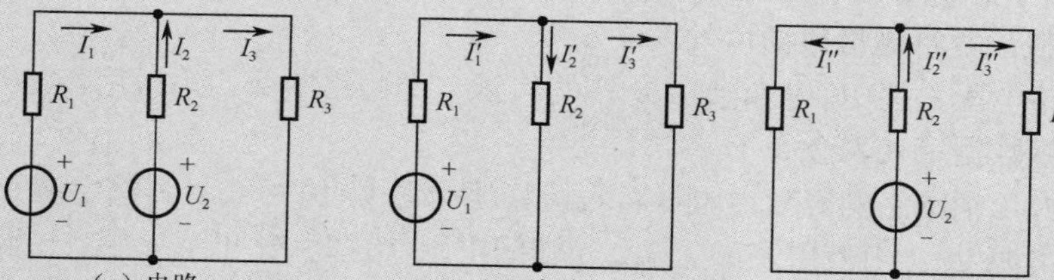

（a）电路一　（b）电路二　（c）电路三

图 2-4-2　叠加定理及分解图

（3）当电源 U_1、U_2 共同作用时（叠加），若各电流分量与原电路电流参考方向相同，则在电流分量前面选取“+”；相反，则选取“−”。

$$I_1=I_1'-I_1''=1\text{（A）}$$

$$I_2=-I_2'+I_2''=2\text{（A）}$$

$$I_3=I_3'+I_3''=3\text{（A）}$$

【例 2-4-2】 用叠加定理求如图 2-4-3（a）所示的电路中的电压 U。

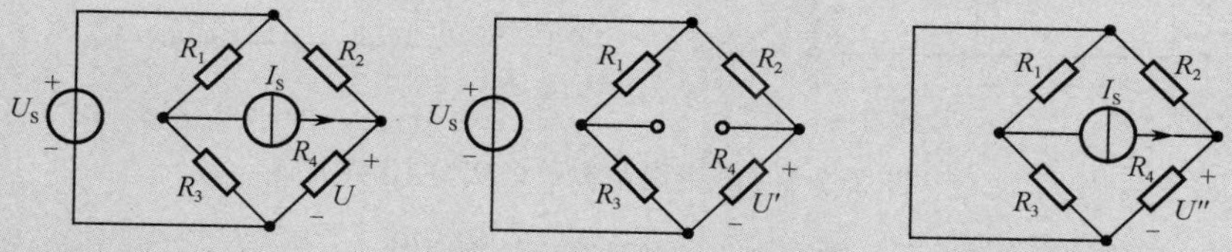

（a）电路一　（b）电路二　（c）电路三

图 2-4-3　叠加定理及分解图

【解】 画出独立电压源 U_S 和独立电流源 I_S 单独作用时的电路，分别如图 2-4-3（b）和图 2-4-3（c）所示，由此分别求得 U' 和 U''，二者相加即可得到电压 U。

任务 2.5　戴维南定理的应用和验证

学习导航

学习目标	1．掌握戴维南定理，并应用该定理对电路进行分析
	2．熟练使用电子仪器仪表完成验证实验
重点知识要求	1．掌握戴维南定理及解题步骤
	2．掌握戴维南定理的内涵及应用
关键能力要求	可以对戴维南定理及最大功率传输定理进行应用和验证

实施步骤

扫一扫看微课视频：戴维宁定理实验

1. 戴维南定理验证实验

按如图 2-5-1（a）所示的电路图接线，并将测量数据填入表 2-5-1。

（1）把电路中的 a 端、b 端左边作为有源二端网络。接好线路（其中 U_S 是直流稳压电源），测量电流 I_L 的值，并将测量数据填入表 2-5-1。

（2）测开路电压。把 R_L 从 a 端、b 端与有源二端网络断开，用万用表测开路电压 U_{abk} 的值，并将测量数据填入表 2-5-1。

（3）测有源二端网络的等效内阻。将直流稳压电源 U_S 去掉（将其输出端断开），用导线代替直流稳压电源 U_S。用万用表测 a 端、b 端间电阻（这时 R_L 仍从 a 端、b 端间断开），即 R_{ab} 的值，并将测量数据填入表 2-5-1。

（4）构成等效电路。根据已测得的有源二端网络的开路电压 U_{abk}，即 U_0，以及等效内阻 R_{ab}，即 R_a，画出等效电路。按如图 2-5-1（b）所示的电路图接线，测该电路的电流 I'_L，并将测量数据填入表 2-5-1，试比较 I_L 与 I'_L。

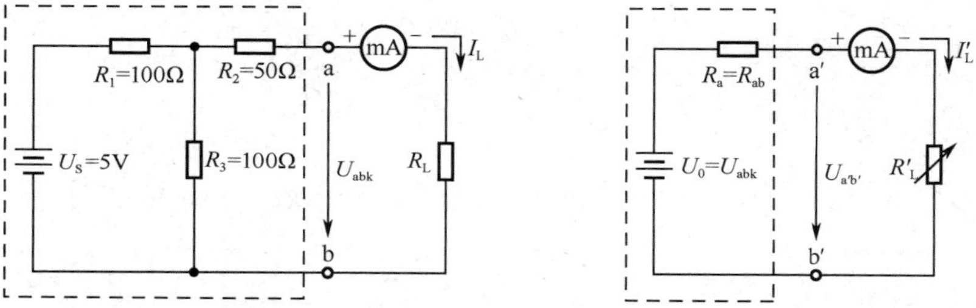

（a）电路图一　　（b）电路图二

图 2-5-1　戴维南定理验证实验电路图

表 2-5-1　等效前后数据比对

电路一			电路二		
开路电压 U_{abk}	等效内阻 R_{ab}（去掉直流稳压电源 U_S）	负载电流 I_L	电压 U_0	等效内阻 R_a	负载电流 I'_L

2. 最大功率传输定理的探究与应用

负载在什么条件下可从电源获得最大功率？最大功率是多少？

实验探究：按如图 2-5-2 所示的电路图接线，U_S=4V，R_0=500Ω，将 R_L 分别改为表 2-5-2 中所示数值，同时测量 U_{ab} 和 I 的数值填入表 2-5-2。计算负载获得的功率 $P=U_{ab}I$，填入表 2-5-2，并分析。

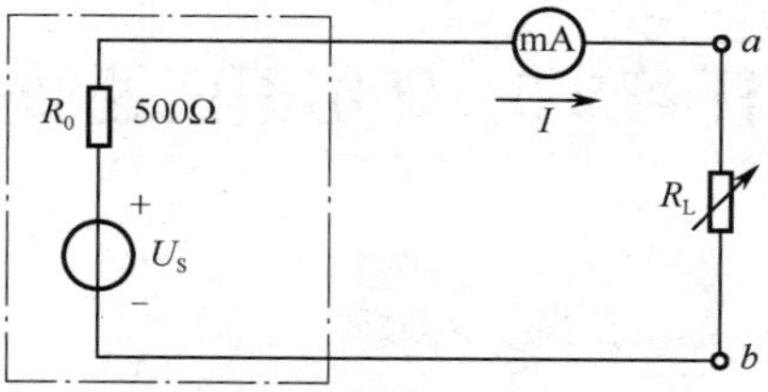

图 2-5-2　最大功率传输定理的探究与应用实验电路图

表 2-5-2　数据记录及结果分析

R_L/Ω	150	200	250	300	350	400	450	500	550	600	650
I/mA											

续表

U_{ab}/V											
P/W											

实验结论：当 R_L=__________Ω 时，可获得最大功率 P_{max}=__________W。

相关知识

扫一扫看微课视频：戴维南定理

1. 戴维南定理

戴维南定理：任何有源二端网络，都可以用一个电压源串联一个电阻等效替代。其中，等效电压源的电压等于该网络的开路电压 U_{OC}，其串联电阻的阻值 R_0 等于该网络所有独立电源置零时的等效电阻，如图 2-5-3 所示。

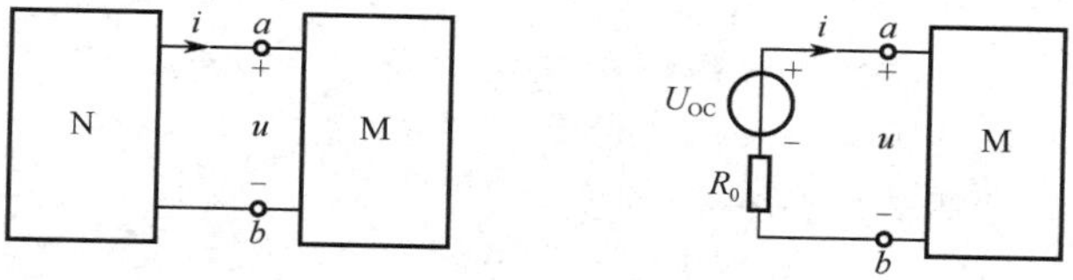

图 2-5-3　戴维南定理示意图

2. 戴维南定理解题步骤

（1）将待求支路断开移出，剩余电路看作一个有源二端网络。

（2）求该有源二端网络的开路电压 U_{OC}。

（3）将有源二端网络除源（电压源短路、电流源开路），求无源二端网络等效电阻 R_0。

（4）用输出电压为 U_{OC} 的电源和阻值为 R_0 的电阻串联得到等效电压源，接在待求支路两端，求出待求量。

【小贴士】 在使用戴维南定理解题时要注意，U_{OC} 的参考方向与二端网络开路电压的参考方向应保持一致。

【例 2-5-1】 用戴维南定理求解如图 2-5-4 所示的电路中流过 2Ω电阻的电流 I。

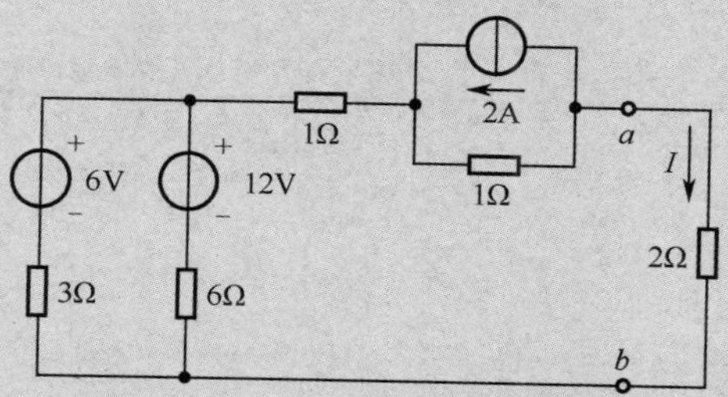

图 2-5-4　例 2-5-1 电路图

【解】（1）将待求支路断开移出，剩余电路看作一个有源二端网络，如图 2-5-5 所示，求该有源二端网络的开路电压 U_{OC}。

由有源二端网络可得

$$U_{OC}=U_{ab}=6+\frac{12-6}{3+6}\times 3-2\times 1=6+2-2=6\ (\text{V})$$

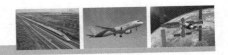

（2）将上述有源二端网络除源（电压源短路、电流源开路），如图 2-5-6 所示，求得无源二端网络的等效电阻 R_{ab}，$R_0=R_{ab}$。

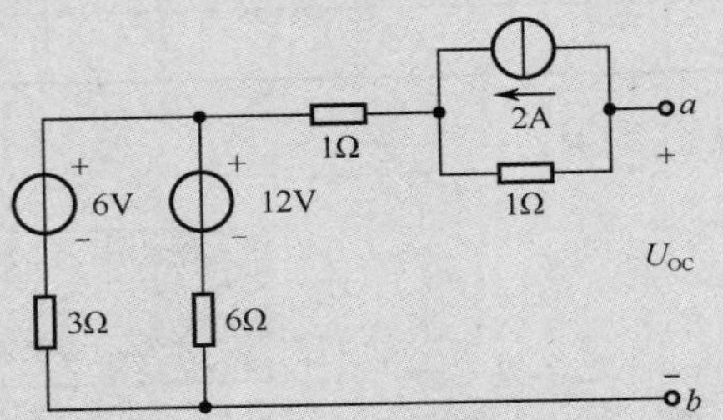

图 2-5-5　有源二端网络

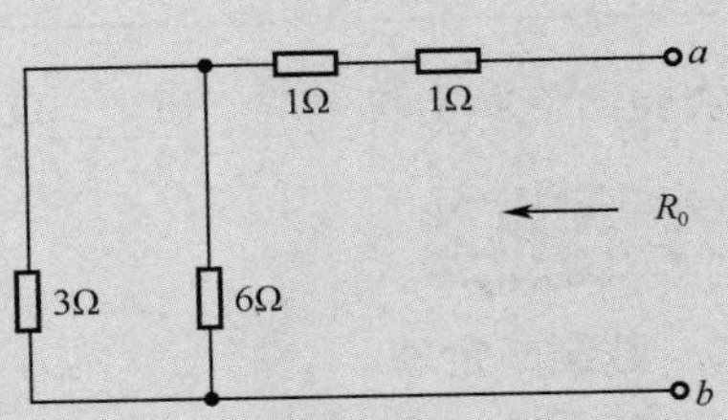

图 2-5-6　无源二端网络

由无源二端网络可得

$$R_0=3//6+1+1=4\ (\Omega)$$

（3）用输出电压为 U_{OC} 的电源和阻值为 R_0 的电阻串联得到等效电压源，接在待求支路两端，求出待求量。

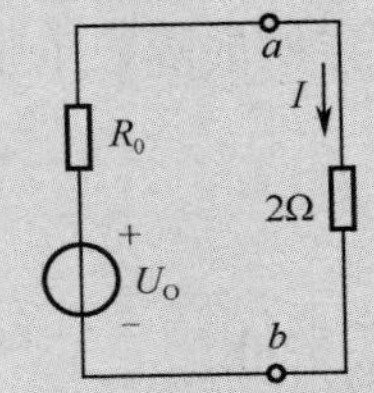

图 2-5-7　戴维南等效电路

由戴维南等效电路（见图 2-5-7）可得

$$I=\frac{U_{ab}}{R_0+2}=\frac{6}{4+2}=1\ (\text{A})$$

【例 2-5-2】 用戴维南定理求解如图 2-5-8 所示的电路中的电流 I_1。

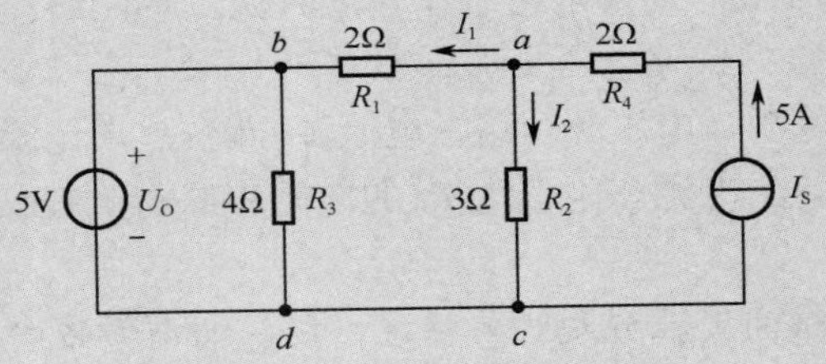

图 2-5-8　例 2-5-4 电路图

【解】 画出有源二端网络和无源二端网络，如图 2-5-9 所示，求戴维南等效电路中的 U_{OC} 和 R_0:

$$U_{OC}=U_{ac}-U_{bd}=3\times5-5=10\ (\text{V})$$

$$R_0=3\Omega$$

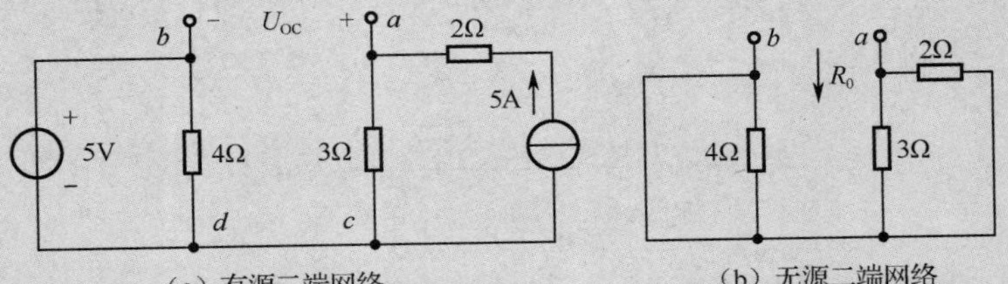

（a）有源二端网络　　（b）无源二端网络

图 2-5-9　电路图

由戴维南等效电路可得

$$I_1=10/(3+2)=2\ (\text{A})$$

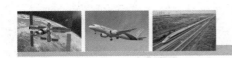

3. 戴维南定理的应用——最大功率传输定理

1）最大功率传输定理

最大功率传输定理：在负载与电源相匹配时，负载能获得最大功率。

如图 2-5-10 所示，有源二端网络（$R_0>0$）向可变负载电阻传输最大功率的条件是负载电阻的阻值 R_L 与二端网络的输出电阻的阻值 R_0 相等。在满足 $R_L=R_0$ 条件时，称之为最大功率匹配，此时负载电阻获得的最大功率为

$$P_{max}=\frac{U_{OC}^2}{4R_0} \quad (2\text{-}1\text{-}11)$$

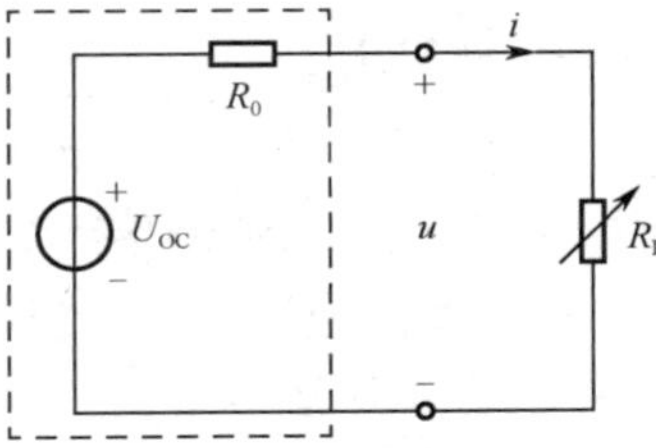

图 2-5-10　最大功率传输

2）最大功率传输定理解题步骤

计算可变负载电阻从有源二端网络获得最大功率的步骤如下。

（1）计算连接可变负载电阻的有源二端网络的戴维南等效电路。

（2）利用最大功率传输定理，确定获得最大功率的负载电阻的阻值 $R_L=R_0>0$。

（3）计算负载电阻的阻值 $R_L=R_0>0$ 时获得的最大功率值。

【小贴士】 在使用最大功率传输定理时有以下 3 个注意事项。

（1）最大功率传输定理用于端口功率给定、负载电阻可调的情况。

（2）端口等效电阻消耗的功率一般不等于端口内部电阻消耗的功率，因此当负载电阻获取最大功率时，电路的传输效率并不一定等于 50%。

（3）在计算最大功率问题时结合应用戴维南定理或诺顿定理最方便。

【例 2-5-3】 如图 2-5-11 所示，电源的电动势 E=10V、内阻 r=0.5Ω，电阻 R_1=2Ω，问：可变电阻 R_P 调至多大时可获得最大功率 P_{max}？

【解】 将 R_1+r 视为电源的内阻，则在 $R_P=R_1+r=2.5\Omega$ 时，R_P 获得最大功率：

$$P_{max}=\frac{E^2}{4R_P}=10\text{（W）}$$

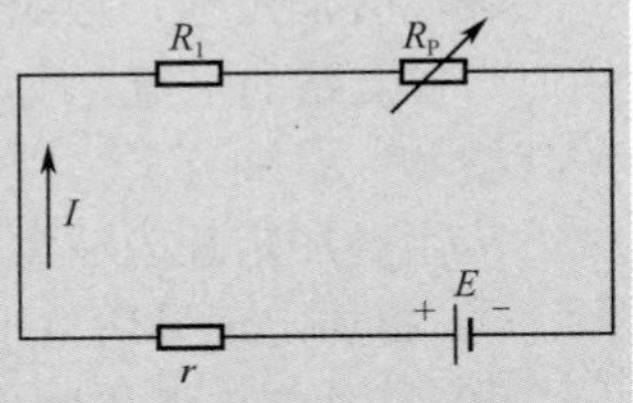

图 2-5-11　例 2-5-3 电路图

项目总结

扫一扫看拓展知识：诺顿定理

（1）等效是电路分析中的一个非常重要的概念。

结构、元件参数完全不相同的两部分电路，若具有完全相同的外特性（伏安关系），则相互称为等效电路。

等效变换就是把电路的一部分电路用其等效电路来代替。等效变换的目的是简化电路，以便计算。

值得注意的是，等效变换对外电路来讲是等效的，对变换的内部电路不一定等效。

（2）电阻的串/并联及混联等效电阻计算，分压、分流公式的应用。

（3）含独立电源电路的等效变换。

① 电源串/并联的等效化简。

电压源串联：$U_S = \sum U_{Si}$。

电压源并联：只有电压相等、极性一致的电压源才能并联，且$U_S = U_{Si}$。

电流源并联：$I_S = \sum i_{Si}$。

电流源串联：只有电流相等、流向一致的电流源才能串联，且$I_S = I_{Si}$。

电压源和电流源串联等效为电流源；电压源和电流源并联等效为电压源。

② 实际电源的两种模型及其等效转换。

实际电压源等效模型，用电压源和电阻串联电路来表示，伏安关系为

$$U=U_S-R_SI$$

实际电流源等效模型，用电流源和电阻并联电路来表示，伏安关系为

$$I=I_S-U/R_S'$$

这两种实际电源等效变换的条件为

$$\begin{cases} U_S = R_S' I_S \text{或} I_S = U_S/R_S \\ R_S = R_S' \end{cases}$$

（4）对于具有 b 条支路和 n 个节点的连通网络，有 n-1 个线性无关的独立电流方程，有 b-n+1 个线性无关的独立电压方程。

（5）根据元件约束（元件的伏安关系）和网络的拓扑约束（基尔霍夫定律），支路分析法可分为支路电流法和支路电压法。需要列写的独立方程数为 b 个。用 b 条支路的电流（电压）作为电路变量，应用 KCL 列出 n−1 个独立电流方程，应用 KVL 列出 b−n+1 个独立电压方程，然后根据元件的伏安关系，求解这 b 个方程。最后，求解其他响应。支路分析法的优点是直观、物理意义明确；缺点是方程数目多、计算量大。

（6）叠加定理：当线性电路（由独立电源和线性元件组成的电路）中有几个电源共同作用时，各支路的电流（或电压）等于各个电源分别单独作用时在该支路产生的电流（或电压）的代数和（叠加）。

应用叠加定理应注意以下几点。

① 叠加定理只适用于线性电路，非线性电路一般不适用。

② 某独立电源单独作用时，其余独立电源不作用。电压源不作用是短路，电流源不作用是开路。电源的内阻及电路其他部分结构参数应保持不变。

③ 叠加定理只适用于计算任意一条支路的电压或电流。任意一条支路的功率或能量是电压或电流的二次函数，不能直接用叠加定理计算。

④ 受控源为非独立电源，应保持不变。

⑤ 响应叠加是代数和，应注意响应的参考方向。

（7）戴维南定理：任何有源二端网络，都可以用一个电压源串联一个电阻等效替代。其中，等效电压源的电压等于该网络的开路电压 U_{OC}，其串联电阻的阻值 R_0 等于该网络所有独立电源置零时的等效电阻。

（8）最大功率传输：有源二端网络与一个可变负载电阻相接，当负载电阻的阻值 R_L 与有源二端网络的输出电阻的阻值 R_0 相等时，负载电阻获得最大功率，称负载电阻与有源二端网络匹配，最大功率 $P_{max} = \dfrac{U_{OC}^2}{4R_0}$。

自测练习 2

扫一扫看本项目自测练习参考答案

一、填空题

1．凡是用电阻的串/并联和欧姆定律可以求解的电路统称为________电路，若不能直接用上述方法求解的电路称为________电路。

2．具有两个引出端的电路称为________网络，其内部包含电源的电路称为________网络，内部不包含电源的电路称为________网络。

3．把 5Ω 的电阻 R_1 和 10Ω 的电阻 R_2 串联在 15V 的电路中，则 R_1 消耗的功率是______________，若把 R_1、R_2 并联在另一个电路中，R_1 消耗的功率为 10W，则 R_2 消耗的功率是__________。

4．*n* 个串联的电压源可以用_____________等效替代，等效电压源的电压是相串联的各电压源电压的______，目的是___________；*n* 个并联的电流源可以用___________等效替代，等效电流源的电流是相并联的各电流源电流的____________，目的是_____________。

5．电路如自测图 2-1 所示，R_{ab}=________Ω。

6．电路如自测图 2-2 所示，R_{ab}=________Ω、R_{cd}=________Ω、R_{ec}=________Ω。

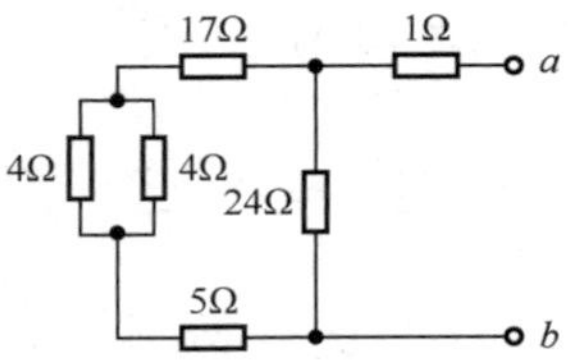

自测图 2-1

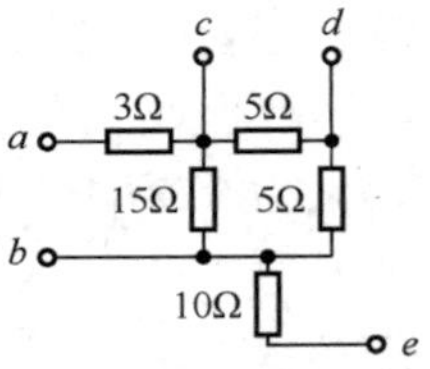

自测图 2-2

7．表头是万用表进行各种测量的共用部分，将表头__________接一个分压电阻，即可构成一个电压表；而将表头__________接一个分流电阻，即可构成一个电流表。

8．在多个电源共同作用的________电路中，任意一条支路的电流（或电压）均可看成各个电源单独作用时在该支路上产生的电流（或电压）________，称为叠加定理。

9．“等效”是指对________以外的电路作用效果相同。戴维南等效电路是指一个电阻和一个电压源的串联组合，其中电阻的阻值等于原有源二端网络________后的________阻值，电压源的电压等于原有源二端网络的________电压。

10．自测图 2-3 所示为一有源二端网络 N，如将电压表接在 a 端、b 端之间，其读数为 200V；如将电流表接在 a 端、b 端之间，其读数为 5A，则 a 端、b 端间的开路电压为________，a 端、b 端间的等效电阻为________。

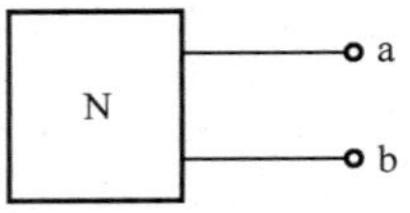

自测图 2-3

二、判断题

1．两个电路等效是指无论它们内部还是外部都相同。（　　）

2．几个电阻并联后的总电阻一定小于其中任意一个电阻的阻值。（　　）

3．220V、60W 的白炽灯在 110V 的电源上能正常工作。（　　）

4．在电阻分压电路中，电阻越大，其两端的电压越高。（　　）

5．在电阻分流电路中，电阻越大，流过它的电流越大。（ ）

6．表头串联一个合适的电阻就可以改装为电流表。（ ）

7．电阻并联时，每个电阻消耗的功率与阻值成反比。（ ）

8．电阻串联和并联相结合的连接方式，称为电阻的混联。（ ）

9．理想电压源和理想电流源是可以进行等效变换的。（ ）

10．在支路电流法中，根据 KCL 列写独立电流方程，若电路有 N 个节点，则一定可以列出 N 个独立方程。（ ）

11．叠加定理只适用于分析直流电路。（ ）

12．在计算有源二端网络的等效电阻时，可以不考虑网络内电源的内阻。（ ）

13．某电源的开路电压为 60V，短路电流为 2A，则负载可以从电源获得的最大功率为 30W。（ ）

14．对外电路来说，一个有源二端网络可以用一个电压源来等效替代。（ ）

15．用支路电流法求解各支路电流时，若电路有 b 条支路，则需要列出 $b-1$ 个方程来连立求解。（ ）

16．当负载获得最大功率时电源的效率可以达到 100%。（ ）

三、单项选择题

1．两个电阻串联，$R_1:R_2=1:2$，总电压为 60V，则 U_1 的大小为（ ）。

A．10V　B．20V　C．30V　D．60V

2．将额定电压为 220V 的两盏灯泡串联，一盏功率为 100W，另一盏功率为 40W，串联后加 380V 电压，则（ ）。

A．100W 的灯泡烧坏　B．100W、40W 的灯泡都烧坏

C．两盏灯泡都没有烧坏　D．40W 的灯泡烧坏

3．若要将一个毫安表改装成一个伏特表，需要（ ）。

A．串联分压电阻　B．并联分压电阻　C．串联分流电阻　D．并联分流电阻

4．R_1 和 R_2 为两个串联电阻，已知 $R_1=4R_2$，若 R_1 消耗的功率为 1W，则 R_2 消耗的功率为（ ）。

A．5W　B．20W　C．0.25W　D．400W

5．R_1 和 R_2 为两个并联电阻，已知 $R_1=2R_2$，若 R_2 消耗的功率为 1W，则 R_1 消耗的功率为（ ）。

A．1W　B．2W　C．4W　D．0.5W

6．3 个阻值相同的电阻并联，其总电阻等于 1 个电阻的（ ）。

A．3 倍　B．1/3 倍　C．6 倍

7．3 个阻值均为 R 的电阻，2 个并联后与另一个串联，其总电阻等于（ ）。

A．R　B．$(1/3)R$　C．$(1/2)R$　D．$1.5R$

8．将 2Ω 与 3Ω 的电阻串联后接在 10V 的电源上，2Ω 电阻消耗的功率为（ ）。

A．4W　B．6W　C．8W　D．10W

9．在用戴维南定理求等效电路的电阻时，对原网络内部电压源进行（ ）处理，对电流源进行（ ）处理。

A．开路、短路　B．短路、开路　C．开路、开路　D．短路、短路

10．如自测图 2-4 所示，已知 R=3Ω，则 A、B 两点间的总电阻为（　　）。

A．3Ω　　B．1Ω　　C．0Ω　　D．18Ω

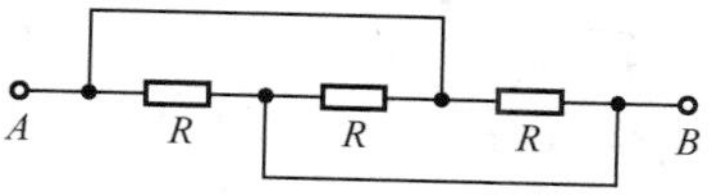

自测图 2-4

11．对于理想电压源来说，允许（　　），不允许（　　）；对于理想电流源来说，允许（　　），不允许（　　）。

A．断路　　B．短路

12．理想电压源和理想电流源之间（　　）。

A．有等效变换关系　　B．没有等效变换关系

C．有条件下的等效关系

13．某电路有 3 个节点和 7 条支路，在采用支路电流法求解各支路电流时，应列出独立电流方程和独立电压方程的个数分别为（　　）。

A．3、4　　B．4、3　　C．2、5　　D．4、7

14．一个有源二端网络，其戴维南定理的等效电阻为 R_0，该二端网络所接负载电阻的阻值为 R_L，R_L 固定，R_0 可变，当 R_0=（　　）时，负载电阻能获得最大功率。

A．$R_0=0$　　B．$R_0=R_L$　　C．$R_0=0.5R_L$　　D．$R_0=2R_L$

15．戴维南定理适用于对（　　）进行等效计算。

A．线性有源二端网络　　B．非线性有源二端网络

C．无源二端网络　　D．以上都不对

四、简答题

1．在等效电路的概念中曾经指出，等效对“外”不对“内”，它的含义是什么？

2．两个电阻串联的分压公式和两个电阻并联的分流公式各是什么？

3．什么叫作有源二端网络？什么叫作无源二端网络？

4．叠加定理只适用于什么电路？电压、电流可以叠加，功率为什么不可以叠加？

5．戴维南定理的等效电路用两个什么参数表示？这两个参数的含义各是什么？

五、计算分析题

1．电路如自测图 2-5 所示，求电路的等效电阻 R_{ab}。

2．电路如自测图 2-6 所示，求电路的等效电阻 R_{ab}。

3．电路如自测图 2-7 所示，求电路的等效电阻 R_{ab}。

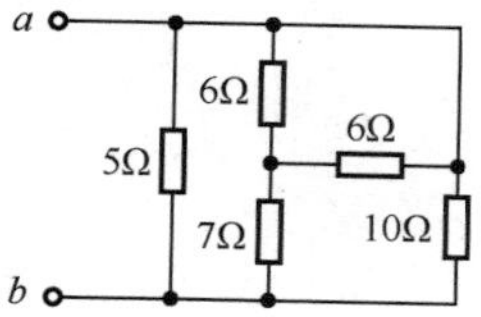

自测图 2-5

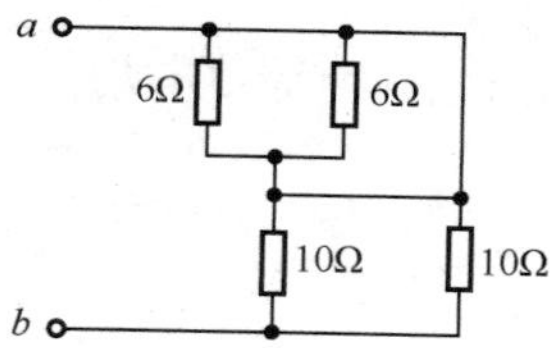

自测图 2-6

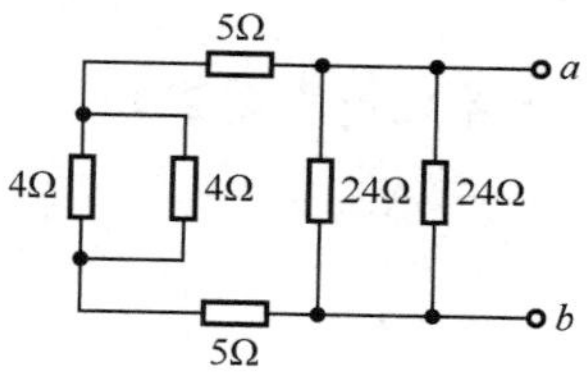

自测图 2-7

4．电路如自测图 2-8 所示，将有源二端网络等效变换为一个电压源。

5．电路如自测图 2-9 所示，求有源二端网络的等效电路。

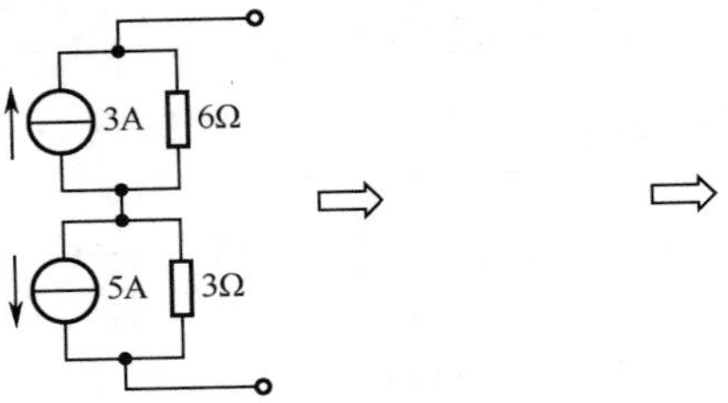

自测图 2-8

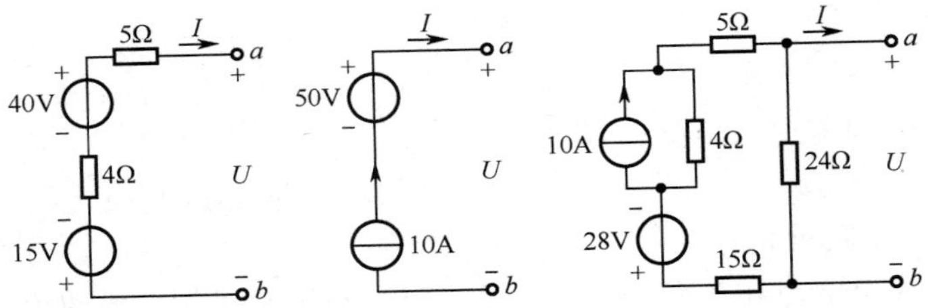

（a）（b）（c）

自测图 2-9

6．电路如自测图 2-10 所示，用支路电流法求出各支路电流。

7．电路如自测图 2-11 所示，用支路电流法求出电流 I_1、I_2。

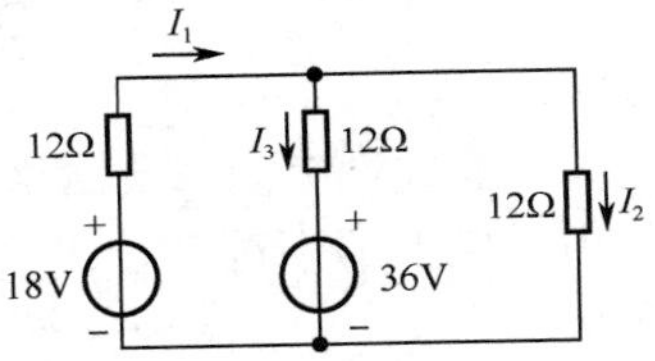

自测图 2-10

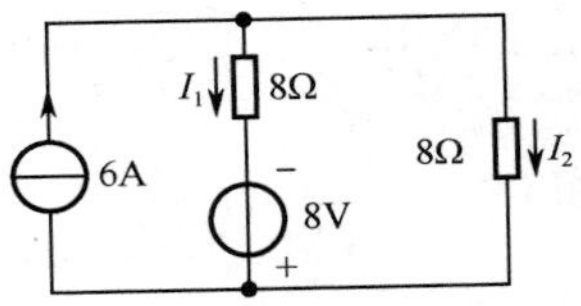

自测图 2-11

8．电路如自测图 2-12 所示，用叠加定理画出分解图，并求电压 U。

9．电路如自测图 2-13 所示，I_S=4A，R_1=3Ω，R_2=5Ω，U_S=4V，用叠加定理求出 U_1、U_2。

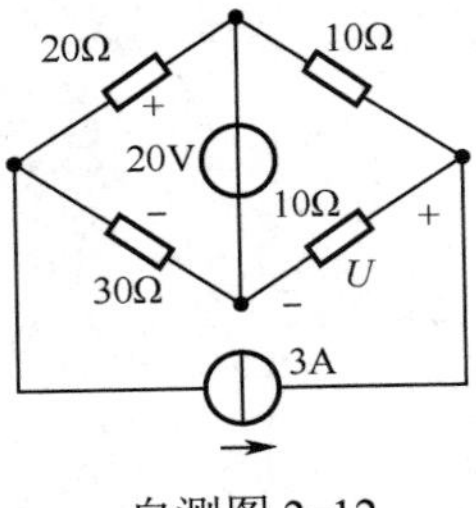

自测图 2-12

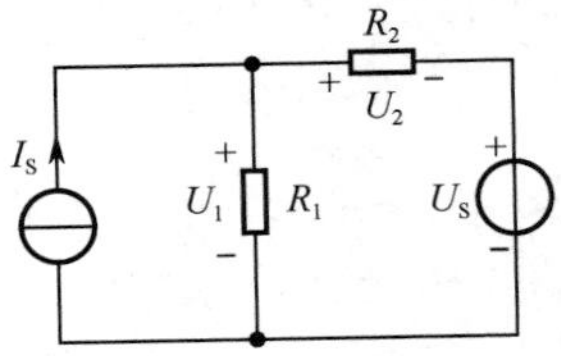

自测图 2-13

10．电路如自测图 2-14 所示，画出戴维南等效电路。

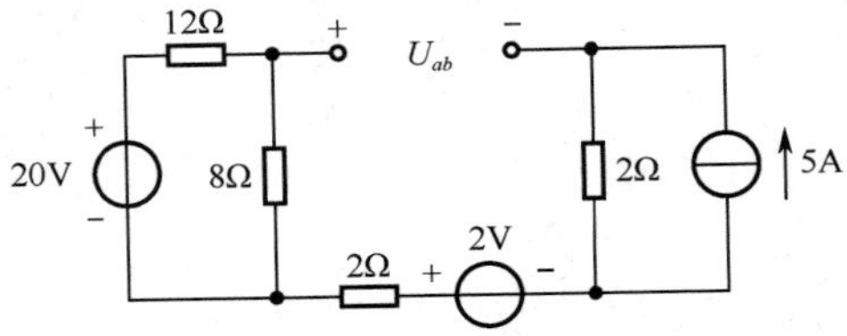

自测图 2-14

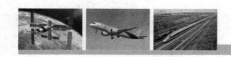

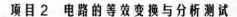

11．电路如自测图 2-15 所示，用戴维南定理求解如下问题。

（1）R_L 获得最大功率时的阻值及所获得的最大功率。

（2）此时的电流 I_L。

12．电路如自测图 2-16 所示，其中电压 U=4.5V，用戴维南定理求 R。

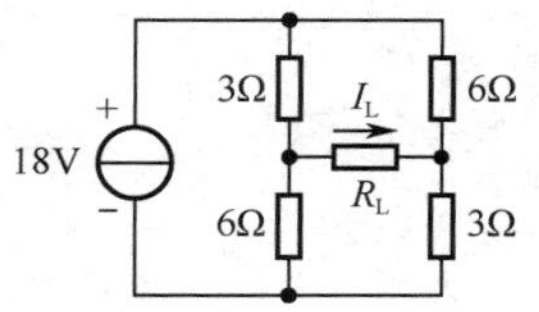

自测图 2-15

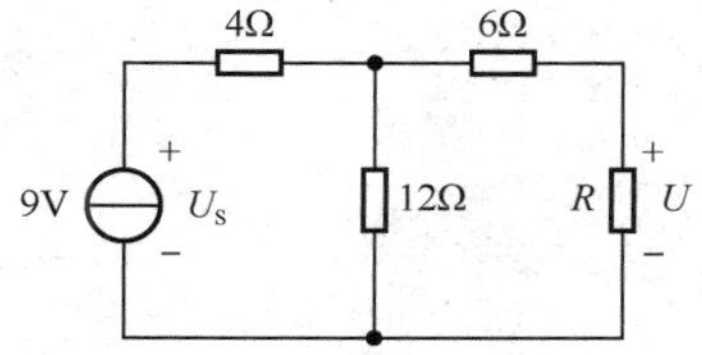

自测图 2-16

项目 3

正弦稳态电路的分析及实践

扫一扫看项目 3 教学课件

扫一扫看项目 3 电子教案

项目导入

人们在日常生活和工业生产中，广泛使用的是交流电。交流电是指大小、方向随时间按一定规律周期性变化且在一个周期内平均值为零的电流和电压。交流电中应用最多的是大小、方向随时间按正弦函数变化的正弦交流电。正弦交流电路的基本理论和基本分析方法是进行电路分析的重要基础。

任务 3.1　单相正弦交流电的了解和测量

学习导航

学习目标	1．掌握正弦交流电的三要素、解析式和波形图表示法
	2．掌握复数的基本概念及运算法则
	3．理解相量的概念，掌握正弦量的解析式与相量之间的相互变换
	4．理解相量图的意义，掌握用相量图辅助分析电路的方法
重点知识要求	1．掌握正弦交流电的三要素
	2．掌握正弦信号的相量表示法
	3．掌握 KCL 方程、KVL 方程的相量形式
关键能力要求	能用实验法观测分析电路中的交流电信号特性参数

实施步骤

扫一扫看微课视频：单相正弦交流电的了解和测量

1. 正弦交流电信号观察与分析

（1）教师演示仪器使用方法，从观察实际信号波形引入正弦交流电的波形、要素等概念。

（2）学生练习操作仪器，记录波形数据，加深对正弦交流电概念的理解。

（3）学生做习题巩固正弦交流电三要素。

2. 元件在交流电路中的伏安关系的测定实验

（1）教师讲解正弦信号的相量表示方法、运算方法，学生了解相关概念。

（2）学生通过实验测定电阻、电感、电容在交流电路中的伏安关系。

① 元件在交流电路中的伏安关系的测定实验电路如图 3-1-1 所示，被测元件为电阻、电感、电容。在电路两端接输出电压为 12V 的正弦交流电源，被测元件阻值为 1kΩ，采样电阻阻值为 100Ω，频率为 50Hz。

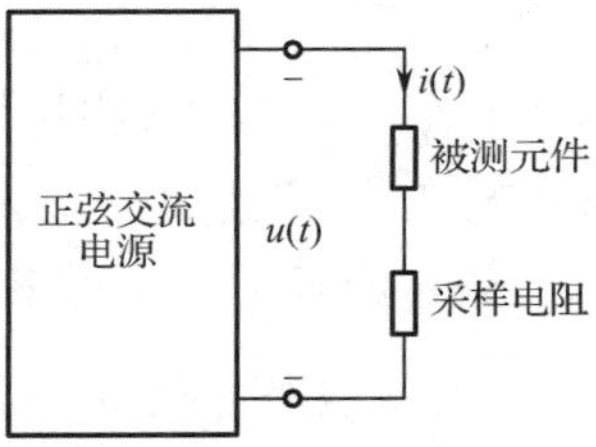

图 3-1-1　元件在交流电路中的伏安关系的测定实验电路

② 用示波器观察电阻的伏安关系，具体步骤如下。

- CH1 通道探头接被测电阻两端，读取被测电阻两端电压，相关数据填入表 3-1-1。
- CH2 通道探头接采样电阻两端，读取采样电阻两端电压，相关数据填入表 3-1-1。
- 选择合适的水平和垂直标度，将触发电平设置到 CH1 上，即可得到相应的电压与电流的波形图。

表 3-1-1　用示波器观察电阻的电压

项目	频率	相位	幅值	有效值	t=0.01s 的瞬时值
被测电阻两端电压					
采样电阻两端电压					
交流电流					

③ 用万用表或交流表测试电阻两端的电压和流过电阻的电流，与表 3-1-1 中的数据进行比较。

④ 对数据进行分析计算，计算值填入表 3-1-2。

表 3-1-2　电阻的电压与电流的分析计算

U_m/I_m	U/I	u/i（t=0.01s）	相位差

⑤ 画出电压与电流的波形图。

⑥ 根据电压与电流的波形图画出电压与电流的相量图。

参照上述步骤，测试电感、电容的电压与电流的关系。

（3）师生共同分析，建立元件交流量的相量模型。

相关知识

扫一扫看微课视频：正弦量的三要素

3.1.1 正弦交流电路中的物理量

1. 正弦量的三要素

正弦量的瞬时值通常可以表示为$i(t)$、$u(t)$，也可以简化为i、u，可以用波形图表示，如图 3-1-2 所示，也可以用函数式表示，在规定的参考方向下，$i(t)$可以表示为

$$i(t)=I_{\rm m}\sin(\omega t+\varphi) \qquad (3\text{-}1\text{-}1)$$

式中，$I_{\rm m}$为幅值（又称峰值或最大值）；ω为角频率；φ为初相。它们是正弦交流电的三要素。

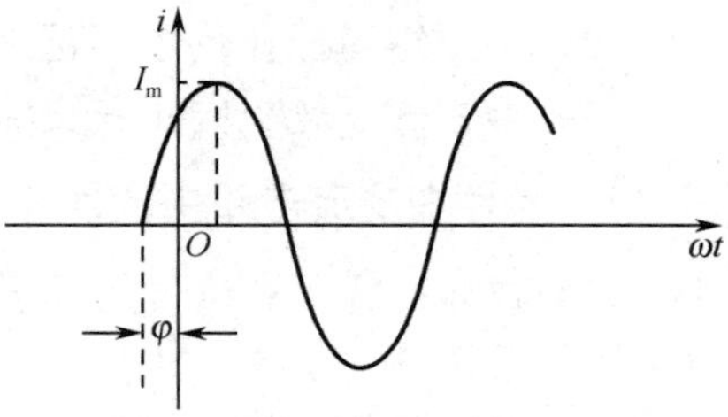

图 3-1-2　波形图

只要明确了一个正弦交流电的三要素，这个正弦交流电就是唯一确定的。

1）幅值与有效值

幅值是正弦量在周期性变化过程中达到的最大瞬时值。正弦量的幅值用带下标 m 的大写字母来表示，如$I_{\rm m}$、$U_{\rm m}$。

电路的一个重要作用是实现能量转换，而正弦量的瞬时值、幅值都不能确切地反映它们在能量转换方面的效果，对此引入有效值的概念。假设一个交流电流i和一个直流电流I，分别作用于同一电阻（阻值为R），经过一个周期T的时间两者产生的热量相等，则称直流电流I为交流电流i的有效值。有效值通常用大写字母表示，如I、U。

在一个周期T的时间内直流电流I通过电阻产生的热量为

$$Q=I^2RT$$

在相同时间内交流电流i通过同一电阻产生的热量为

$$Q'=\int_0^T i^2R{\rm d}t$$

若两者相等，则有

$$\int_0^T i^2R{\rm d}t=I^2RT$$

解得周期电流的有效值为

$$I=\sqrt{\frac{1}{T}\int_0^T i^2{\rm d}t} \qquad (3\text{-}1\text{-}2)$$

即周期量的有效值等于其瞬时值的二次方在一个周期内的平均值的平方根，故有效值又称均方根值。

对于正弦量，设

$$i(t)=I_{\rm m}\sin\omega t$$

代入式（3-1-2），得

$$I=\sqrt{\frac{1}{T}\int_0^T i^2{\rm d}t}=\sqrt{\frac{1}{T}\int_0^T I_{\rm m}^2\sin^2\omega t{\rm d}t}=\sqrt{\frac{I_{\rm m}^2}{T}\int_0^T\frac{1-\cos2\omega t}{2}{\rm d}t}$$

$$=\sqrt{\frac{I_{\rm m}^2}{2T}\left[t\Big|_0^T-\frac{1}{2\omega}\sin2\omega t\Big|_0^T\right]}=\sqrt{\frac{I_{\rm m}^2}{2T}(T-0)}=\sqrt{\frac{I_{\rm m}^2}{2}}=\frac{I_{\rm m}}{\sqrt{2}}=0.707I_{\rm m} \qquad (3\text{-}1\text{-}3)$$

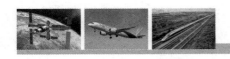

即正弦电流的有效值等于其幅值的$1/\sqrt{2}$。类似地，正弦电压的有效值也等于其幅值的$1/\sqrt{2}$，即

$$U=\frac{U_{\mathrm{m}}}{\sqrt{2}}=0.707U_{\mathrm{m}} \tag{3-1-4}$$

引入有效值后，正弦量的解析式常写为

$$i(t)=\sqrt{2}I\sin(\omega t+\varphi_i)，\quad u(t)=\sqrt{2}U\sin(\omega t+\varphi_u) \tag{3-1-5}$$

【小贴士】

① 工程上说的正弦电压、正弦电流一般指的是有效值，如设备铭牌额定值、电网的电压等，但绝缘水平、耐压值指的是幅值。因此，电气设备的耐压值应按幅值考虑。

② 测量中，交流测量仪表指示的电压、电流读数一般为有效值。

③ 注意区分电流、电压的瞬时值、幅值、有效值的符号，分别为i、I_{m}、I和u、U_{m}、U。

2）角频率、周期与频率

角频率指正弦信号在单位时间内变化的电角度（弧度数）。角频率ω的单位为弧度/秒，用符号 rad/s 表示。

周期指正弦量循环一次需要的时间。周期用符号T表示，单位为秒（s）。一个周期内，正弦量经过的电角度为2π。

频率指正弦量在单位时间（1s）内循环的次数，用符号f表示，单位为赫兹（Hz），简称赫。

角频率、周期和频率都表示正弦量变化的快慢。角频率与周期、频率的关系：

$$\omega=\frac{2\pi}{T}=2\pi f \tag{3-1-6}$$

【小贴士】 我国及世界上大多数国家都采用 50Hz 作为国家电力工业的标准频率，通常称之为工频。它的周期是 0.02s，角频率$\omega=2\pi f\approx 314(\mathrm{rad/s})$。少数国家的工频为 60Hz。

3）相位与初相

由式（3-1-1）可知，正弦量的瞬时值$i(t)$是由幅值I_{m}和正弦函数$\sin(\omega t+\varphi)$共同决定的。$\omega t+\varphi$称为正弦量的相位。它不仅能确定正弦量瞬时值的大小和角度，还能表示正弦量的变化趋势。

φ是正弦量在$t=0$时的相位，称为正弦量的初相位，简称初相。它反映了正弦量在计时起点的状态。相位和初相的单位用弧度或度表示。规定初相φ的取值范围为$|\varphi|\leqslant\pi$，即$-180^\circ\leqslant\varphi\leqslant180^\circ$。例如，$\varphi=300^\circ$可化为$\varphi=300^\circ-360^\circ=-60^\circ$。

初相的大小与计时起点有关，如图3-1-3所示。由图3-1-3可知，正弦量的初相由正弦量的零值（由负向正过渡时的值）到坐标原点之间的角度表示。

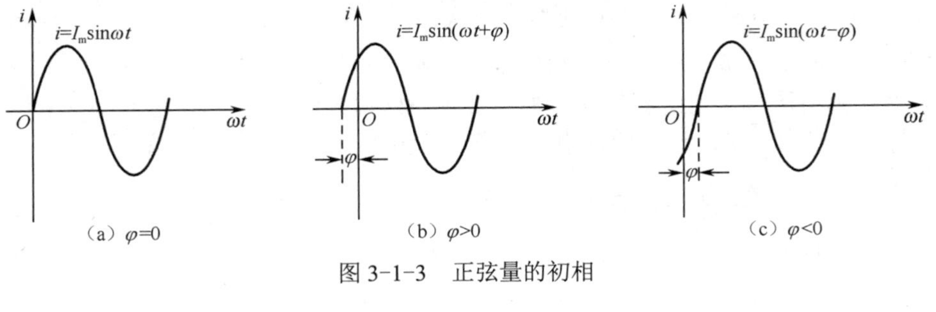

图3-1-3　正弦量的初相

① 如图 3-1-3（a）所示，当正弦量达到零值时作为计时起点，$\varphi = 0$。

② 如图 3-1-3（b）所示，当正弦量达到某一正值时作为计时起点，$\varphi > 0$。

③ 如图 3-1-3（c）所示，当正弦量达到某一负值时作为计时起点，$\varphi < 0$。

【例 3-1-1】 已知正弦电压的幅值为 10V，周期为 100ms，初相为π/6，试写出正弦电压的函数式并画出波形图。

【解】 计算正弦电压的角频率：

$$\omega = \frac{2\pi}{T} = \frac{2\pi}{100 \times 10^{-3}} = 20\pi \approx 62.8 \text{（rad/s）}$$

正弦电压的函数式：

$$u = U_m \sin(\omega t + \varphi) = 10\sin\left(20\pi t + \frac{\pi}{6}\right) = 10\sin(62.8t + 30^\circ) \text{（V）}$$

波形图如图 3-1-4 所示。

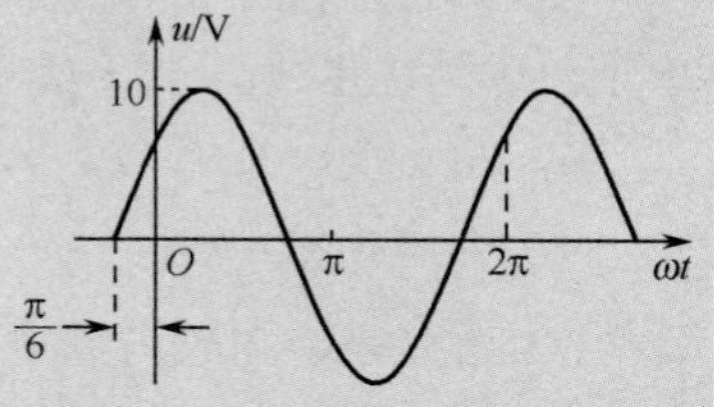

图 3-1-4　例 3-1-1 波形图

2. 同频率正弦电压、电流的相位差

两个正弦电压、电流相位之差称为相位差，用$\Delta\varphi$表示。例如，有两个同频率的正弦电流，如图 3-1-5 所示。

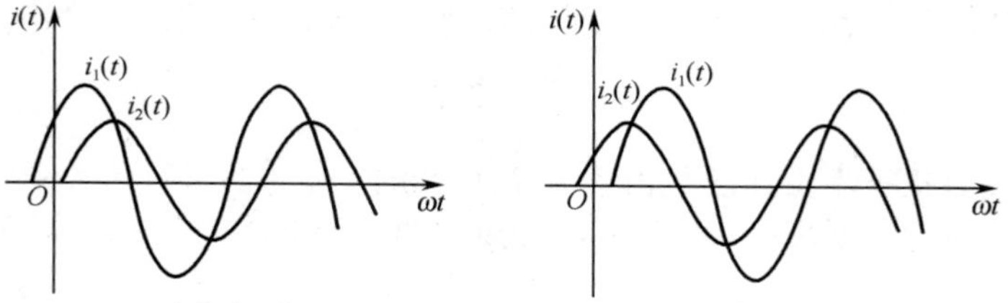

图 3-1-5　同频率的正弦电压、电流的相位差

$$i_1(t) = I_{1m}\sin(\omega t + \varphi_1),\quad i_2(t) = I_{2m}\sin(\omega t + \varphi_2)$$

电流 $i_1(t)$ 与电流 $i_2(t)$ 之间的相位差为

$$\Delta\varphi = (\omega t + \varphi_1) - (\omega t + \varphi_2) = \varphi_1 - \varphi_2 \tag{3-1-7}$$

式（3-1-7）表明两个同频率的正弦量在任意时刻的相位差均等于它们初相之差，与时间 t 无关。

两个不同频率的正弦量的相位差会随时间变化而变化。

当 $\Delta\varphi = \varphi_1 - \varphi_2 > 0$ 时，表明 $i_1(t)$ 超前于电流 $i_2(t)$，超前的角度为$\Delta\varphi$。

当 $\Delta\varphi = \varphi_1 - \varphi_2 < 0$ 时，表明 $i_1(t)$ 滞后于电流 $i_2(t)$，滞后的角度为$|\Delta\varphi|$。

【小贴士】 超前、滞后概念中的相位差不得超过±180°。

同频率正弦电压、电流的相位差有如下几种特殊情况。

（1）同相：相位差 $\Delta\varphi = \varphi_1 - \varphi_2 = 0$，如图 3-1-6（a）所示。

（2）正交：相位差 $\Delta\varphi = \varphi_1 - \varphi_2 = \pm\frac{\pi}{2}$，如图 3-1-6（b）所示。

（3）反相：相位差 $\Delta\varphi = \varphi_1 - \varphi_2 = \pm\pi$，如图 3-1-6（c）所示。

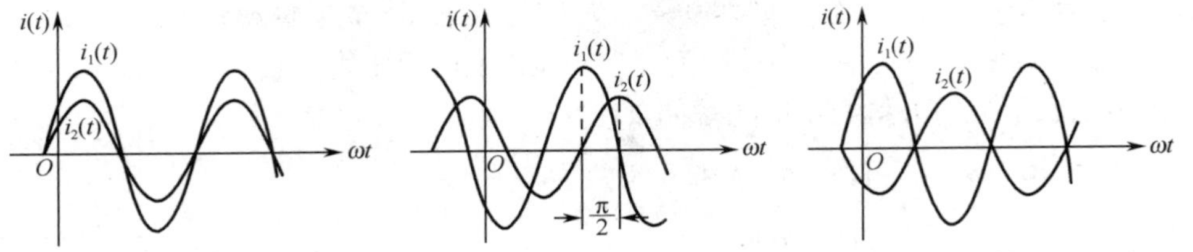

（a）同相 （b）正交 （c）反相

图 3-1-6 同频率正弦电压、电流相位差的特殊情况

【例 3-1-2】 已知两个同频率的正弦量 $u(t)=311\sin(\omega t+60^\circ)$（V）、$i(t)=10\sin(\omega t-60^\circ)$（A），试求两个正弦量的有效值及它们的相位差，并说明超前、滞后关系。

【解】 由表达式可知

$$U_{\mathrm{m}}=311\text{（V）},\quad I_{\mathrm{m}}=10\text{（A）}$$

有效值为

$$U=\frac{U_{\mathrm{m}}}{\sqrt{2}}=\frac{311}{\sqrt{2}}\approx 220\text{（V）},\quad I=\frac{I_{\mathrm{m}}}{\sqrt{2}}=\frac{10}{\sqrt{2}}\approx 7.07\text{（V）}$$

由于

$$\varphi_u=60^\circ,\quad \varphi_i=-60^\circ$$

因此相位差为

$$\Delta\varphi=\varphi_u-\varphi_i=60^\circ-(-60^\circ)=120^\circ$$

即 $u(t)$ 超前 $i(t)$ 120°，或者 $i(t)$ 滞后 $u(t)$ 120°。

扫一扫看微课视频：正弦交流信号的相量表示法

3.1.2 正弦信号的相量表示法

利用三角函数关系式进行正弦信号的运算是十分烦琐的。因此，可以借助复数表示正弦信号，以简化正弦稳态电路的分析和计算。工程中常用复数来表示正弦信号，这样的分析方法被称为相量法。

1. 复数

复数是由实数和虚数之和构成的，其代数式为

$$A=a+\mathrm{j}b \tag{3-1-8}$$

式中，a 为实部；b 为虚部；j 为虚部单位。在数学中，虚部单位用 i 表示，但在电路中 i 常用来表示电流，故选用 j 表示虚部单位，$\mathrm{j}=\sqrt{-1}$。

1）复数的表示形式

以实数数轴和虚数数轴为相互垂直的坐标轴构成的平面称为复平面，其中“+1”表示实数数轴，“+j”表示虚数数轴。任意复数在复平面内都可以找到其唯一对应的点，如图 3-1-7 所示，图中，$A_1=2+\mathrm{j}2$，$A_2=2-\mathrm{j}2$，$A_3=-3-\mathrm{j}1$，$A_4=-4+\mathrm{j}3$。

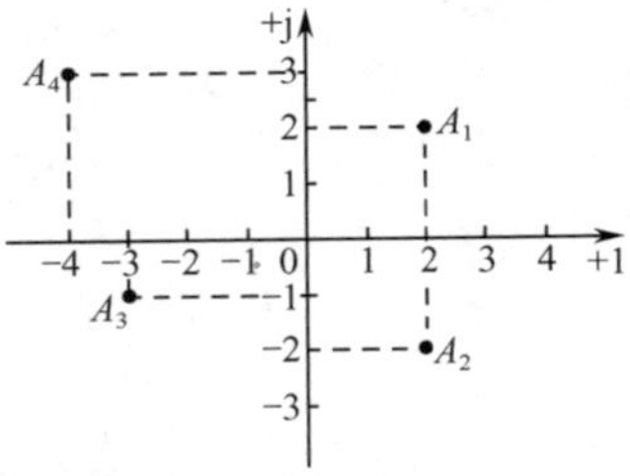

图 3-1-7 复数用点表示

任意复数在复平面内还可以用其对应的矢量表示，如图 3-1-8 所示。复数 A 对应一个矢量，矢量的长度 r 称为复

数的模（$|A|$表示复数 A 的模，模取正），矢量与实轴正方向的夹角 θ 称为复数的幅角（$-\pi\leqslant\theta\leqslant\pi$）。该复数在实轴上的投影为 a，在虚轴上的投影为 b。

复数用点表示与用矢量表示的关系如下：

$$\begin{cases} r=|A|=\sqrt{a^2+b^2} \\ \theta=\arctan\dfrac{b}{a} \\ a=r\cos\theta \\ b=r\sin\theta \end{cases} \tag{3-1-9}$$

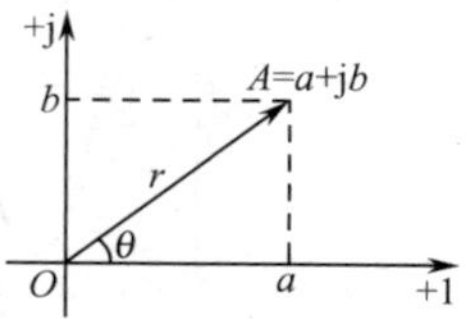

图 3-1-8　复数用矢量表示

这时，复数可以写为

$$A=a+\mathrm{j}b=r\cos\theta+\mathrm{j}r\sin\theta$$

2）复数的 4 种表达式

代数式：

$$A=a+\mathrm{j}b$$

三角函数式：

$$A=r\cos\theta+\mathrm{j}r\sin\theta$$

指数式：

$A=r\mathrm{e}^{\mathrm{j}\theta}$（由数学中的欧拉公式 $\mathrm{e}^{\mathrm{j}\theta}=\cos\theta+\mathrm{j}\sin\theta$ 得到）

极坐标式：

$$A=r\angle\theta$$

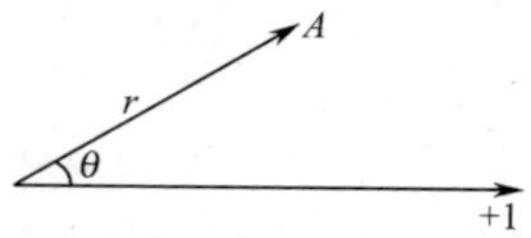

图 3-1-9　复数的极坐标式的图示

可以把复数的极坐标式用图表示，如图 3-1-9 所示。

以上 4 种表达式可以利用式（3-1-9）进行互换。

【例 3-1-3】 写出复数 $A_1=6-\mathrm{j}8$ 和 $A_2=20\angle45^\circ$ 的其他 3 种表达式。

【解】 A_1 的模 $r_1=\sqrt{6^2+(-8)^2}=10$，A_1 的幅角 $\theta_1=\arctan\dfrac{-8}{6}\approx-53.1^\circ$。

三角函数式：

$$A_1=10\cos(-53.1^\circ)+\mathrm{j}10\sin(-53.1^\circ)$$

指数式：

$$A_1=10\mathrm{e}^{\mathrm{j}(-53.1^\circ)}$$

极坐标式：

$$A_1=10\angle-53.1^\circ$$

A_2 的实部 $a_2=20\cos45^\circ\approx14.1$，$A_2$ 的虚部 $b_2=20\sin45^\circ\approx14.1$。

代数式：

$$A_2=14.1+\mathrm{j}14.1$$

三角函数式：

$$A_2=20\cos45^\circ+\mathrm{j}20\sin45^\circ$$

指数式：

$$A_2=20\mathrm{e}^{\mathrm{j}45^\circ}$$

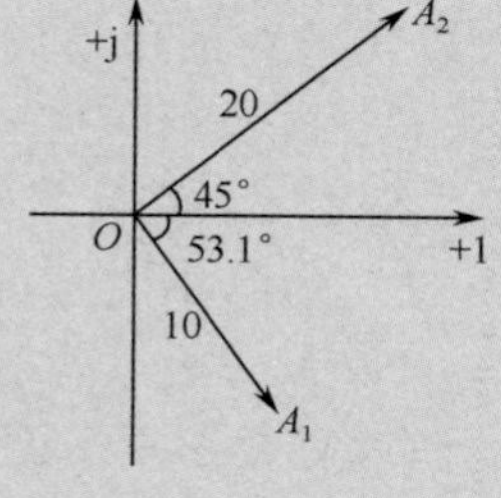

图 3-1-10　例 3-1-3 矢量图

两个复数的矢量图如图 3-1-10 所示。

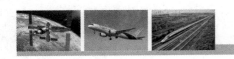

2. 复数的四则运算

复数的加减运算通常采用复数的代数式；复数的乘除运算通常采用复数的极坐标式。

设有两个复数 $A = a_1 + \mathrm{j}b_1 = r_1\angle\theta_1$， $B = a_2 + \mathrm{j}b_2 = r_2\angle\theta_2$。

（1）加减运算（代数式）：

$$A_1 \pm A_2 = (a_1 \pm a_2) + \mathrm{j}(b_1 \pm b_2)$$

（2）乘法运算（极坐标式）：

$$A_1 \cdot A_2 = r_1 \cdot r_2 \angle(\theta_1 + \theta_2)$$

（3）除法运算（极坐标式）：

$$\frac{A_1}{A_2} = \frac{r_1\angle\theta_1}{r_2\angle\theta_2} = \frac{r_1}{r_2}\angle(\theta_1 - \theta_2)$$

【小贴士】 复数的加减运算还可以用矢量图表示。当两个复数相加减时，其矢量满足平行四边形法则，如图 3-1-11 所示。

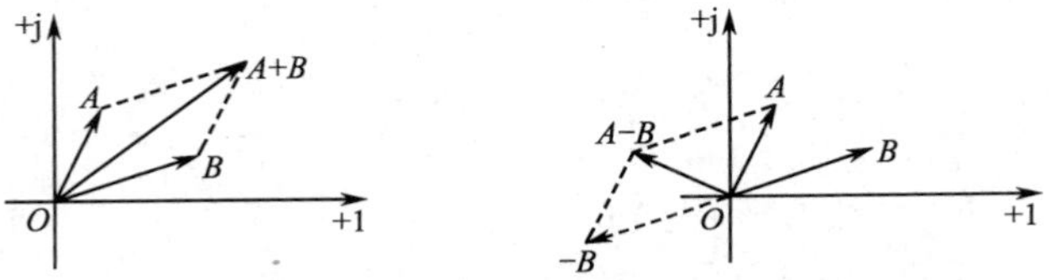

图 3-1-11　平行四边形法则（加减运算）

3. 正弦量的相量

在复平面上，一个长度为正弦量幅值 I_m、初相为φ的有向线段按逆时针方向以角速度 ω 旋转。该有向线段称为旋转矢量，它任意时刻在纵轴上的投影为 $I_\mathrm{m}\sin(\omega t + \varphi)$。当旋转矢量旋转一周时，其在纵轴上的投影对应于一个完整周期的正弦波，如图 3-1-12 所示。

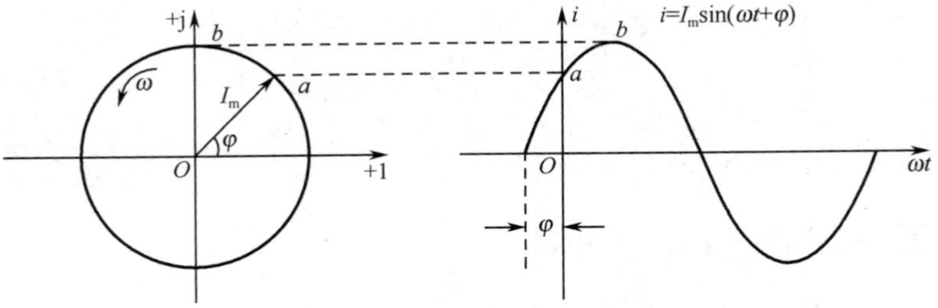

图 3-1-12　正弦量与旋转矢量

在同一坐标系中，几个同频率的正弦量的旋转矢量以相同的角速度按逆时针方向旋转，各旋转矢量间的夹角（相位差）不变。在电路分析中，主要是分析各正弦量间的相互关系，因此分析中可先不考虑角频率这个要素。正弦量的相量表示法就是用一个复数表示相应正弦量，复数的模等于正弦量的幅值（或有效值），复数的辐角等于正弦量的初相。相量用 $\dot{A}$ 表示。

由以上分析可知，正弦量 $i(t) = I_\mathrm{m}\sin(\omega t + \varphi)$ 的相量可以写成以下形式。

幅值相量：

$$\dot{I}_\mathrm{m} = I_\mathrm{m}\mathrm{e}^{\mathrm{j}\varphi} = I_\mathrm{m}\angle\varphi \tag{3-1-10}$$

有效值相量：

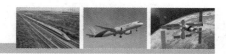

$$\dot{I}=I\mathrm{e}^{\mathrm{j}\varphi}=I\angle\varphi \qquad (3\text{-}1\text{-}11)$$

【小贴士】

（1）用相量表示正弦量，相量与正弦量不相等。

（2）相量与向量是两个不同的概念。相量用来表示时域的正弦信号，而向量用来表示空间内具有大小和方向的物理量。

（3）同频率的正弦量 $u(t)$、$u_1(t)$和 $u_2(t)$对应的相量分别为 $\dot{U}$ 、$\dot{U}_1$ 和 $\dot{U}_2$，若 $u(t)=u_1(t)\pm u_2(t)$，则 $\dot{U}=\dot{U}_1\pm\dot{U}_2$ 。

4. 相量图

相量是用复数表示的，相量在复平面上的图形称为相量图。在分析电路时，用相量图进行定性分析，用复数计算具体结果，可以提高分析效率。需要注意的是，不同频率的正弦量的相量画在同一复平面上没有意义。

【例 3-1-4】 已知 $i_1=3\sqrt{2}\sin(\omega t+20^\circ)$（A），$i_2=5\sqrt{2}\sin(\omega t-70^\circ)$（A），若 $i=i_1+i_2$，求 i 的值。

【解】 用相量计算：

$$\dot{I}_1=3\angle 20^\circ\ (\mathrm{A}),\quad \dot{I}_2=5\angle-70^\circ\ (\mathrm{A})$$

$$\begin{aligned}\dot{I}_1+\dot{I}_2&=3\angle 20^\circ+5\angle(-70^\circ)\\&=3\cos 20^\circ+\mathrm{j}3\sin 20^\circ+5\cos(-70^\circ)+\mathrm{j}5\sin(-70^\circ)\\&\approx 5.83\angle(-39.03^\circ)\ (\mathrm{A})\end{aligned}$$

$$i(t)=5.83\sqrt{2}\sin(\omega t-39.03^\circ)\ (\mathrm{A})$$

也可用相量图来求解，如图 3-1-13 所示。

由图 3-1-13 可以由勾股定理得

$$I=\sqrt{I_1^2+I_2^2}=\sqrt{3^2+5^2}\approx 5.83\ (\mathrm{A})$$

$$\varphi_i=20^\circ-\arctan\frac{5}{3}\approx-39.03^\circ$$

则 $i(t)=5.83\sqrt{2}\sin(\omega t-39.03^\circ)$（A）。

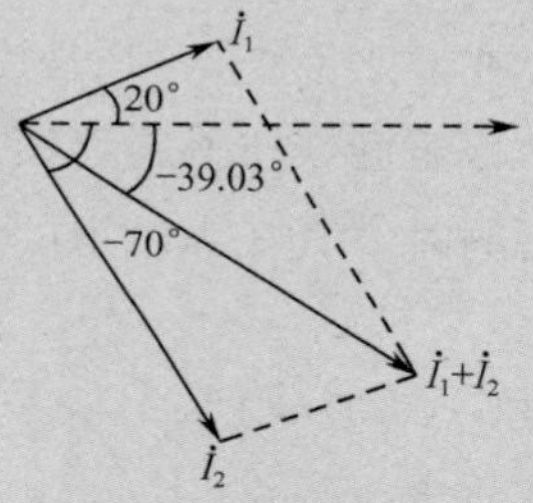

图 3-1-13 例 3-1-4 相量图

3.1.3 相量形式的基尔霍夫定律

在直流电路中讨论过的基尔霍夫定律同样适用于交流电路。

KCL：任一瞬间流过电路一个节点（或闭合面）的各电流瞬时值的代数和等于零，即

$$\sum i=0 \qquad (3\text{-}1\text{-}12)$$

正弦交流电路中各电流都是与电源同频率的正弦量，把这些同频率的正弦量用相量表示，即

$$\sum\dot{I}=0\ 或\ \sum\dot{I}_{\mathrm{m}}=0 \qquad (3\text{-}1\text{-}13)$$

如图 3-1-14（a）所示，根据 KCL 有

$$-i_1-i_2+i_3+i_4+i_5=0$$

相量形式的 KCL 方程为

$$-\dot{I}_1-\dot{I}_2+\dot{I}_3+\dot{I}_4+\dot{I}_5=0$$

列写 KCL 方程时应注意，电流前的符号由其参考方向决定，若流入节点的电流取“+”，则流出节点的电流取“-”。

式（3-1-13）也可以表示为

$$\sum \dot{I}_{入} = \sum \dot{I}_{出}$$

KVL：同一瞬间，电路的一个回路中各段电压瞬时值的代数和等于零，即

$$\sum u = 0 \tag{3-1-14}$$

将各电压用相量形式表示，即

$$\sum \dot{U} = 0 \text{ 或 } \sum \dot{U}_{\mathrm{m}} = 0 \tag{3-1-15}$$

如图 3-1-14（b）所示，根据 KVL 有

$$u_1 + u_2 - u_3 - u_4 = 0$$

相量形式的 KVL 方程为

$$\dot{U}_1 + \dot{U}_2 - \dot{U}_3 - \dot{U}_4 = 0$$

同样，列写 KVL 方程时应注意电压前的符号与绕行方向的关系。

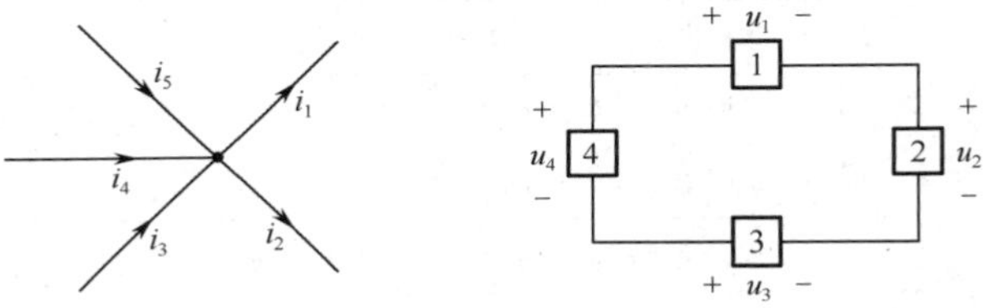

（a）　　　　　　　　（b）

图 3-1-14　基尔霍夫定律示例

【例 3-1-5】 如图 3-1-15 所示，已知同频率正弦电流 $i_1 = 5\sqrt{2}\sin(\omega t)$（A），$i_2 = 4\sqrt{2}\sin(\omega t - 180^\circ)$（A），$i_3 = \sqrt{2}\sin(\omega t - 90^\circ)$（A），求电流 i。

【解】 $\dot{I}_1 = 5\angle 0^\circ = 5$（A），$\dot{I}_2 = 4\angle(-180^\circ) = -4$（A），$\dot{I}_3 = 1\angle(-90^\circ) = -\mathrm{j}1$（A），

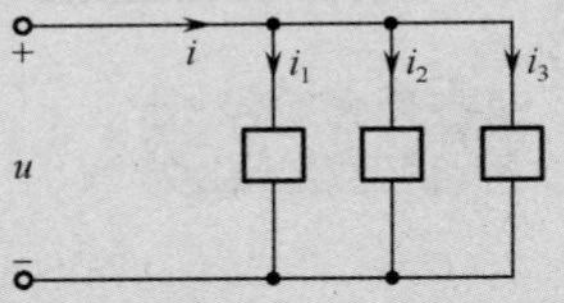

图 3-1-15　例 3-1-5 电路图

由 KCL 可知：

$$\dot{I} = \dot{I}_1 + \dot{I}_2 + \dot{I}_3 = 5 - 4 - \mathrm{j} = 1 - \mathrm{j} = \sqrt{2}\angle(-45^\circ) \text{（A）}$$

解得

$$i = \sqrt{2}\sqrt{2}\sin(\omega t - 45^\circ) = 2\sin(\omega t - 45^\circ) \text{（A）}$$

【例 3-1-6】 电路如图 3-1-16 所示，已知电压表 V_1 和电压表 V_2 的读数均为 50V，求总表 V 的读数。

【解】 选定的电压与电流参考方向如图 3-1-16 所示。

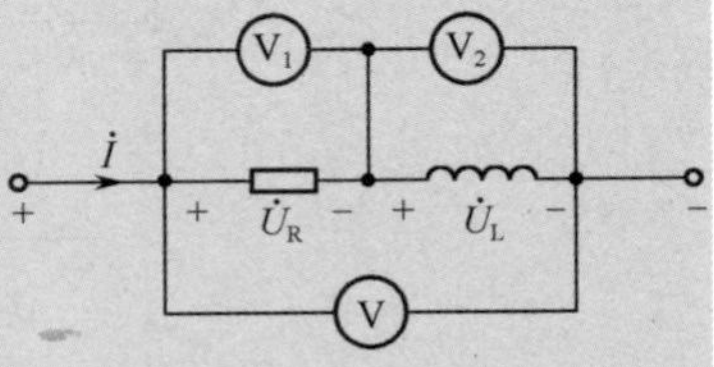

图 3-1-16　例 3-1-6 电路图

设串联电路电流为

$$\dot{I} = I\angle 0^\circ \text{（A）}$$

则电阻电压为

$$\dot{U}_{\mathrm{R}} = 50\angle 0^\circ \text{（V）}$$

电感电压为

$$\dot{U}_{\mathrm{L}} = 50\angle 90^\circ \text{（V）}$$

电路总电压为

$$\dot{U}=\dot{U}_{\mathrm{R}}+\dot{U}_{\mathrm{L}}=50\angle 0^{\circ}+50\angle 90^{\circ}=50+\mathrm{j}50\approx 70.7\angle 45^{\circ}\ (\mathrm{V})$$

因此，总表V的读数为70.7V。

【小贴士】 相量法的优点如下。

（1）把时域问题变为复数问题。

（2）可以把直流电路的分析方法直接用于交流电路。

任务3.2 正弦稳态电路的相量法分析

学习导航

学习目标	1．掌握电阻、电感及电容伏安关系的相量形式
	2．掌握阻抗、导纳的概念，掌握利用阻抗分析正弦交流电路的方法
	3．掌握电感与电容的相关特性
	4．掌握运用相量法分析正弦稳态电路的方法
重点知识要求	1．掌握分析正弦稳态电路的相量法、相量图法
	2．掌握电阻、电感、电容的相量形式
	3．掌握阻抗的串联和并联特性
关键能力要求	能正确使用交流电压表、交流电流表和功率表测量元件的交流等效参数

实施步骤

扫一扫看微课视频：交流元件参数的测定

1．元件交流参数的测定

将自耦变压器调零，按如图3-2-1所示的电路图接线，在对功率表进行接线时需要考虑同名端。

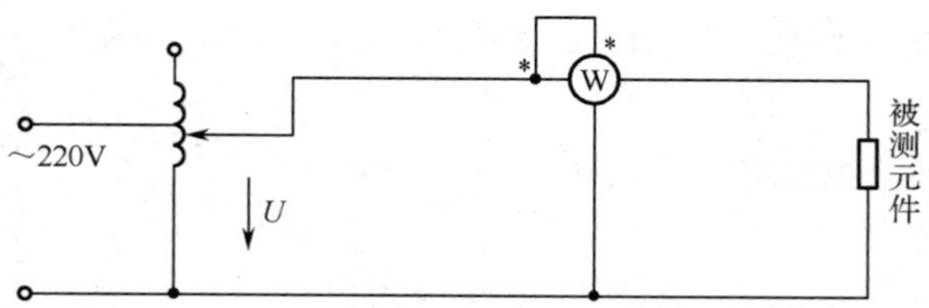

图3-2-1 元件交流参数的测定实验电路图

在实验板上选择被测元件。对于电阻，需要选用50W、100Ω的（短时通电，防止过热）。对于电容，需要选用4.7μF、耐压400V以上的。对于电感，需要选用日光灯镇流器。按表3-2-1调节自耦变压器，使输出电压U=40V，测量数据，并将数据填入表3-2-1。

表 3-2-1　电路元件的参数

被测元件	测量值			计算值		
	U/V	I/A	P/W	R/Ω	L/mH	C/μF
电阻					—	—
电感				—		—
电容				—	—	

2. RC 串联电路的电压、电流的测量分析

扫一扫看微课视频：RC 串联电路的测量

将自耦变压器调零，按如图 3-2-2 所示的电路图接线。

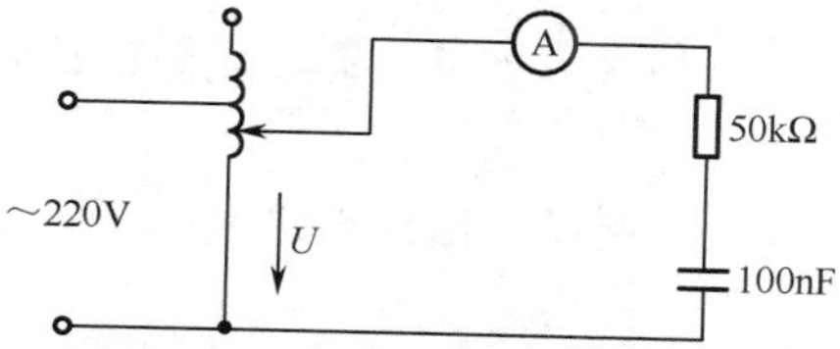

图 3-2-2　RC 串联电路的电压、电流的测量分析实验电路图

调节自耦变压器，使输出电压 U=50V，测量电流及电压，并将数据填入表 3-2-2，按测量数据画出相量图并分析结果。

表 3-2-2　RC 串联电路的电压、电流的测量分析实验数据

U/V	U_R/V	U_C/V	I/mA
50			

注意：短时通电，防止电阻过热。

根据实验数据画出相量图，计算各电压或电流，与实验数据进行比较，并分析误差：

____

____

____

3. RLC 串联电路的电压、电流的测量分析

将自耦变压器调零，按如图 3-2-3 所示的电路图接线。调节自耦变压器，使输出电压 U=80V，测量各元件电流和电压，并将数据填入表 3-2-3，按测量数据画出相量图并分析结果。

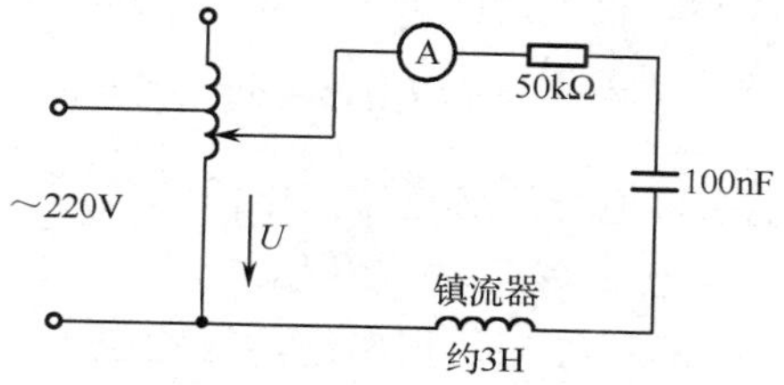

扫一扫看微课视频：RLC 串联电路的测量

图 3-2-3　RLC 串联电路的电压、电流的测量分析实验电路图

表 3-2-3　RLC 串联电路的电压、电流的测量分析实验数据

U/V	U_R/V	U_C/V	U_L/V	I/mA
80				

根据实验数据画出相量图，计算各电压或电流，与实验数据进行比较，并分析误差：

相关知识

扫一扫看微课视频：交流元件的相量模型

3.2.1 元件交流量的相量模型

1. 电阻伏安关系的相量形式

如图 3-2-4（a）所示，u_R、i_R 取关联参考方向，电阻在正弦稳态电路中的伏安关系为

$$u_R = Ri_R$$

因为 u_R、i_R 是同频率的正弦量，所以其相量形式为

$$\dot{U}_R = R\dot{I}_R \tag{3-2-1}$$

式（3-2-1）就是电阻伏安关系的相量形式，由此式可知有效值关系为 $U_R = RI_R$，相位关系为 $\dot{U}_R$ 与 $\dot{I}_R$ 同相。

电阻两端的电压和流过电阻的电流的相量形式如图 3-2-4（b）所示，电阻两端的电压与流过电阻的电流的相量图如图 3-2-4（c）所示。

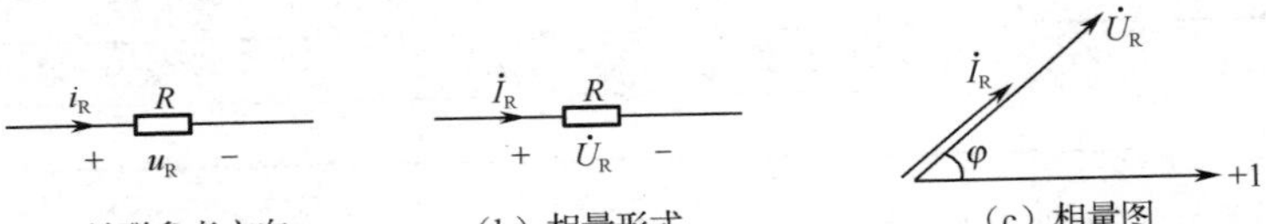

图 3-2-4　电阻的关联参考方向、相量形式、相量图

2. 电感伏安关系的相量形式

发电机、变压器等电气设备具有储存磁场能量的性能，其核心部件为用漆包线绕制而成的线圈，当线圈的发热电阻很小可忽略不计时，这个线圈就是实际电感的理想化电路模型——电感。

设电感的电路模型中的电流为

$$i_L = I_{Lm}\sin(\omega t + \varphi)$$

如图 3-2-5（a）所示，在关联参考方向下，根据电感上的伏安关系可得

$$u_L = L\frac{di_L}{dt} = L\frac{dI_{Lm}\sin(\omega t + \varphi)}{dt} = \omega LI_{Lm}\cos(\omega t + \varphi) = \omega LI_{Lm}\sin\left(\omega t + \varphi + \frac{\pi}{2}\right)$$

由上式可得电感两端的电压幅值与流过电感的电流幅值的数量关系为

$$U_{Lm} = \omega LI_{Lm} = 2\pi fLI_{Lm} \tag{3-2-2}$$

式（3-2-2）等号两边同时除以 $\sqrt{2}$，可得电感两端的电压、流过电感的电流的有效值的数量关系为

$$U_L = \omega LI = 2\pi fLI \tag{3-2-3}$$

式（3-2-2）和式（3-2-3）称为电感的欧姆定律关系式，其中：

$$X_L = \omega L = 2\pi fL \tag{3-2-4}$$

式中，X_L 称为电感的电抗，简称感抗，单位为 Ω。感抗反映了电感对正弦交流电的阻碍作用。在稳恒直流电的情况下，由于频率为零，感抗也为零，因此直流电路中的电感相当于短路；交流频率越高，感抗越大；在高频情况下，电感往往对电路呈现极大的感抗，一般视作开路。

由上述瞬时值表达式可看出：电感两端的电压、流过电感的电流存在相位正交关系，电压超前电流 90°。

电感两端的电压、流过电感的电流用相量表示，电流的相量形式为

$$\dot{I}_L = I_L \angle \varphi$$

电压的相量形式为

$$\dot{U}_L = jX_L\dot{I}_L \qquad (3\text{-}2\text{-}5)$$

上式的有效值关系为 $U_L = X_L I_L = \omega L I_L = 2\pi f L I_L$，相位关系为 $\varphi_u = \varphi_i + \dfrac{\pi}{2}$。

电感两端的电压、流过电感的电流的相量形式如图 3-2-5（b）所示，电感两端的电压与流过电感的电流的相量图如图 3-2-5（c）所示。

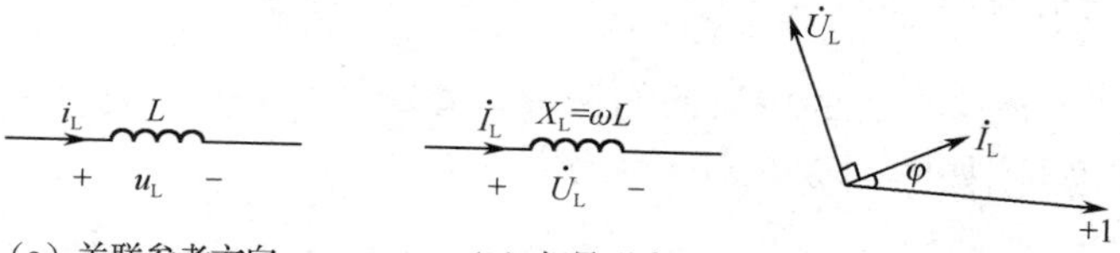

（a）关联参考方向　（b）相量形式　（c）相量图

图 3-2-5　电感的关联参考方向、相量形式、相量图

3. 电容伏安关系的相量形式

实际电容在外加电源后两个极板上分别聚集等量的异号电荷，电场能量产生；在移去电源后，电荷可继续聚集在极板上，电场能量继续存在。电容是实际电容的理想化模型，具有储存电场能量的特性。

设电容电路模型中的电压为

$$u_C = U_{Cm}\sin(\omega t + \varphi)$$

如图 3-2-6（a）所示，在电压与电流为关联参考方向时，有

$$\begin{aligned} i_C &= C\frac{du_C}{dt} = C\frac{dU_{Cm}\sin(\omega t+\varphi)}{dt} \\ &= \omega C U_{Cm}\cos(\omega t+\varphi) \\ &= \omega C U_{Cm}\sin\left(\omega t+\varphi+\frac{\pi}{2}\right) \end{aligned}$$

由上式可推导出电容的极间电压幅值与流过电容的电流幅值的数量关系为

$$I_m = \omega C U_{Cm}$$

上式等号两边同时除以 $\sqrt{2}$，即可得到电容两端的电压、流过电容的电流的有效值之间的数量关系为

$$I = \omega C U_C = \frac{U_C}{X_C} \qquad (3\text{-}2\text{-}6)$$

其中：

$$X_C=\frac{U_C}{I}=\frac{1}{\omega C}=\frac{1}{2\pi fC} \tag{3-2-7}$$

式中，X_C称为电容的容抗，其单位为Ω。和感抗类似，容抗是用来表示电容在充、放电过程中对电流的阻碍作用的。在电容工作在稳恒直流电的情况下，频率$f=0$，容抗X_C趋向无穷大，因此直流电路中的电容相当于开路；交流频率越高，容抗越小；在高频情况下，容抗极小，电容可视为短路。

由上述瞬时值表达式可看出：电容两端的电压、流过电容的电流存在相位正交关系，电压滞后电流90°。

电容两端的电压、流过电容的电流用相量表示，电压的相量形式为$\dot{U}_C=U_C\angle\varphi$，电流的相量形式为$\dot{I}_C=\omega CU_C\angle\left(\varphi+\frac{\pi}{2}\right)=\mathrm{j}\omega C\dot{U}_C=\frac{\dot{U}_C}{-\mathrm{j}X_C}$。

上式也可以表示为

$$\dot{U}_C=\frac{\dot{I}_C}{\mathrm{j}\omega C}=-\mathrm{j}\frac{1}{\omega C}\dot{I}_C=-\mathrm{j}X_C\dot{I}_C \tag{3-2-8}$$

上式的有效值关系为$I=\omega CU_C=\frac{U_C}{X_C}$，相位关系为$\varphi_u=\varphi_i-\frac{\pi}{2}$。

电容两端的电压、流过电容的电流的相量形式如图3-2-6（b）所示，电容两端的电压与流过电容的电流的相量图如图3-2-6（c）所示。

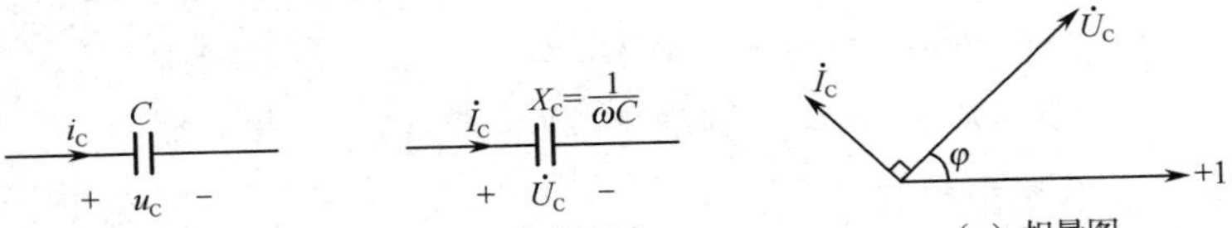

（a）关联参考方向　（b）相量形式　（c）相量图

图3-2-6　电容的关联参考方向、相量形式、相量图

【例3-2-1】 已知一个电阻的阻值$R=5\Omega$，通过电阻的电流$i_R=10\sqrt{2}\sin(\omega t-30^\circ)$（A），求电阻两端的电压$u_R$，并画出$\dot{U}_R$、$\dot{I}_R$的相量图。

【解】 $i_R=10\sqrt{2}\sin(\omega t-30^\circ)$（A）的相量为

$$\dot{I}_R=10\angle-30^\circ\text{（A）}$$

则有

$$\dot{U}_R=R\dot{I}_R=10\times5\angle-30^\circ=50\angle-30^\circ\text{（V）}$$

所以有

$$u_R=50\sqrt{2}\sin(\omega t-30^\circ)\text{（V）}$$

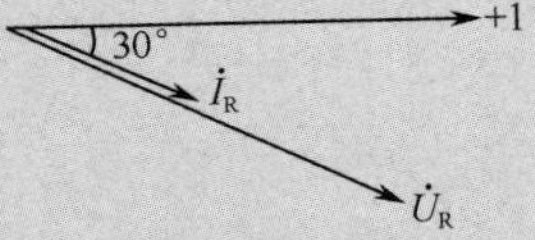

图3-2-7　例3-2-1相量图

相量图如图3-2-7所示。

【例3-2-2】 某个电感的电感值$L=20\text{mH}$，接在电压$u=220\sqrt{2}\sin(314t+45^\circ)$（V）的正弦交流电源上，求感抗$X_L$、电路中的电流$\dot{I}_L$。

【解】 $u=220\sqrt{2}\sin(314t+45^\circ)$（V）的相量为

$$\dot{U}=220\angle45^\circ\text{（V）}$$

电感的感抗为

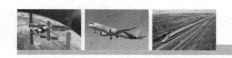

$$X_L = \omega L = 314 \times 20 \times 10^{-3} = 6.18\ (\Omega)$$

$\because \quad \dot{U}_L = jX_L \dot{I}_L$。

$\therefore \quad \dot{I}_L = \dfrac{\dot{U}_L}{jX_L} = \dfrac{220\angle 45^\circ}{j6.18} = 35.6\angle(45^\circ - 90^\circ) = 35.6\angle -45^\circ$（A）。

3.2.2　阻抗与导纳

扫一扫看微课视频：串并联电路阻抗分析

1. 阻抗的概念

图 3-2-8（a）所示为无源二端网络，该网络中只包含线性电阻、电感、电容。在正弦稳态电路中，在端口施加正弦交流电压 u，将产生同频率的正弦交流电流 i，若电压和电流取关联参考方向，则定义端口电压相量和电流相量的比值为该电路的复阻抗，简称阻抗，用字母 Z 表示，单位是 Ω，即

$$Z = \frac{\dot{U}}{\dot{I}} \tag{3-2-9}$$

设电压 $u = \sqrt{2}U\sin(\omega t + \varphi_u)$，电流为 $i = \sqrt{2}I\sin(\omega t + \varphi_i)$，两者频率相同。

电压和电流对应的相量形式为

$$\dot{U} = U\angle\varphi_u ,\quad \dot{I} = I\angle\varphi_i$$

如图 3-2-8（b）所示，电路阻抗为

$$Z = \frac{\dot{U}}{\dot{I}} = \frac{U\angle\varphi_u}{I\angle\varphi_i} = \frac{U}{I}\angle(\varphi_u - \varphi_i) = |Z|\angle\varphi_Z \tag{3-2-10}$$

阻抗 Z 还可以表示为

$$Z = |Z|\angle\varphi_Z = |Z|\cos\varphi_Z + j|Z|\sin\varphi_Z = R + jX \tag{3-2-11}$$

式中，$|Z|$称为阻抗 Z 的模，它等于电压与电流有效值的比值，反映了阻抗的大小；φ_Z 称为阻抗角，反映了电压与电流的相位关系；$R = |Z|\cos\varphi_Z$，称为阻抗 Z 的电阻；$X = |Z|\sin\varphi_Z$，称为阻抗 Z 的电抗。

如图 3-2-8（c）所示，R、X、$|Z|$三者之间的关系可以用一个直角三角形来表示，称它为阻抗三角形。

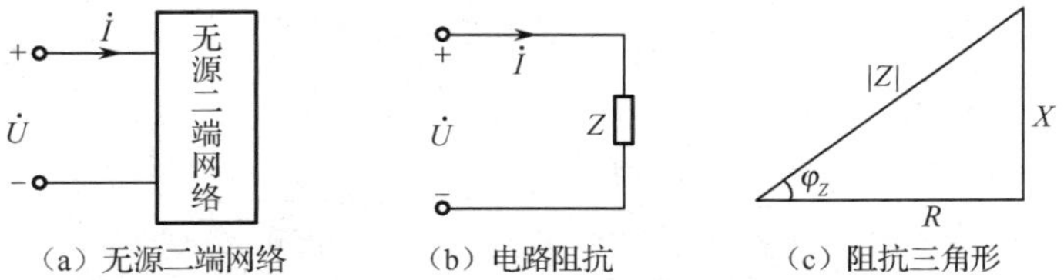

（a）无源二端网络　（b）电路阻抗　（c）阻抗三角形

图 3-2-8　无源二端网络的阻抗

一个无源二端网络的阻抗 $Z = R + jX$ 可等效地看作是由电阻与电抗组成的，阻抗中的电阻为正；电抗可以为正，也可以为负。若 $X > 0$，则阻抗角 $\varphi_Z > 0$，该阻抗为感性阻抗；若 $X < 0$，则阻抗角 $\varphi_Z < 0$，该阻抗为容性阻抗；若 $X = 0$，则 $\varphi_Z = 0$，该阻抗为阻性阻抗。

对应电阻、电感、电容，它们对应的阻抗分别为

$$Z_R = \frac{\dot{U}_R}{\dot{I}_R} = R ,\quad Z_L = \frac{\dot{U}_L}{\dot{I}_L} = jX_L ,\quad Z_C = \frac{\dot{U}_C}{\dot{I}_C} = -jX_C$$

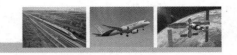

【例 3-2-3】 如图 3-2-8（a）所示，已知端口电压 $\dot{U}=20\angle 60^\circ$（V），端口电流 $\dot{I}=4\angle 30^\circ$（A），求电路阻抗。

【解】 根据式（3-2-10）可得

$$Z=\frac{\dot{U}}{\dot{I}}=\frac{20\angle 60^\circ}{4\angle 30^\circ}=5\angle 30^\circ\ (\Omega)$$

该阻抗为感性阻抗。

2. 导纳的概念

定义阻抗的倒数为导纳（或称复导纳），用大写字母 Y 表示，即

$$Y=\frac{1}{Z}=\frac{\dot{I}}{\dot{U}} \qquad (3\text{-}2\text{-}12)$$

导纳的单位为 S。导纳也可以表示为

$$Y=|Y|\angle\varphi_Y=|Y|\cos\varphi_Y+\mathrm{j}|Y|\sin\varphi_Y=G+\mathrm{j}B \qquad (3\text{-}2\text{-}13)$$

式中，G 为电导；B 为电纳；$|Y|$为导纳模；φ_Y 为导纳角。

3. 阻抗电路的计算

阻抗的串联和并联在形式上与电阻的串联和并联相似。

图 3-2-9（a）所示为多阻抗串联电路，电路的总阻抗为

$$Z=Z_1+Z_2+\cdots+Z_n \qquad (3\text{-}2\text{-}14)$$

式中，Z 为多阻抗串联电路的等效阻抗，如图 3-2-9（b）所示。又因为 $Z=R+\mathrm{j}X=|Z|\angle\varphi$，所以有 $R=R_1+R_2+\cdots+R_n$ 为多阻抗串联电路的等效电阻；$X=X_1+X_2+\cdots+X_n$ 为多阻抗串联电路的等效电抗；$|Z|=\sqrt{R^2+X^2}$ 为多阻抗串联电路的阻抗模；$\varphi=\arctan\dfrac{X}{R}$ 为多阻抗串联电路的阻抗角。

注意： $|Z|\neq|Z_1|+|Z_2|+\cdots+|Z_n|$，$\varphi\neq\varphi_1+\varphi_2+\cdots+\varphi_n$。

各个阻抗的电压分配关系为

$$\dot{U}_1=Z_1\dot{I}=(R_1+\mathrm{j}X_1)\dot{I}$$

$$\dot{U}_2=Z_2\dot{I}=(R_2+\mathrm{j}X_2)\dot{I}$$

$$\cdots\cdots$$

$$\dot{U}_n=Z_n\dot{I}=(R_n+\mathrm{j}X_n)\dot{I}$$

对于多阻抗串联电路，根据 KVL，可得

$$\dot{U}=\dot{U}_1+\dot{U}_2+\cdots+\dot{U}_n$$

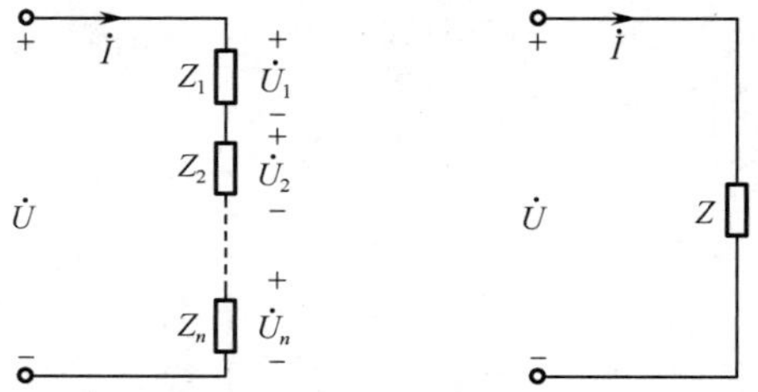

（a）多阻抗串联电路　　（b）等效电路

图 3-2-9　多阻抗串联电路及其等效电路

如图 3-2-10 所示，对于多阻抗并联电路，其等效阻抗为

$$\frac{1}{Z}=\frac{1}{Z_1}+\frac{1}{Z_2}+\cdots+\frac{1}{Z_n} \qquad (3\text{-}2\text{-}15)$$

各个阻抗的电流分配关系为

$$\dot{I}_1=\frac{\dot{U}}{Z_1},\dot{I}_2=\frac{\dot{U}}{Z_2},\cdots,\dot{I}_n=\frac{\dot{U}}{Z_n}$$

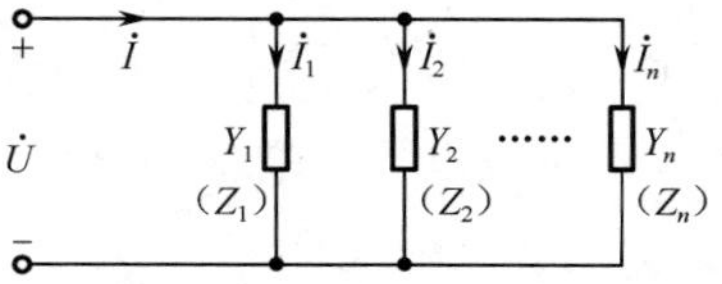

图 3-2-10　多阻抗并联电路

对于多阻抗并联电路，根据 KCL，可得

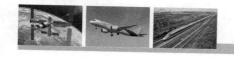

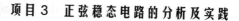

$$\dot{I}=\dot{I}_1+\dot{I}_2+\cdots+\dot{I}_n$$

多阻抗并联电路不仅可以用阻抗法分析，还可以用导纳法分析。

如图 3-2-10 所示，电路的总导纳为

$$Y=Y_1+Y_2+\cdots+Y_n \tag{3-2-16}$$

式中，Y 为多阻抗并联电路的等效导纳，即 $Y=Y_1+Y_2+\cdots+Y_n$，又因为 $Y=G+\mathrm{j}B$，所以 $G=G_1+G_2+\cdots+G_n$ 为多阻抗并联电路的等效电导；$B=B_1+B_2+\cdots+B_n$ 为多阻抗并联电路的等效电纳。

选定参考方向如图 3-2-10 所示，各支路电流为

$$\dot{I}_1=Y_1\dot{U}\ ,\dot{I}_2=Y_2\dot{U}\ ,\cdots,\ \dot{I}_n=Y_n\dot{U}$$

则总电流为

$$\dot{I}=\dot{I}_1+\dot{I}_2+\cdots+\dot{I}_n=(Y_1+Y_2+\cdots+Y_n)\dot{U}=Y\dot{U}$$

图 3-2-11 所示为两阻抗并联电路，根据图中所示的参考方向，各支路电流为

$$\dot{I}_1=\frac{\dot{U}}{Z_1},\quad \dot{I}_2=\frac{\dot{U}}{Z_2}$$

总电流为

$$\dot{I}=\dot{I}_1+\dot{I}_2=\frac{\dot{U}}{Z_1}+\frac{\dot{U}}{Z_2}=\dot{U}\left(\frac{1}{Z_1}+\frac{1}{Z_2}\right)=\frac{\dot{U}}{Z}$$

式中，阻抗 Z 为两阻抗并联电路的等效阻抗，有

$$\frac{1}{Z}=\frac{1}{Z_1}+\frac{1}{Z_2} \text{ 或 } Z=\frac{Z_1Z_2}{Z_1+Z_2} \tag{3-2-17}$$

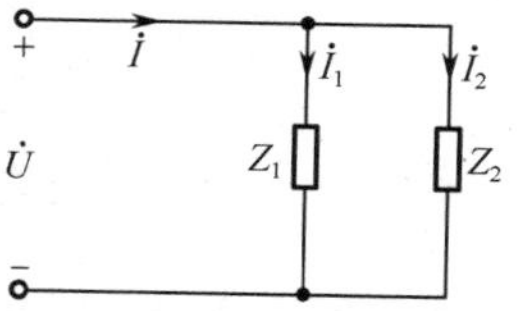

图 3-2-11　两阻抗并联电路

在如图 3-2-11 所示的两阻抗并联电路中，若电路总电流 $\dot{I}$ 已知，可用分流公式求各阻抗支路的电流，即

$$\dot{I}_1=\frac{Z_2}{Z_1+Z_2}\dot{I}\ ,\quad \dot{I}_2=\frac{Z_1}{Z_1+Z_2}\dot{I} \tag{3-2-18}$$

交流多阻抗并联电路和直流纯电阻并联电路的分析方法相似，只要把元件用相应的阻抗表示，把欧姆定律用相量式的欧姆定律表示即可。

【例 3-2-4】 电路如图 3-2-12（a）所示，已知电阻 $R=40\Omega$，电感 $L=223\text{mH}$，电容 $C=80\mu\text{F}$，电路两端电压 $u=220\sqrt{2}\sin(314t+30^\circ)$（V），求：①电路电流 $\dot{I}$；②各元件两端电压 $\dot{U}_\text{R}$、$\dot{U}_\text{L}$、$\dot{U}_\text{C}$；③确定电路的性质；④画出电压和电流的相量图。

【解】（1）感抗为

$$X_\text{L}=\omega L=314\times223\times10^{-3}\approx70\ (\Omega)$$

容抗：

$$X_\text{C}=\frac{1}{\omega C}=\frac{1}{314\times80\times10^{-6}}\approx40\ (\Omega)$$

电路总阻抗为

$$Z=Z_\text{R}+Z_\text{L}+Z_\text{C}=R+\mathrm{j}X_\text{L}-\mathrm{j}X_\text{C}=40+\mathrm{j}70-\mathrm{j}40=40+\mathrm{j}30\approx50\angle36.9^\circ\ (\Omega)$$

电路两端电压为

$$u=220\sqrt{2}\sin(314t+30^\circ)\ (\text{V})$$

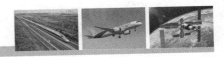

其相量为

$$\dot{U}=220\angle 30^\circ \text{（V）}$$

电路电流为

$$\dot{I}=\frac{\dot{U}}{Z}=\frac{220\angle 30^\circ}{50\angle 36.9^\circ}=4.4\angle(-6.9^\circ)\text{（A）}$$

（2）各元件两端电压为

$$\dot{U}_{\rm R}=\dot{I}R=4.4\angle(-6.9^\circ)\times 40=176\angle(-6.9^\circ)\text{（V）}$$

$$\dot{U}_{\rm L}={\rm j}X_{\rm L}\dot{I}={\rm j}70\times 4.4\angle(-6.9^\circ)=308\angle 83.1^\circ\text{（V）}$$

$$\dot{U}_{\rm C}=-{\rm j}X_{\rm C}\dot{I}=-{\rm j}40\times 4.4\angle(-6.9^\circ)=176\angle(-96.9^\circ)\text{（V）}$$

（3）由于阻抗角 $\varphi=36.9^\circ>0$，所以电路为感性电路。

（4）在复平面上，先画出相量 $\dot{I}=4.4\angle(-6.9^\circ)$（A），$\dot{U}_{\rm R}$ 与 $\dot{I}$ 同相，$\dot{U}_{\rm L}$ 超前 $\dot{I}$ 90°，$\dot{U}_{\rm C}$ 滞后 $\dot{I}$ 90°，按比例画出 $\dot{U}_{\rm R}$、$\dot{U}_{\rm L}$、$\dot{U}_{\rm C}$，最后根据平行四边形法则画出 $\dot{U}$。相量图如图 3-2-12（b）所示。

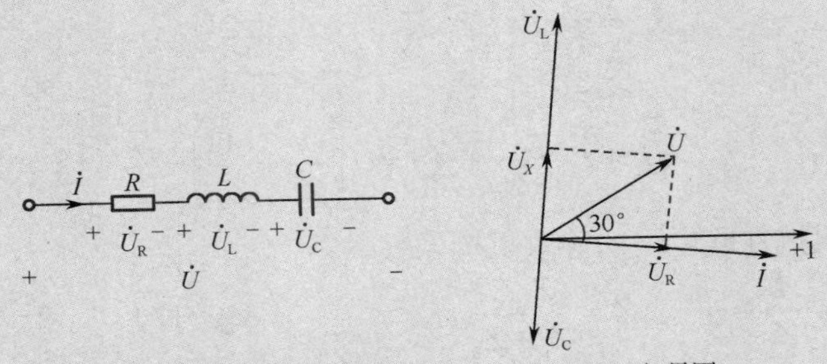

（a）电路图　　（b）相量图

图 3-2-12　例 3-2-4 图

【小贴士】 RLC 串联电路有如下特性。

当 $X_{\rm L}>X_{\rm C}$ 时，$\varphi_Z>0$，总电压超前电流，电路呈感性。

当 $X_{\rm L}<X_{\rm C}$ 时，$\varphi_Z<0$，总电压滞后电流，电路呈容性。

当 $X_{\rm L}=X_{\rm C}$ 时，$\varphi_Z=0$，总电压与电流同相，电路呈阻性。

扫一扫看拓展知识：电感电容的串并联

扫一扫看拓展知识：RLC 并联电路

任务 3.3　正弦交流电路中的功率

学习导航

学习目标	1．掌握瞬时功率、有功功率、无功功率、视在功率的物理意义、定义，以及计算方法
	2．了解功率因数的概念、意义、计算公式
	3．掌握提高功率因数的方法
重点知识要求	1．熟练掌握正弦稳态电路中各种功率的计算方法
	2．理解功率因数的意义，掌握提高功率因数的方法
关键能力要求	能正确连接日光灯电路，能规范使用功率表、功率因数表进行电路参数的测量

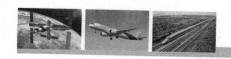

实施步骤

扫一扫看微课视频：日光灯基本电路的连接

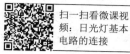

1. 日光灯基本电路的连接

按如图 3-3-1 所示的电路图连接日光灯电路。刚接电路时不接功率表、电流表、电压表，仔细检查，确认电路连接正确后再通电，待日光灯亮了再进行实验。

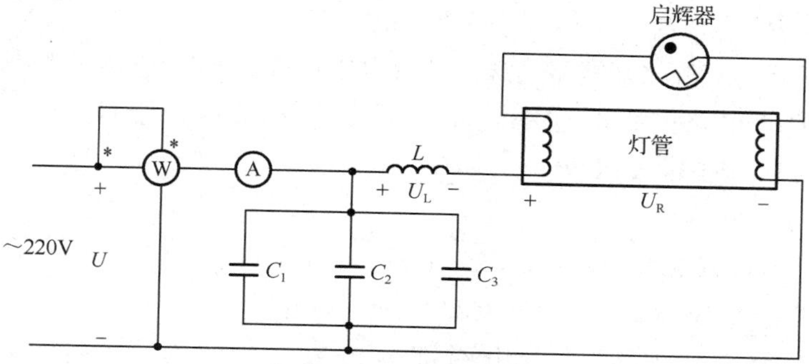

图 3-3-1　日光灯电路图

扫一扫看微课视频：日光灯电路提高功率因数实验

2. 日光灯电路提高功率因数的实验检测

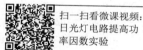

（1）并入补偿电容改善功率因数。

（2）将交流电压表和交流电流表接入电路，改变电容后进行测量，并将测量数据填入表 3-3-1。

（3）接入功率表进行测量，并将测量数据填入表 3-3-1。

（4）接入功率因数表进行测量，并将测量数据填入表 3-3-1。

表 3-3-1　日光灯电路测量值

电容/μF	测量值					
	U/V	U_L/V	U_R/V	I/mA	P/W	$\cos\varphi$
0						
1						
2						
3						
4						

分析如下问题：

① 根据表 3-3-1 中测量值，计算 U_R+U_L 是否等于总电压 U，并分析结果。

② 并联电容后电路中哪些量发生了变化，哪些量没有发生变化？

③ 根据实验结果，分析功率因数 $\cos\varphi$ 和总电流随电容变化而变化的过程。

④ 提高功率因数 $\cos\varphi$，电路的有功功率 P 是否会减小，为什么？

⑤ 并联电容后电路的功率因数是否得到了提高，电容多大时电路的功率因数最高？

操作注意事项如下：

① 实验前要检查好电容，若电容的开关通断不灵，实验结果将不准确。

② 在电路中接入电表测量时，不能同时接入多个电表，以免实验误差增大，必须单表

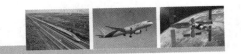

接入电路进行测量。

③ 用功率表和功率因数表测量时要注意电路的接线及电表的量程。不知待量值时，应选功率表最大量程，以免烧毁功率表。

相关知识

扫一扫看微课视频：正弦交流电路的功率

1. 瞬时功率 p

图 3-3-2 所示为无源二端网络，选定端口电压 u 和端口电流 i 为关联参考方向，则电压和电流的乘积为该电路的瞬时功率，用小写字母 p 表示。假设 $u=\sqrt{2}U\sin(\omega t+\varphi_u)$，$i=\sqrt{2}I\sin(\omega t+\varphi_i)$，则瞬时功率为

$$\begin{aligned}p&=ui\\&=\sqrt{2}U\sin(\omega t+\varphi_u)\cdot\sqrt{2}I\sin(\omega t+\varphi_i)\\&=UI[\cos(\varphi_u-\varphi_i)-\cos(2\omega t+\varphi_u+\varphi_i)]\end{aligned}\tag{3-3-1}$$

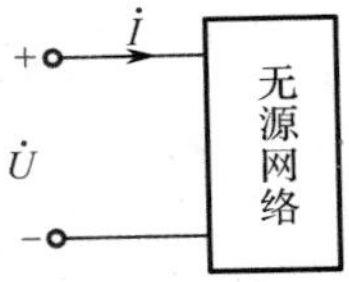

图 3-3-2 无源二端网络

由式 3-3-1 可知，瞬时功率由两部分组成，一部分是常量 $UI\cos(\varphi_u-\varphi_i)$，它与时间无关；另一部分是正弦量 $UI\cos(2\omega t+\varphi_u+\varphi_i)$，它的频率是正弦信号频率的 2 倍。

对于电阻而言，由于电压和电流同相，在任何瞬间，恒有 $p\geqslant 0$，所以电阻是耗能元件。

对于电感而言，由于电压超前电流 90°，故电感的瞬时功率表达式为

$$p=UI\sin(2\omega t+2\varphi_i)$$

由上式可知，电感上的瞬时功率具有周期性。p 为正，表示电感吸收功率，将电能转化为磁场能并存储；p 为负，表示电感发出功率，即原先储存在电感中的磁场能逐渐被释放。

对于电容而言，由于电压滞后电流 90°，故电容瞬时功率表达式为

$$p=UI\sin(2\omega t+2\varphi_u)$$

类似地，电容上的瞬时功率的正负也表示功率的吸收和发出。

瞬时功率的实际意义不大，工程中人们关注的是有功功率（P）、无功功率（Q）和视在功率（S）。

2. 有功功率 P

有功功率又称为平均功率，是指瞬时功率在一个周期内的平均值，用大写字母 P 表示：

$$\begin{aligned}P&=\frac{1}{T}\int_0^T p(t)\mathrm{d}t\\&=\frac{1}{T}\int_0^T[UI\cos(\varphi_u-\varphi_i)-UI\cos(2\omega t+\varphi_u+\varphi_i)]\,\mathrm{d}t\\&=UI\cos(\varphi_u-\varphi_i)\\&=UI\cos\varphi\end{aligned}\tag{3-3-2}$$

对于电阻而言，$P=UI$；对于电感、电容而言，$P=0$。这也说明了电感和电容是储能元件，不吸收功率。

有功功率 P 的单位为瓦特（W），是无源二端网络的实际吸收功率，不仅与电压和电流的有效值有关，还与它们之间的相位差有关。$\cos\varphi$ 称为功率因数，用 λ 表示，即

$$\lambda=\cos\varphi\tag{3-3-3}$$

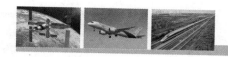

3. 无功功率 Q

无功功率表示电感、电容与外电路或电源进行能量交换的能力，用大写字母 Q 表示。相对于有功功率而言，它反映的不是实际吸收功率，而是无源二端网络与外部能量交换的最大值。电路的无功功率是电路等效电抗上的无功功率，即

$$Q = U_X I = I^2 X = \frac{U_X^2}{X} = UI\sin\varphi \tag{3-3-4}$$

对于电感而言，虽然它的有功功率为零，但它的瞬时功率却不为零，工程上常把它的瞬时功率的最大值称为无功功率，即

$$Q_{\mathrm{L}} = UI = I^2 X_{\mathrm{L}} = \frac{U^2}{X_{\mathrm{L}}}$$

同理可以得到电容的无功功率为

$$Q_{\mathrm{C}} = UI = I^2 X_{\mathrm{C}} = \frac{U^2}{X_{\mathrm{C}}}$$

由此可以推导出，对于感性电路，$\varphi > 0$，$Q > 0$；对于容性电路，$\varphi < 0$，$Q < 0$。

无功功率在国际单位制中主单位为无功伏安，记作乏（var）。

4. 视在功率 S

视在功率通常用来表述交流设备的容量，用大写字母 S 表示，定义为

$$S = UI \tag{3-3-5}$$

单位为伏安（V·A）。

有功功率 P、无功功率 Q 和视在功率 S 之间存在下列关系：

$$P = UI\cos\varphi = S\cos\varphi$$

$$Q = UI\sin\varphi = S\sin\varphi$$

$$S = \sqrt{P^2 + Q^2}$$

$$\varphi = \arctan\frac{Q}{P}$$

$$\lambda = \cos\varphi = \frac{P}{S}$$

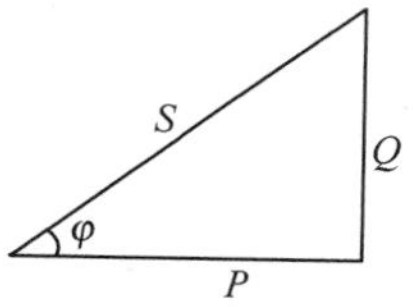

图 3-3-3 无源二端网络的功率三角形

由此可见，P、Q、S 可以构成一个直角三角形，称之为功率三角形，如图 3-3-3 所示。

【小贴士】一般电气设备，如交流电动机、交流发电机、变压器等都是按照额定电压 U_{N} 和额定电流 I_{N} 设计的，用额定视在功率 $S_{\mathrm{N}} = U_{\mathrm{N}} I_{\mathrm{N}}$ 来表示电气设备的额定容量。它说明了该设备长时间正常工作允许的最大有功功率。

【例 3-3-1】已知一个无源二端网络参数如下。

（1）$\dot{U} = 48\angle 70^\circ$（V），$\dot{I} = 8\angle 100^\circ$（A）。

（2）$\dot{U} = 220\angle 120^\circ$（V），$\dot{I} = 6\angle 30^\circ$（A）。

试求：阻抗、阻抗角、视在功率、有功功率、无功功率和功率因数。

【解】

（1）阻抗 $Z = \frac{\dot{U}}{\dot{I}} = \frac{48\angle 70^\circ}{8\angle 100^\circ} = 6\angle(-30^\circ)\Omega$，即阻抗角为 -30°。

功率因数 $\cos\varphi=\cos(-30^\circ)\approx 0.866$。

视在功率 $S=UI=48\times 8=384(\text{V}\cdot\text{A})$。

有功功率 $P=UI\cos\varphi=48\times 8\times\cos(-30^\circ)\approx 333\ (\text{W})$。

无功功率 $Q=UI\sin\varphi=48\times 8\times\sin(-30^\circ)=-192\ (\text{var})$（容性）。

（2）阻抗 $Z=\dfrac{\dot{U}}{\dot{I}}=\dfrac{220\angle 120^\circ}{6\angle 30^\circ}\approx 36.7\angle 90^\circ\ \Omega$，即阻抗角为 90°。

$$P=UI\cos\varphi=220\times 6\times\cos 90^\circ=0(\text{W})$$
$$Q=UI\sin\varphi=220\times 6\times\sin 90^\circ=1320(\text{var})$$
$$S=UI=220\times 6=1320(\text{V}\cdot\text{A})$$

【例 3-3-2】 图 3-3-4（a）所示为 RC 串联电路，已知 $u=10\sqrt{2}\sin 314t(\text{V})$，$R=30\Omega$，$C=80\mu\text{F}$，求：①电路输入阻抗 Z；②电流 $\dot{I}$；③视在功率 S、有功功率 P、无功功率 Q；④画出电压和电流的相量图。

【解】（1）由 $u=10\sqrt{2}\sin 314t\ (\text{V})$，可得 $\dot{U}=10\angle 0^\circ\ (\text{V})$，则有

$$X_\text{C}=\frac{1}{\omega C}=\frac{1}{314\times 80\times 10^{-6}}\approx 40\ (\Omega)$$
$$Z=R-\text{j}X_\text{C}=30-\text{j}40\approx 50\angle(-53.1^\circ)(\Omega)$$

（2）电路的电流:

$$\dot{I}=\frac{\dot{U}}{Z}=\frac{10\angle 0^\circ}{50\angle -53.1^\circ}=0.2\angle 53.1^\circ\ (\text{A})$$

（3）视在功率 S:

$$S=UI=10\times 0.2=2\ (\text{V}\cdot\text{A})$$

有功功率 P:

$$P=UI\cos\varphi=10\times 0.2\cos(-53.1^\circ)\approx 1.2\ (\text{W})$$

无功功率 Q:

$$Q=UI\sin\varphi=10\times 0.2\sin(-53.1^\circ)\approx -1.6\ (\text{var})$$

（4）选定电压和电流参考方向为关联参考方向，如图 3-3-4（a）所示。

电阻两端电压:

$$\dot{U}_\text{R}=R\dot{I}=30\times 0.2\angle 53.1^\circ=6\angle 53.1^\circ\ (\text{V})$$

电容两端电压:

$$\dot{U}_\text{C}=-\text{j}X_\text{C}\dot{I}=\text{j}40\times 0.2\angle 53.1^\circ=8\angle -36.9^\circ\ (\text{V})$$

在复平面上，先画出相量 $\dot{I}=0.2\angle 53.1^\circ$（A），然后根据 $\dot{U}_\text{R}$ 与 $\dot{I}$ 同相，$\dot{U}_\text{C}$ 滞后 $\dot{I}\ 90^\circ$，按比例画出 $\dot{U}_\text{R}$、$\dot{U}_\text{C}$，最后根据平行四边形法则画出 $\dot{U}$。电压和电流的相量图如图 3-3-4（b）所示。

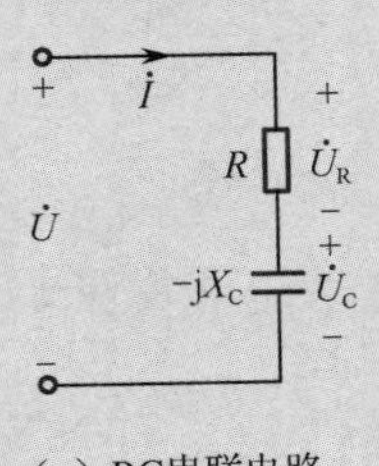

（a）RC串联电路

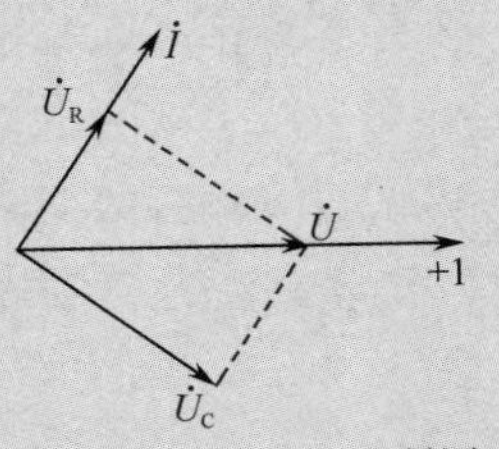

（b）电压和电流的相量图

图 3-3-4 例 3-3-2 图

5. 功率因数的提高

扫一扫看微课视频：功率因数的提高

在电力系统中，负载获得有功功率的比例是由负载的功率因数决定的。当负载的电压与电流的相位差过大时，功率因数就低，获得的有功功率就小，电力设备的容量不能被充分利用。在负载需要一定的有功功率的情况下，功率因数过低必然需要较大的视在功率，大的视在功率会导致大的电压与电流，造成较大的线路损耗，所以功率因数越高，电网利用率越高。为了提高电网的利用率、减少输电线路的损耗，有必要提高功率因数。

在实际应用中，常通过在感性负载两端并联容量合适的电容来提高功率因数。

在如图 3-3-5（a）所示的电路中，在未接电容之前，电路输入端的电流 $\dot{I}=\dot{I}_1$，它滞后于电压 $\dot{U}$，其相位差为 φ_1，如图 3-3-5（b）所示。当并联电容后，电路输入端的电流 $\dot{I}=\dot{I}_1+\dot{I}_2$，因为 $\dot{I}_2$ 超前电压 90°，相量相加，$I<I_1$，且 $\dot{I}$ 与 $\dot{U}$ 的相位差由 φ_1 减小到 φ，这就是说，整个电路的功率因数由 $\cos\varphi_1$ 提高到 $\cos\varphi$。

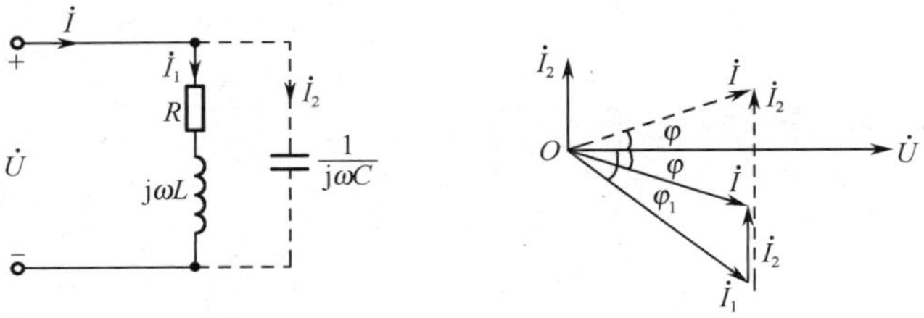

图 3-3-5　功率因数提高示意图

如图 3-3-5（a）所示，对于一定的负载（U、P、$\cos\varphi$ 一定），计算将电路的功率因数提高到 $\cos\varphi$ 时，需要并联多大的电容。

由于并联电容后，负载的有功功率不变，而电容的有功功率为零，故有

$$P=UI_1\cos\varphi_1=UI\cos\varphi$$

所以

$$I_1=\frac{P}{U\cos\varphi_1},\quad I=\frac{P}{U\cos\varphi}$$

由图 3-3-5（b）可得

$$I_2=I_1\sin\varphi_1-I\sin\varphi$$

将 I_1、I 代入上式有

$$I_2=\frac{P\sin\varphi_1}{U\cos\varphi_1}-\frac{P\sin\varphi}{U\cos\varphi}=\frac{P}{U}(\tan\varphi_1-\tan\varphi)$$

又因为

$$I_2=\frac{U}{X_\mathrm{C}}=2\pi fCU$$

所以

$$2\pi fCU=\frac{P}{U}(\tan\varphi_1-\tan\varphi)$$

即

$$C=\frac{P}{\omega U^2}(\tan\varphi_1-\tan\varphi)\tag{3-3-6}$$

【例 3-3-3】 电源电压为 220V，工作频率为 50Hz，负载为感性（等效为 RL 串联电路），负载的有功功率 P=10kW，功率因数 $\cos\varphi_1=0.6$，若将功率因数提高至 0.9，求并联在负载两端的电容的大小。

【解】 设 $\dot{U}=220\angle 0^\circ$ （V）。

并联电容之前，$\cos\varphi_1=0.6$，$\varphi_1=\arccos 0.6=53.1^\circ$：

$$I_{\mathrm{RL}}=\frac{P}{U\cos\varphi_1}=\frac{10\times 10^3}{220\times 0.6}\approx 75.76\text{（A）}$$

并联电容之后，$\cos\varphi_2=0.9$，$\varphi_2=\arccos 0.9=25.84^\circ$：

$$I=\frac{P}{U\cos\varphi_2}=\frac{10\times 10^3}{220\times 0.9}\approx 50.51\text{（A）}$$

$$C=\frac{P}{\omega U^2}(\tan\varphi_1-\tan\varphi_2)=\frac{10\times 10^3}{2\pi\times 50\times 220^2}(\tan 53.1^\circ-\tan 25.84^\circ)\approx 558\text{（μF）}$$

任务 3.4 家庭照明电路操作技能

学习导航

学习目标	1. 了解安全用电知识
	2. 认识和正确使用常用电工工具
	3. 掌握导线连接的规范操作
	4. 认识照明电路器材，并能正确安装
	5. 完成家庭照明电路的设计制作
重点知识要求	1. 了解安全用电知识
	2. 掌握照明电路器材功能、结构、安装方法
关键能力要求	能正确使用电工工具；能规范连接导线；能正确安装配电板；具备家庭照明电路设计能力

实施步骤

扫一扫看拓展知识：电工安全用电

扫一扫看微课视频：安全用电

1. 安全用电

安全用电包括供电系统的安全、用电设备的安全及人身安全 3 个方面，它们之间是紧密联系的。供电系统的故障可能导致用电设备的损坏或人身伤亡事故；用电事故可能导致局部或大范围停电，甚至造成严重的社会灾难。在家庭照明电路制作过程中应注意安全用电。

2. 家庭照明电路工具器材

扫一扫看拓展知识：家庭照明电路常用工具

扫一扫看拓展知识：家庭照明电路工具器材

家庭照明电路中用到的工具有钢丝钳、尖嘴钳、斜口钳等。家庭照明电路器材包括长黑木螺钉（3 个）、木台（3 个）、短黑木螺钉（6 个）、灯座（2 个）、闸刀（1 个）、长白木螺钉（4 个）、熔断器（2 个）、短白木螺钉（16 个）、接线盒（3 个）、镇流器（1 个）、灯管（1 个）、灯管固定夹（2 个）。

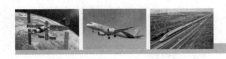

3. 家庭照明电路操作技能

扫一扫看拓展知识：家庭照明电路操作技能训练

导线连接包括导线与导线连接、导线与接线柱连接、绝缘恢复。

安装配电板相关器件，包括安装闸刀、熔断器、灯座。

扫一扫看微课视频：导线的剥削连接

扫一扫看微课视频：日光灯电路的工作原理

扫一扫看微课视频：家庭照明电路的设计

扫一扫看微课视频：家庭照明电路的安装

4. 家庭照明电路的设计

1）家庭照明电路的工作原理

日光灯的照明线路具有结构简单、使用方便且发光效率高的特点，因此日光灯是一种应用较普遍的照明灯具。日光灯照明电路主要由灯管、启辉器、启辉器座、镇流器、灯座等组成。

日光灯照明电路如图 3-4-1 所示。接通电源后，电源电压通过镇流器和灯管两端的灯丝加在启辉器的两个触片上，两个触片之间的气隙被击穿，发生辉光放电，动触片受热膨胀与静触片接触构成通路，电流通过镇流器和灯管两端的灯丝，灯丝温度升高并发射电子。此时氖泡被两个触片短路停止辉光放电，温度降低，动触片与静触片分离。动触片与静触片断开瞬间镇流器产生相当高的自感电动势，该自感电动势和电源电压串联后加到灯管两端，灯管内的水银蒸气被电离产生弧光放电，发出紫外线射到灯管内壁，荧光粉被激发发光，日光灯被点亮。日光灯被点亮后，电路中的电源在镇流器上产生较大的压降，灯管两端电压锐减，从而使得与日光灯并联的启辉器因承受电压过低而不再启辉。

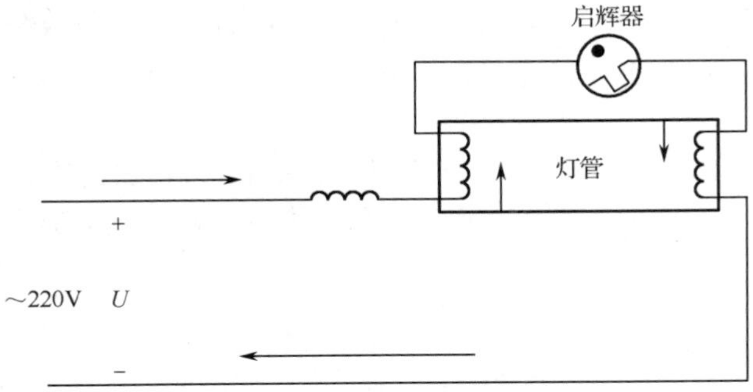

图 3-4-1　日光灯电路

2）家庭照明电路的设计

一个开关控制一盏日光灯的电路图和开关接线图如图 3-4-2 所示。

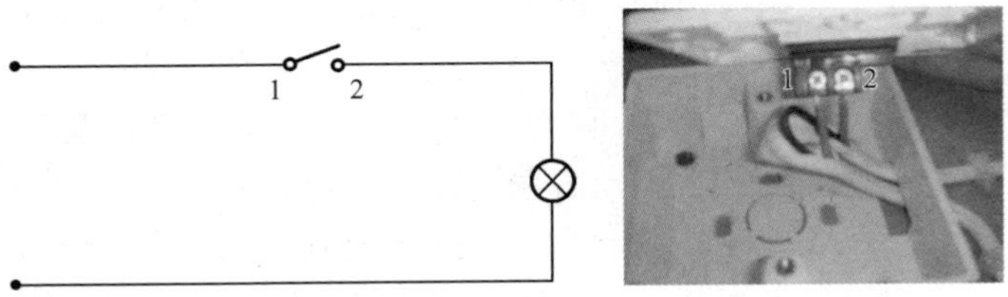

（a）电路图　　（b）开关接线图

图 3-4-2　一个开关控制一盏日光灯的电路图和开关接线图

两个开关控制一盏日光灯的电路图和开关接线图如图 3-4-3 所示。

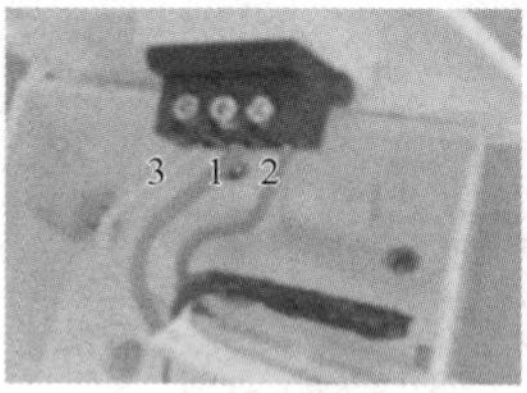

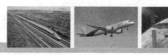

（a）双联开关一端接线图

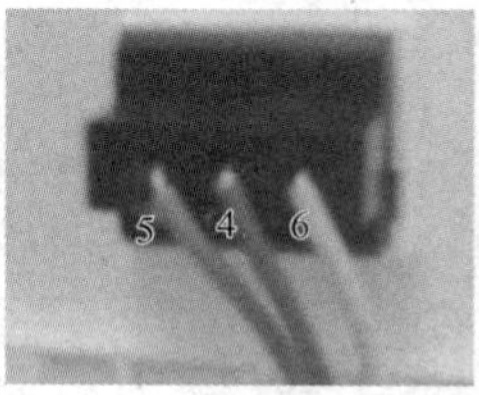

（b）双联开关另一端接线图

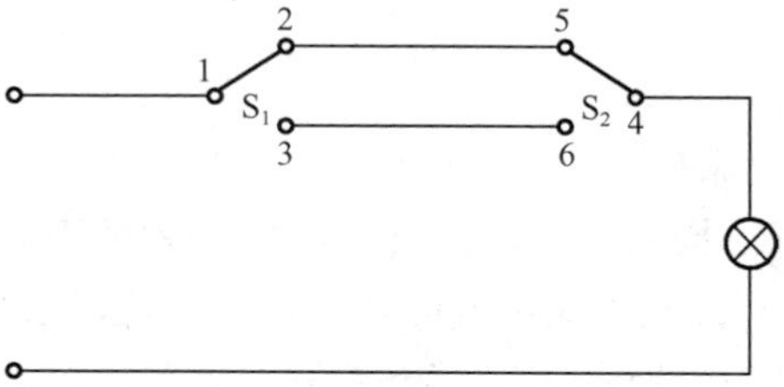

（c）电路图

图3-4-3　两个开关控制一盏日光灯的电路图和开关接线图

5. 家庭照明电路的制作

扫一扫看微课视频：家用照明电路的制作

1）一个开关控制一盏日光灯

（1）制作要点。将二芯线剖开，将其中的相线断开后剥线，串联接入开关，如图3-4-2（b）所示。

（2）电路的检测与判断。

① 取下日光灯管检查。检查方法：按动开关，观察万用表的指针，若指针不动，则说明电路中不存在短路，但尚不能证明安装正确；若指针指向0，则说明电路中存在短路，应找出故障予以排除。

② 装上日光灯管检查。检查方法：按动开关，观察万用表的表针，应该每按动一次开关，指针就变化一次（向右偏转指在一定数值处或向左偏转回到无穷大处）。

2）两个开关控制一盏日光灯

（1）制作要点。如图3-4-3（b）所示，将二芯线的黑线与三芯线的红线相连，二芯线的另一根线和三芯线的红线另一端接开关中间的动触点，三芯线另外两根绿线和黄线两端分别接两个开关两侧的静触点。

（2）电路的检测与判断。

① 取下日光灯管检查。检查方法：两个开关各按动三次，观察万用表的指针，若指针不动，则说明电路中不存在短路，但尚不能证明安装正确；若指针指向0，则说明电路中存在短路，应找出故障予以排除。

② 装上日光灯管检查。检查方法：两个开关依次各按动三次，观察万用表的表针，应该每按动一次开关，表针就变化一次（向右偏转指在一定数值处或向左偏转回到无穷大处）。

若多次按动双联开关，表针只转动一次，则说明安装有误，多为开关接线错误。如果装上好的日光灯管，不论按动多少次开关，表针始终不动，则说明存在断路，多为接线错误。

6. 家庭照明电路制作注意事项

（1）安装闸刀时应注意“左零右相”；安装空气开关应将相线接入空气开关。

（2）接线时针孔式接线柱连接应无露铜。

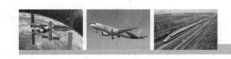

（3）灯座安装要确保灯座的金属螺口与中性线直接相连，中心铜片与相线相连。

（4）导线应沿顺时针方向缠绕紧密，无毛刺；塑料软线或花线应打个结，以牢固。

（5）安装木台时应用锯条锯开 1cm 的缺口，以便导线穿过；导线要从木台的两个孔中穿过；在固定中心螺钉时应避免导线损坏造成短路。

（6）单联开关必须串接在电源相线上；双联开关有 3 个接线端——1 个静触头，2 个动触头。

项目总结

1. 正弦交流电的基本概念

（1）正弦交流电压的数学表达式：

$$u(t)=U_{\rm m}\sin(\omega t+\varphi)$$

（2）正弦交流电的三要素。

幅值：$U_{\rm m}$、$I_{\rm m}$ 或有效值 U、I。

角频率 ω：正弦量每秒经历的电角度，$\omega = 2\pi f$。

初相：计时起点为零（$t=0$）时的相位 φ。

（3）相位差 $\Delta\varphi$，两个同频率正弦量的初相角之差：

$$\Delta\varphi = \varphi_1 - \varphi_2$$

（4）正弦量的有效值与幅值的关系：

$$I_{\rm m} = \sqrt{2}I，\quad U_{\rm m} = \sqrt{2}U$$

（5）正弦电压、正弦电流的相量表示形式：

$$\dot{U} = U\angle\varphi_u，\quad \dot{I} = I\angle\varphi_i$$

（6）KCL 和 KVL 的相量形式：

$$\sum\dot{I} = 0，\quad \sum\dot{U} = 0$$

2. 理想电路元件在交流电路中的特性

电阻、电感、电容的伏安关系的相量形式如下表所示。

元件名称	相量关系	有效值关系	相位关系	相量图
电阻	$\dot{U}_{\rm R} = R\dot{I}$	$U_{\rm R} = RI$	$\varphi_i = \varphi_u$	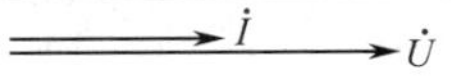
电感	$\dot{U}_{\rm L} = {\rm j}X_{\rm L}\dot{I}$	$U_{\rm L} = X_{\rm L}I$	$\varphi_u = \varphi_i + 90^\circ$	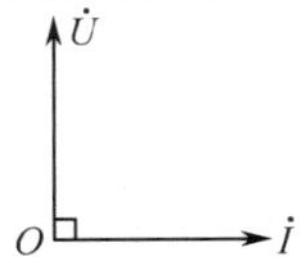
电容	$\dot{U}_{\rm C} = -{\rm j}X_{\rm C}\dot{I}$	$U_{\rm C} = X_{\rm C}I$	$\varphi_u = \varphi_i - 90^\circ$	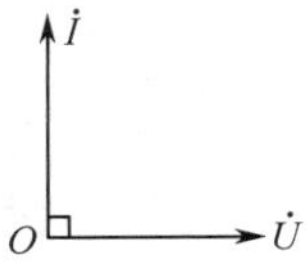

3. 阻抗分析法

（1）相量法：用复数表示正弦量对交流电路进行分析运算的方法称为相量法。

（2）阻抗：定义端口电压相量与电流相量的比值为阻抗，用 Z 表示，即

$$Z=\frac{\dot{U}}{\dot{I}}=R+\mathrm{j}X=|Z|\angle\varphi_Z$$

（3）RLC 串联电路的总阻抗为

$$Z=R+\mathrm{j}X=R+\mathrm{j}(X_\mathrm{L}-X_\mathrm{C})$$

（4）RLC 串联电路的性质如下。

① 当 $X_\mathrm{L}>X_\mathrm{C}$ 时，$\varphi_Z>0$，电路呈感性。

② 当 $X_\mathrm{L}<X_\mathrm{C}$ 时，$\varphi_Z<0$，电路呈容性。

③ 当 $X_\mathrm{L}=X_\mathrm{C}$ 时，$\varphi_Z=0$，电路呈阻性。

（5）n 个阻抗串联的等效阻抗为

$$Z=Z_1+Z_2+\cdots+Z_n$$

4. 导纳分析法

导纳：阻抗的倒数就是导纳，用大写字母 Y 表示，即

$$Y=\frac{\dot{I}}{\dot{U}}=G+\mathrm{j}B=|Y|\angle\varphi_Y$$

RLC 并联电路的总导纳为

$$Y=G+\mathrm{j}B=G+\mathrm{j}(B_\mathrm{C}-B_\mathrm{L})$$

n 个导纳并联的等效导纳为

$$Y=Y_1+Y_2+\cdots+Y_n$$

5. 正弦稳态电路的功率

（1）有功功率为

$$P=UI\cos\varphi$$

（2）无功功率为

$$Q=UI\sin\varphi$$

（3）视在功率为

$$S=UI=\sqrt{P^2+Q^2}$$

式中，$\cos\varphi$ 为功率因数；φ 为功率因数角（也就是阻抗角）。

（4）感性负载提高功率因数的方法是在负载两端并联合适的电容，并联的电容大小为

$$C=\frac{P}{\omega U^2}(\tan\varphi_1-\tan\varphi)$$

自测练习 3

扫一扫看本项目自测练习参考答案

一、填空题

1．正弦交流电的三要素是指正弦量的________、________和________。

2．反映正弦交流电振荡幅值的量是它的________；反映正弦量随时间变化快慢程度的量是它的________；确定正弦量计时起点的量是它的________。

3．已知一个正弦量 $i=7.07\sin(314t-30^\circ)$（A），则该正弦电流的幅值是________（A），有效值是__________（A），角频率是__________（rad/s），频率是_________（Hz），周期是

________（s），随时间的变化的相位是________，初相是________，合________弧度。

4．正弦量的________值等于它的瞬时值的平方在一个周期内的平均值的________，所以________值又称为均方根值。也可以说，交流电的________值等于与其________相同的直流电的数值。

5．两个________正弦量之间的相位之差称为相位差，________频率的正弦量之间不存在相位差概念。

6．实际应用的电表交流指示值和实验的交流测量值都是交流电的________值。工程上所说的交流电压、交流电流通常是它们的________值，此值与交流电幅值的数量关系为________。

7．电阻两端的电压、流过电阻的电流在相位上是__________关系；电感两端的电压、流过的电感电流在相位上是__________关系，且电压__________电流；电容两端的电压、流过电容的电流在相位上是________关系，且电压________电流。

8．________的电压和电流构成的是有功功率，用 P 表示，单位为________；________的电压和电流构成的是无功功率，用 Q 表示，单位为________。

9．能量转换过程不可逆的功率称____________功率，能量转换过程可逆的功率称________功率。能量转换过程不可逆的功率意味着不但________，而且还有________；能量转换过程可逆的功率则意味着只________不________。

10．在正弦交流电路中，电阻上的阻抗$|Z|$=________，与频率________；电感上的阻抗$|Z|$=________，与频率________；电容上的阻抗$|Z|$=________，与频率________。

二、判断题

1．正弦交流电的三要素是指它的幅值、角频率、相位。（　）

2．$u_1 = 220\sqrt{2}\sin 314t$（V）超前 $u_2 = 311\sin(628t - 45^\circ)$（V）$45^\circ$。（　）

3．电抗和电阻的概念相同，都是阻碍交流电流的因素。（　）

4．电阻只吸收有功功率，不发出无功功率。（　）

5．当串联电路的总电压超前电流时，电路一定呈感性。（　）

6．无功功率的概念可以理解为这部分功率在电路中不起任何作用。（　）

7．几个电容串联，总电容一定增大。（　）

8．单一电感的正弦交流电路吸收的有功功率比较小。（　）

三、单项选择题

1．在正弦交流电路中，电感瞬时值的伏安关系可以表达为（　）。

A．$u = iX_L$　　B．$u = \mathrm{j}i\omega L$　　C．$u = L\dfrac{\mathrm{d}i}{\mathrm{d}t}$

2．已知工频电压有效值和初始值均为380V，则该电压的瞬时值表达式为（　）。

A．$u = 380\sin 314t$（V）

B．$u = 537\sin(314t + 45^\circ)$（V）

C．$u = 380\sin(314t + 90^\circ)$（V）

3．将一个电热器接在10V的直流稳压电源上，它产生的功率为 P。把它改接在正弦交流电源上，使它产生的功率为 $P/2$，则正弦交流电源电压的幅值为（　）。

A．7.07V　　B．5V　　C．10V

4．已知$i_1 = 10\sin(314t + 90°)$（A），$i_2 = 10\sin(628t + 30°)$（A），则（　　）。

A．i_1超前i_2 60°　　B．i_1滞后i_2 60°　　C．相位差无法判断

5．在包含电容的正弦交流电路中，电压有效值不变，当频率增大时，电路中的电流将（　　）。

A．增大　　B．减小　　C．不变

6．在包含电感的正弦交流电路中，电压有效值不变，当频率增大时，电路中的电流将（　　）。

A．增大　　B．减小　　C．不变

7．实验室中的交流电压表和电流表的读值是交流电的（　　）。

A．幅值　　B．有效值　　C．瞬时值

8．将314μF电容接在100Hz的正弦交流电路中，呈现的容抗为（　　）。

A．0.197Ω　　B．31.8Ω　　C．5.1Ω

9．对于包含电阻的正弦交流电路，伏安关系表示错误的是（　　）。

A．$u = iR$　　B．$U=IR$　　C．$\dot{U} = \dot{I}R$

10．某电阻的额定值为“1kΩ、2.5W”，在正常使用时允许流过的最大电流为（　　）。

A．50mA　　B．2.5mA　　C．250mA

11．$u=-100\sin(6\pi t+10°)$（V）超前$i=5\cos(6\pi t-15°)$（A）的相位是（　　）。

A．25°　　B．95°　　C．115°

12．周期T=1s、频率f=1Hz的正弦波是（　　）。

A．$4\cos314t$　　B．$6\sin(5t+17°)$　　C．$4\cos2\pi t$

13．有两盏白炽灯分别标有“220V、100W”和“220V、25W”，将其串联后接在220V工频交流电源上，其亮度情况是（　　）。

A．100W的白炽灯较亮　　B．25W的白炽灯较亮　　C．两盏白炽灯一样亮

四、简答题

1．阻抗三角形和功率三角形是相量图吗？电压三角形呢？

2．某电容的额定耐压值为450V，能否把它接在380V的交流电源上使用？为什么？

3．你能说出电阻和电抗的不同之处和相似之处吗？它们的单位相同吗？

4. 无功功率和有功功率有什么区别，能否从字面上把无功功率理解为无用之功？为什么？

5．相量等于正弦量的说法对吗？正弦量的解析式和相量式之间能用等号吗？

6．正弦量的初相有什么规定？相位差有什么规定？

7．在直流情况下，电容的容抗等于多少？容抗与哪些因素有关？

8．简述感抗、容抗和电阻的相同和不同之处。

9．额定电压相同、额定功率不等的两盏白炽灯能否串联使用？

10．试述提高功率因数的意义和方法。

五、计算分析题

1．试求下列各正弦量的周期、频率和初相，并求两者的相位差。

（1）$3\sin314t$。

（2）$8\sin(5t+17°)$。

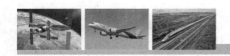

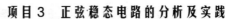

2. 写出下列正弦量的有效值相量，并画出它们的相量图。

扫一扫看微课视频：正弦量的相量

（1）$u_1 = 14.1\sin(\omega t + 90^\circ)$（V）。

（2）$i_1 = 7.1\cos(\omega t + 90^\circ)$（A）。

（3）$i_2 = -6\sqrt{2}\sin(\omega t + 90^\circ)$（A）。

3. 若电阻、电感和电容的 R、X_L 和 X_C 都是 10Ω，分别对它们加电压 $u = 220\sqrt{2}\sin\omega t$（V）。

（1）试分别写出它们的电流瞬时表达式。

（2）画出它们的相量图。

4. 已知两个频率相同的正弦交流电流的有效值 I_1=8A，I_2=6A，求在下面各种情况下合成电流的有效值。

扫一扫看微课视频：正弦交流电流的叠加合成

（1）i_1 与 i_2 同相。

（2）i_1 与 i_2 反相。

（3）i_1 超前 i_2 90°。

（4）i_1 滞后 i_2 60°。

5. 某电阻的阻值为 8Ω，将它接在 $u = 220\sqrt{2}\sin 314t$（V）的正弦交流电源上。试求：①通过电阻的电流 i，若用电流表测量该电路中的电流，电流表读数为多少？②电路的吸收功率；③若电源的频率增大一倍，电压有效值不变电流如何变化？

6. 电路图如自测图 3-1 所示，已知阻抗 Z_2=j60Ω，各交流电压的有效值分别为 U_S=100V，U_1=171V，U_2=240V，求阻抗 Z_1。

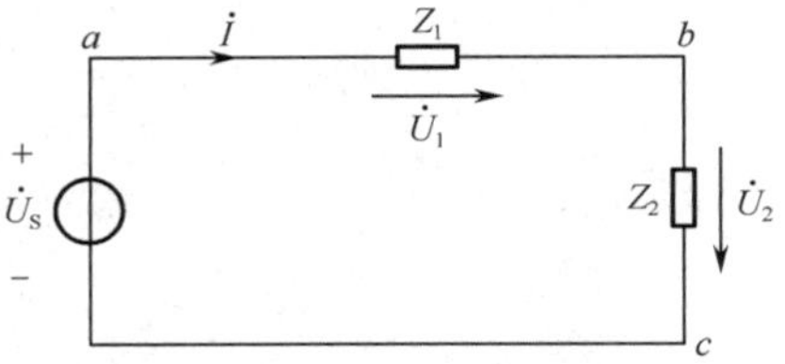

自测图 3-1　电路图

7. 在 RLC 串联电路中，已知 R=80Ω，X_L=100Ω，X_C=40Ω，电路的端电压为 $\dot{U} = 220\angle 0^\circ$V。求电路中的总阻抗、电路中各元件两端的电压及电流和端电压的相位关系，并画出相量图。

扫一扫看微课视频：电路的阻抗分析

8. 某线圈的电感为 0.1H，电阻可忽略不计，将它接在 $u = 220\sqrt{2}\sin 314t$（V）的正弦交流电源上。试求：①电路中的电流及无功功率；②若电源频率为 100Hz，电压有效值不变，简述电流如何变化，写出电流的瞬时值表达式。

9. 已知一个负载两端的电压 u=311sin(314t+43.1°)（V），电流 i=31.1sin314t（A），试确定：①负载阻抗 Z，并说明性质；②负载的功率因数、有功功率、无功功率。

10. 在 RLC 串联电路中，已知 R=1Ω，L=2H，C=1F，外加正弦交流电压 u=14.1sin$t$（V），求电路有功功率 P、无功功率 Q 和功率因数 $\cos\varphi$。

扫一扫看微课视频：正弦交流电路功率计算

11. 电路图如自测图 3-2 所示，各电路的电容、交流电源的电压和频率均相同，问哪个电流表的读数最大？哪个电流表的读数为零？为什么？

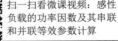

扫一扫看微课视频：感性负载的功率因数及其串联和并联等效参数计算

12. 已知感性负载两端的电压 u=311cos314t（V），测得电路中的有功功率为7.5kW，无功功率为5.5kvar，试求感性负载的功率因数及其串联和并联等效参数。

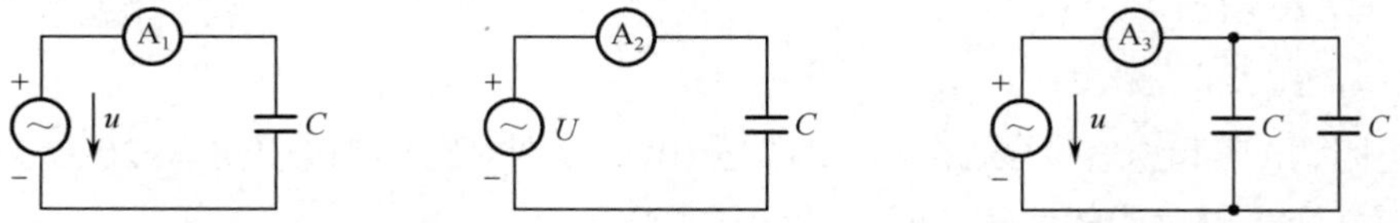

（a）电路一　（b）电路二　（c）电路三

自测图 3-2　电路图

13．把一盏日光灯（感性负载）接到220V、50Hz的电源上，已知电流有效值为0.366A，功率因数为0.5，现欲将功率因数提高到0.9，应并联多大的电容？

项目 4

串/并联谐振电路的分析及实践

项目导入

扫一扫看项目 4 教学课件

扫一扫看项目 4 电子教案

谐振是正弦电路发生的一种特殊现象。电路在谐振状态下会呈现某些特征，因此在工程中，特别是在电子产品中有着广泛应用，如收音机、电视机、手机等电子设备经常用谐振电路来选择信号，但是在电力系统中却常要防止电路发生谐振。本项目主要介绍谐振的概念，串/并联电路发生谐振的条件、特点和频率特性等。

任务 4.1　输入回路分析与设计（串联谐振电路）

学习导航

学习目标	1．理解串联电路发生谐振的条件
	2．掌握串联谐振电路的特点及各项参数
重点知识要求	1．掌握串联谐振的定义、条件、特点
	2．掌握谐振频率、品质因数、通频带的关系及计算方法
关键能力要求	具有 RLC 串联谐振电路相关特性参数的实验探究能力

实施步骤

扫一扫看微课视频：串联谐振

扫一扫看微课视频：RLC 串联谐振电路仿真

RLC 串联谐振电路仿真研究

（1）按如图 4-1-1 所示的电路图连接仿真测试电路，图中的波特图仪是一种测量、显示幅频特性曲线和相频特性曲线的仪表。

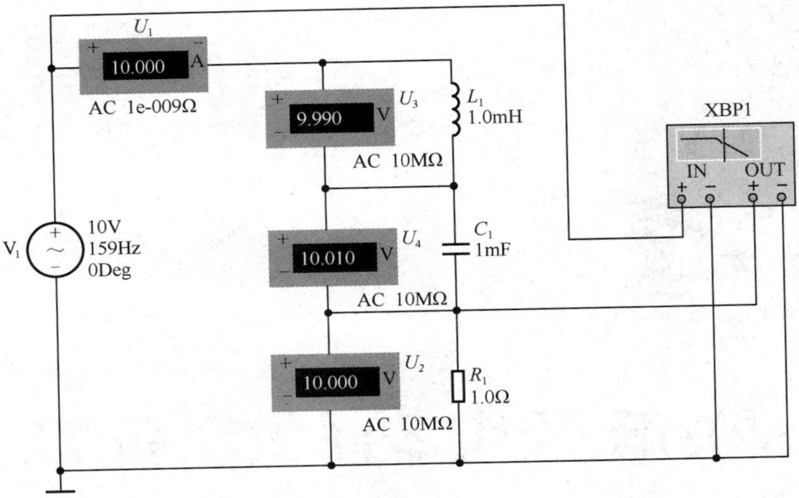

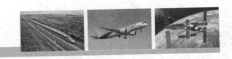

图 4-1-1　RLC 串联谐振电路的仿真测试电路图

（2）依据表 4-1-1 改变输入正弦信号频率，测量相关参数，并将其填入表 4-1-1，探究 RLC 串联谐振电路的谐振频率及谐振时的电压、电流特点。

表 4-1-1　串联谐振数据记录表

f/Hz	U	I	U_R	U_L	U_C
59					
159					
559					

（3）用波特图仪测量电路的频率特性曲线。

扫一扫看拓展知识：串联谐振频率特性分析

画出串联谐振电路的谐振曲线，改变电阻，观测频率特性曲线的变化。

① R=1.0Ω：研究电路中电流和电源频率的关系，连接波特图仪测量 RLC 串联谐振电路的谐振曲线。

② R=10Ω：改变 RLC 串联电路中的电阻，观察串联谐振电路的谐振曲线与品质因数的关系。

（4）研究品质因数和通频带。

① RLC 串联谐振电路的通频带：当回路外加电压的最大值不变时，回路中产生的电流不小于谐振值的$1/\sqrt{2}$（约为 0.707）的一段频率范围被称为通频带，又称带宽，用 BW 表示。

$$\mathrm{BW}=\omega_{C2}-\omega_{C1}$$

式中，ω_{C2}为上边界频率；ω_{C1}为下边界频率。

扫一扫看拓展知识：收音机的工作原理

② 品质因数可表示为

$$Q=\frac{\omega_0}{\mathrm{BW}}=\frac{\omega_0}{\omega_{C2}-\omega_{C1}}$$

Q 越大，电路的选择性越______（好/不好），同时会导致通频带过_____（宽/窄），波形易失真。

相关知识

扫一扫看拓展知识：电力系统中的谐振及其危害

4.1.1　RLC 串联谐振电路的定义和特点

谐振是正弦稳态电路的一种特殊工作状态，可以将它有利的一面广泛应用在无线电和电工技术领域，但电路在发生谐振时有可能破坏系统正常工作，应予以避免。因此，研究谐振现象具有重要的实际意义。本节讨论 RLC 串联谐振电路。

1. 电路串联谐振定义

对于含有电感和电容的交流电路，如果无功功率得到完全补偿，即端口电压和电流呈同相，电路呈阻性，此时电路的功率因数 $\cos\varphi = 1$，就称该电路处于谐振状态。

如图 4-1-2 所示，在外加电压 $u(t) = U_{\mathrm{m}}\sin\omega t$ 的作用下，电路中的阻抗由式（4-1-1）表示。改变电源频率，或者改变 L、C 的值，都会使回路中的电流达到最大值，使电抗为零，电路呈阻性，此时就说电路发生了谐振。由于电路中的电阻、电感、电容是串联的，所以称之为串联谐振。

$$\begin{aligned} Z &= R + \mathrm{j}\left(\omega L - \frac{1}{\omega C}\right) \\ &= R + \mathrm{j}(X_{\mathrm{L}} - X_{\mathrm{C}}) \\ &= R + \mathrm{j}X \\ &= |Z|\angle\varphi \end{aligned} \qquad (4\text{-}1\text{-}1)$$

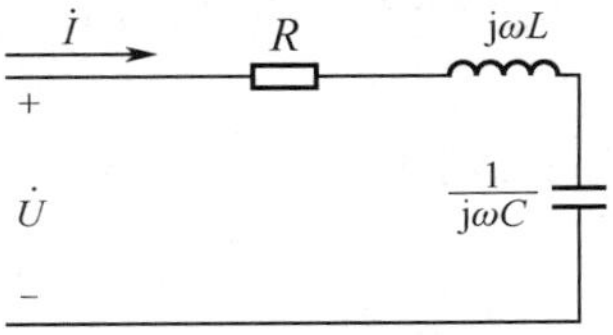

图 4-1-2　RLC 串联谐振电路

式（4-1-1）中定义阻抗大小为式（4-1-2），阻抗角为式（4-1-3）：

$$|Z| = \sqrt{R^2 + X^2} \qquad (4\text{-}1\text{-}2)$$

$$\varphi = \arctan\frac{X}{R} \qquad (4\text{-}1\text{-}3)$$

式（4-1-1）中的 Z 为复数，其中实部是常数 R，虚部是频率的函数。在某一特定频率下，电抗分量 X 为零，阻抗的模 $|Z|$ 最小，呈现阻性，回路中的电流达到最大值。端口电压与电流同相，对应状态下的角频率 ω 称为谐振角频率，用 ω_0 表示。

扫一扫看拓展知识：电路参数的复数表示

2. 串联电路发生谐振的条件

根据上述定义，RLC 串联电路发生谐振的条件是式（4-1-1）的虚部为 0，即

$$X_{\mathrm{L}} = X_{\mathrm{C}} \qquad (4\text{-}1\text{-}4)$$

因为 $X_{\mathrm{L}} = \omega L$，$X_{\mathrm{C}} = \dfrac{1}{\omega C}$，所以 RLC 串联电路发生谐振的条件为

$$\omega L - \frac{1}{\omega C} = 0 \Rightarrow \omega L = \frac{1}{\omega C} \qquad (4\text{-}1\text{-}5)$$

由此可知，电路是否发生谐振取决于电路的参数 L、C 和外加电源的角频率 ω，与电压、电流的大小无关。因此，改变 ω、L 或 C，可使电路发生谐振或消除电路的谐振。

由式（4-1-5）可得，串联谐振角频率如式（4-1-6）所示，谐振频率如式（4-1-7）所示。

$$\omega_0 = \frac{1}{\sqrt{LC}} \qquad (4\text{-}1\text{-}6)$$

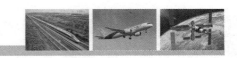

$$f_0 = \frac{1}{2\pi\sqrt{LC}} \tag{4-1-7}$$

由式（4-1-7）可知，串联电路的谐振频率 f_0 与 R 无关，只与 L 和 C 有关。

3. 串联谐振的特点

（1）谐振时，阻抗最小且为阻性。

因为 RLC 串联电路谐振时的电抗 $X(\omega_0)=0$，所以电路阻抗 $Z(\mathrm{j}\omega_0)=R+\mathrm{j}X(\omega_0)$ 为纯阻性，这时阻抗的模为最小值，阻抗角 $\varphi=0$。

（2）谐振时，电路中的电流最大，且与外加电源电压同相。

$$I=\frac{U}{|Z|}=\frac{U}{R} \tag{4-1-8}$$

在谐振状态下，电路中的阻抗达到最小值，这意味着电流会达到最大值（假设 U 保持不变），这是 RLC 串联谐振电路的一个非常重要的特点，据此可以判定电路是否发生谐振。

（3）谐振时，电路中的电抗为零，感抗和容抗相等，且等于电路的特性阻抗。

谐振时，虽然 $X(\omega_0)=X_\mathrm{L}-X_\mathrm{C}=0$，但感抗和容抗均不为零，即 $\omega L=\frac{1}{\omega C}\neq 0$（$X_\mathrm{L}=X_\mathrm{C}\neq 0$）。由于谐振时有 $\omega_0=\frac{1}{\sqrt{LC}}$，把它代入式（4-1-5），可得

$$\omega_0 L=\frac{1}{\omega_0 C}=\sqrt{\frac{L}{C}}=\rho\ （固有参数） \tag{4-1-9}$$

式中，ρ 为 RLC 串联谐振电路的特性阻抗，它是一个由电路的 L、C 决定的值。

【小贴士】 请勿混淆特性阻抗 ρ 与电阻率 ρ。特性阻抗 ρ 在国际单位制中的单位为Ω，电阻率 ρ 在国际单位制中的单位为Ω·m。

（4）在无线电技术中，通常用品质因数（又称谐振系数）来表征 RLC 串联谐振电路的性能。

品质因数是用来表征 RLC 串联谐振电路选频性能的物理量，定义为 RLC 串联谐振电路的特性阻抗 ρ 与回路电阻 R 的比值，即

$$Q=\frac{\omega_0 L}{R}=\frac{1}{\omega_0 CR}=\frac{1}{R}\sqrt{\frac{L}{C}}=\frac{\rho}{R} \tag{4-1-10}$$

【小贴士】 请勿混淆品质因数与无功功率。品质因数为无量纲参数，无功功率的单位为 var。

（5）谐振时，电阻两端的电压等于端电压；电感和电容两端的电压大小相等，相位相反，其值为端电压的 Q 倍。图 4-1-3 所示为 RLC 串联电路谐振时的电压相量图。

谐振时，电阻两端的电压相量由式（4-1-11）表示：

$$\dot{U}_\mathrm{R}=R\dot{I}=R\frac{\dot{U}}{R}=\dot{U} \tag{4-1-11}$$

谐振时，电感两端的电压相量由式（4-1-12）表示：

$$\dot{U}_\mathrm{L}=\mathrm{j}X_\mathrm{L}\dot{I}=\mathrm{j}\omega_0 L\frac{\dot{U}}{R}=\mathrm{j}Q\dot{U} \tag{4-1-12}$$

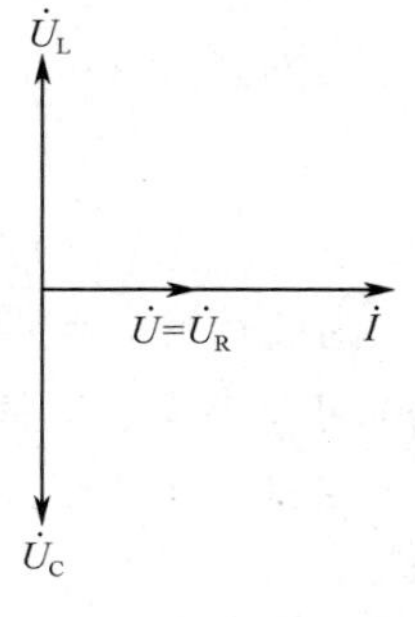

图 4-1-3　RLC 串联电路谐振时的电压相量图

谐振时，电容两端的电压相量由式（4-1-13）表示：

$$\dot{U}_{C}=-j\frac{1}{\omega_0 C}\dot{I}=-j\frac{1}{\omega_0 C}\frac{\dot{U}}{R}=-jQ\dot{U} \quad (4\text{-}1\text{-}13)$$

谐振时，电抗的电压相量由式（4-1-14）表示：

$$\dot{U}_{X}=jX\dot{I}=j(X_{L}-X_{C})\dot{I}=\dot{U}_{L}+\dot{U}_{C}=0 \quad (4\text{-}1\text{-}14)$$

谐振时，总电压相量由式（4-1-15）表示：

$$\dot{U}=\dot{U}_{R}+\dot{U}_{L}+\dot{U}_{C}=\dot{U}_{R}=R\dot{I} \quad (4\text{-}1\text{-}15)$$

由此可见，$\dot{U}_{L}$和$\dot{U}_{C}$的有效值相等，相位相反，互相抵消，故串联谐振又称为电压谐振。这时，电阻承受全部端电压，达到最大值。谐振时，U_{L}和U_{C}是端电压U的Q倍。

品质因数越高，谐振时电容电压或电感电压越大，即 RLC 串联谐振电路的品质越好。

【例 4-1-1】 在 RLC 串联谐振电路中，已知$u=\cos[(2\pi\times10^6)t]$（mV）。调节电容，使电路发生谐振，此时电流$I_0=100\mu A$，电容电压$U_{C0}=100mV$，求 R、L、C 的参数及回路的品质因数。

【解】 电源电压有效值为

$$U=\frac{U_m}{\sqrt{2}}=\frac{1}{\sqrt{2}}\approx0.707\text{（mV）}$$

$$R=\frac{U}{I_0}=\frac{0.707\times10^{-3}}{100\times10^{-6}}=7.07\text{（Ω）}$$

$$C=\frac{I_0}{U_{C0}\omega_0}=\frac{100\times10^{-6}}{100\times10^{-3}\times6.28\times10^{6}}\approx159\text{（pF）}$$

$$L=\frac{1}{\omega_0^2 C}=\frac{1}{(6.28\times10^6)^2\times159\times10^{-12}}\approx1.59\times10^{-4}\text{（H）}=15.9\text{（mH）}$$

回路的品质因数为

$$Q=\frac{U_{C0}}{U}=\frac{\omega_0 L}{R}=\frac{1}{\omega_0 CR}\approx141$$

【例 4-1-2】 在 RLC 串联电路中，已知$R=100\Omega$，$L=20mH$，$C=200pF$，正弦电源电压$U=6mV$，试求该电路的谐振频率、特性阻抗、品质因数，以及谐振时的U_C和U_L。

【解】 电路的谐振角频率及频率可由式（4-1-6）和式（4-1-7）得出：

$$\omega_0=\frac{1}{\sqrt{LC}}=\frac{1}{\sqrt{20\times10^{-3}\times200\times10^{-12}}}=500\text{（krad/s）}$$

$$f_0=\frac{\omega_0}{2\pi}=\frac{500}{2\pi}\approx79.6\text{（kHz）}$$

特性阻抗可由式（4-1-9）得出：

$$\rho=\sqrt{\frac{L}{C}}=\sqrt{\frac{20\times10^{-3}}{200\times10^{-12}}}=10000\text{（Ω）}$$

品质因数可由式（4-1-10）得出：

$$Q=\frac{\rho}{R}=\frac{10000}{100}=100$$

谐振时的U_C和U_L为

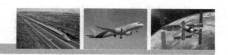

$$U_C = U_L = QU = 100 \times 6 = 600\ \text{（mV）}$$

由例 4-1-2 可以看出，当发生串联谐振时，电感和电容两端的电压远大于电源两端的电压。

扫一扫看拓展知识：串联谐振电路的能量关系

4.1.2 串联谐振电路的功率

串联谐振时电路吸收的无功功率等于零，即无功功率 $Q = UI\sin\varphi = 0$，即

$$Q = Q_L + Q_C = 0 \text{ 或 } |Q_L| = |Q_C| \tag{4-1-16}$$

电感的无功功率由式（4-1-17）表示：

$$Q_L = \omega_0 L I_0^2 \tag{4-1-17}$$

电容的无功功率由式（4-1-18）表示：

$$Q_C = -\frac{1}{\omega_0 C} I_0^2 = -\omega_0 L I_0^2 \tag{4-1-18}$$

谐振时，电感与电容之间进行能量的相互交换，而与电源之间无能量交换。电源只供给电阻的耗能，有功功率可以由式（4-1-19）表示：

$$P = UI\cos\varphi = UI = I^2 R = \frac{U^2}{R} \tag{4-1-19}$$

4.1.3 RLC 串联谐振电路的频率特性

在 RLC 串联电路中，感抗 $X_L = \omega L$、容抗 $X_C = \dfrac{1}{\omega C}$ 和电抗 $X = X_L - X_C$ 随频率变化的曲线称为这些量的频率特性曲线。容抗和感抗频率特性曲线如图 4-1-4 所示，当 $\omega = \omega_0$ 时，$X_L = X_C$，$X = 0$，电路发生谐振。低频时，$\omega_0 L < \dfrac{1}{\omega_0 C}$，即 $X < 0$，电路呈容性；高频时，$\omega_0 L > \dfrac{1}{\omega_0 C}$，即 $X > 0$，电路呈感性。

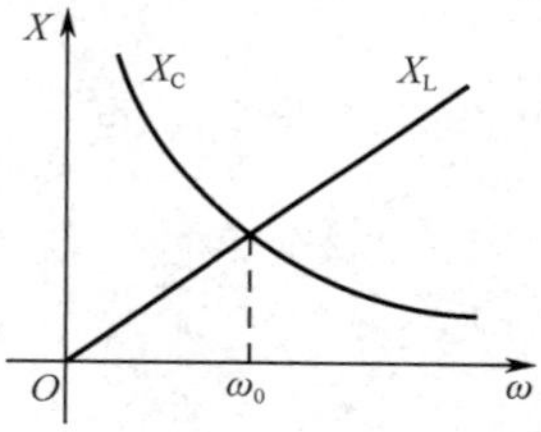

图 4-1-4　容抗和感抗频率特性曲线

RLC 串联电路在发生谐振时，对于不同频率的信号具有选择能力。为说明此特性，下面分析在电路参数确定的条件下，电源频率变化时电流 $\dot{I}$ 的变化情况。

$$\dot{I}(\mathrm{j}\omega) = \frac{\dot{U}}{Z} = \frac{U\angle 0^\circ}{R + \mathrm{j}\left(\omega L - \dfrac{1}{\omega C}\right)} = \frac{U}{R + \mathrm{j}\left(\omega L - \dfrac{1}{\omega C}\right)} \tag{4-1-20}$$

电路的响应电流 I 与电源的角频率 ω 的关系称为电流的幅频特性，通常用串联谐振曲线来表示这种关系，其有效值如式（4-1-21）所示：

$$I(\omega) = \frac{U}{|Z|}\frac{U}{\sqrt{R^2 + \left(\omega L - \dfrac{1}{\omega C}\right)^2}} = \frac{U}{R\sqrt{1 + Q^2\left(\dfrac{\omega}{\omega_0} - \dfrac{\omega_0}{\omega}\right)^2}} \tag{4-1-21}$$

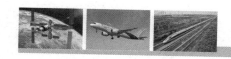

当电路的 L 和 C 保持不变时，改变 R，可以得出不同品质因数的电流的幅频特性曲线。显然，品质因数越高，曲线越尖锐。

为了反映一般情况，可研究电流比 I/I_0 与角频率比 ω/ω_0 之间的函数关系，即通用幅频特性，其表达式可由式（4-1-22）表示：

$$\frac{I}{I_0}=\frac{1}{\sqrt{1+Q^2\left(\frac{\omega}{\omega_0}-\frac{\omega_0}{\omega}\right)^2}} \tag{4-1-22}$$

式中，I_0 为谐振时的回路响应电流。

相频特性由式（4-1-23）表示：

$$\varphi(\omega)=-\arctan Q\left(\frac{\omega}{\omega_0}-\frac{\omega_0}{\omega}\right) \tag{4-1-23}$$

该式反映了电流与电压相位差的频率特性。

根据式（4-1-23），以 ω/ω_0 为横坐标，I/I_0 为纵坐标，不同的品质因数对应的曲线不同，称之为RLC串联谐振电路的谐振曲线，如图4-1-5所示。

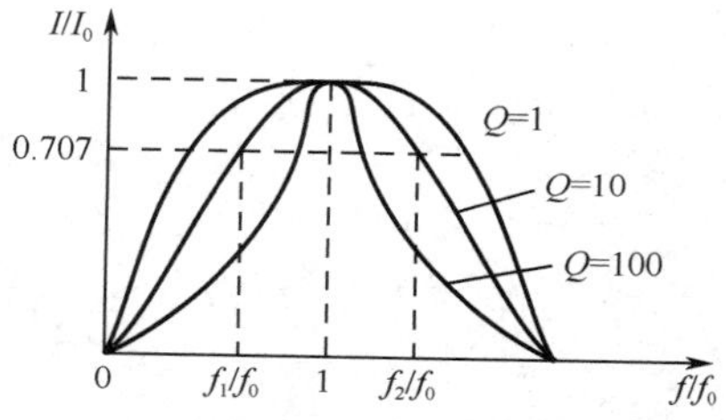

图4-1-5　RLC串联谐振电路的谐振曲线

当确定一个品质因数后，这条曲线对不同参数的RLC串联谐振电路均适用，故又称之为RLC串联谐振电路的通用谐振曲线。

幅频特性曲线可以通过计算得出，也可以用实验方法测定。谐振时，$\omega=\omega_0$，$I=I_0$；当 ω 偏离 ω_0 时，$\omega/\omega_0\neq1$，则 $I/I_0<1$。通频带为通用谐振曲线上对应于 $I/I_0=1/\sqrt{2}\approx0.707$ 的上下两个频率之间的宽度。在一定 ω/ω_0 比值下，品质因数越高，I/I_0 越小，在一定的频率偏移下，电流比下降得越厉害，曲线越尖锐，通频带越窄，电路对非谐振角频率的电流抑制能力越强，即电路的选择性越好。反之，品质因数越低，电路的选择性就越差，通频带越宽。因此，品质因数和通频带是两个互相制约的指标。

工程上常以品质因数和通频带（$\Delta f=f_2-f_1$ 或 $\Delta\omega=\omega_2-\omega_1=\frac{\omega_0}{Q}$）作为RLC串联谐振电路的两个定量指标。这两个指标可以分别由式（4-1-24）和式（4-1-25）表示：

$$\Delta f=\frac{f_0}{Q}\ （或\ \Delta\omega=\frac{\omega_0}{Q}） \tag{4-1-24}$$

$$\mathrm{BW}=\Delta\omega=\omega_2-\omega_1=\frac{\omega_0}{Q} \tag{4-1-25}$$

影响品质因数的重要因素之一是电感的损耗电阻，如果电感的损耗电阻非常大，则RLC串联谐振电路将失去选频能力。因此，在实际应用中RLC串联谐振电路应选择损耗电阻小的电感，并应在小内阻的电源下工作，以具有良好的选频能力。

在实际通信技术中，需要接收的信号往往是占有一定通频带的，而不是单一频率的正弦信号。例如，音频信号的通频带为几千赫，因此，在接收广播电台的某个信号时，其谐振电路的设计既要考虑选择性又要考虑通频带，所以串联谐振电路品质因数的选择要合理。

扫一扫看拓展知识：通频带的测量方法

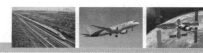

【例 4-1-3】 在如图 4-1-6 所示的 RLC 串联谐振电路中，已知 $u_S(t)=100\cos\omega_0 t$（mV），ω_0 为电路谐振角频率；$C=400\text{pF}$；阻值为 R 的电阻的吸收功率为 5mW；电路通频带 $\text{BW}=4\times10^4$（rad/s），试求 L、ω_0、U_{Cm}。

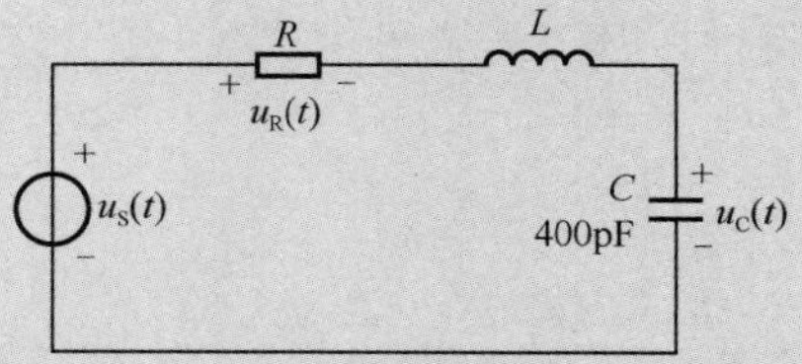

图 4-1-6　例 4-1-3 图

【解】 因为电路处于谐振状态，所以电阻上的电压与电源电压相等。

$$P_R=\frac{1}{2}\frac{U_{\text{Rm}}^2}{R}=\frac{1}{2}\frac{U_{\text{Sm}}^2}{R}$$

可得

$$R=\frac{U_{\text{Sm}}^2}{2P_R}=\frac{(100\times10^{-3})^2}{2\times5\times10^{-3}}=1\ (\Omega)$$

由式（4-1-10）和式（4-1-25），可得

$$\text{BW}=\frac{\omega_0}{\omega_0 L/R}=\frac{R}{L}=4\times10^4\ (\text{rad/s})$$

$$L=\frac{R}{\text{BW}}=\frac{1}{4\times10^4}=25\ (\mu\text{H})$$

$$\omega_0=\frac{1}{\sqrt{LC}}=\frac{1}{\sqrt{25\times10^{-6}\times400\times10^{-12}}}=10^7\ (\text{rad/s})$$

又由

$$Q=\frac{\omega_0 L}{R}=\frac{10^7\times25\times10^{-6}}{1}=250$$

可得

$$U_{\text{Cm}}=QU_{\text{Sm}}=250\times100\times10^{-3}=25\ (\text{V})$$

【例 4-1-4】 某 RLC 串联谐振电路的电源电压 U=10V，$\omega=104\text{rad/s}$，调节电容使电路中电流表读数达到最大值 0.1A，这时接在电容两端的电压表读数为 600V，求 R、L、C 及电路品质因数、通频带。

【解】 电流表读数达最大值时，电路发生谐振。此时，$I_0=0.1\text{A}$，$U_{\text{C0}}=600\text{V}$，$U=10\text{V}$，电源角频率为谐振角频率 $\omega_0=104\text{rad/s}$，因此可得

$$U_{\text{C0}}=\frac{I_0}{\omega_0 C}\Rightarrow C=\frac{I_0}{\omega_0 U_{\text{C0}}}=\frac{0.1}{104\times600}\approx1.6\ (\mu\text{F})$$

$$U_{\text{L0}}=U_{\text{C0}}=\omega_0 L I_0\Rightarrow L=\frac{U_{\text{C0}}}{\omega_0 I_0}=\frac{600}{104\times0.1}\approx57.7\ (\text{H})$$

$$Q=\frac{U_{\text{C0}}}{U}=\frac{600}{10}=60$$

$$\text{BW}=\frac{\omega_0}{Q}=\frac{104}{60}\approx1.73\ (\text{rad/s})$$

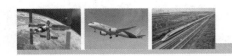

任务 4.2 放大选频回路电路分析与设计（并联谐振电路）

学习导航

学习目标	1．充分理解并联电路发生谐振的条件
	2．掌握并联谐振电路的特点及各项参数
重点知识要求	1．掌握并联谐振的定义、条件、特点
	2．掌握谐振频率、品质因数、通频带的关系及计算方法
关键能力要求	能通过仿真手段研究谐振电路相关特性参数

实施步骤

扫一扫看微课视频：并联谐振

扫一扫看微课视频：RLC 并联谐振电路仿真

1. RLC 并联谐振电路仿真研究

（1）按如图 4-2-1 所示的电路图连接仿真测试电路，电路中以测量 1.0Ω的电阻两端的电压来替代测量电路总电压。

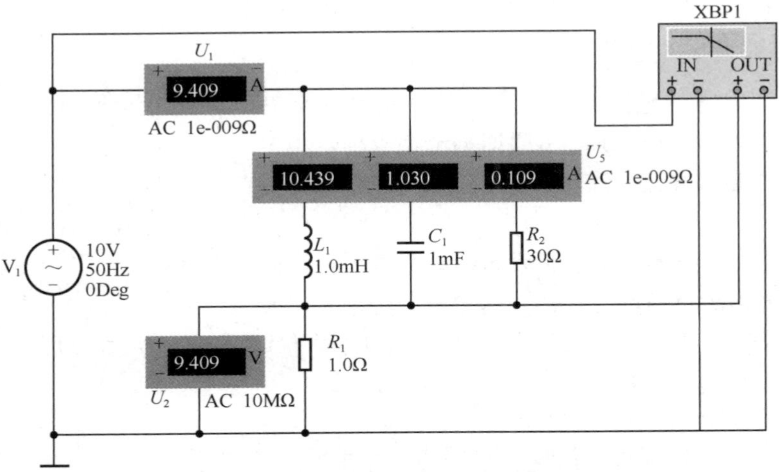

图 4-2-1 RLC 并联谐振电路的仿真测试电路图

（2）依据表 4-2-1 改变输入正弦信号频率，测量相关参数，并将其填入表 4-2-1，探究 RLC 并联谐振电路的支路电流和总电流的关系，分析得出结论。

表 4-2-1 仿真电路电流示数记录表

f/Hz	I	I_R	I_L	I_C
50				
100				
150				

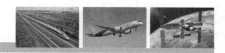

2. 应用波特图仪检测电路的频率特性

由如图 4-2-2 所示的曲线分析谐振频率、通频带。

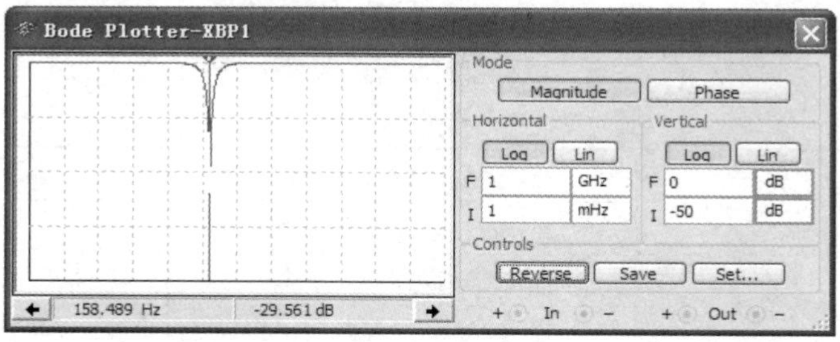

图 4-2-2　波特图仪截图

相关知识

4.2.1　RLC 并联谐振电路的定义和特点

RLC 串联谐振电路适用于信号源内阻接近零或非常小的情况。如果信号源内阻很大，采用 RLC 串联谐振电路品质因数会显著降低，从而导致电路的选择性变差，也就是通频带会变得非常宽。在这种情况下，需要考虑采用 RLC 并联谐振电路。

1. 电路并联谐振的定义

含有电感和电容的电路，如果无功功率得到完全补偿，如图 4-2-3 所示，同 RLC 串联谐振电路一样，将电路的端口电压相量和电流相量同相时的工作状态称为并联谐振。

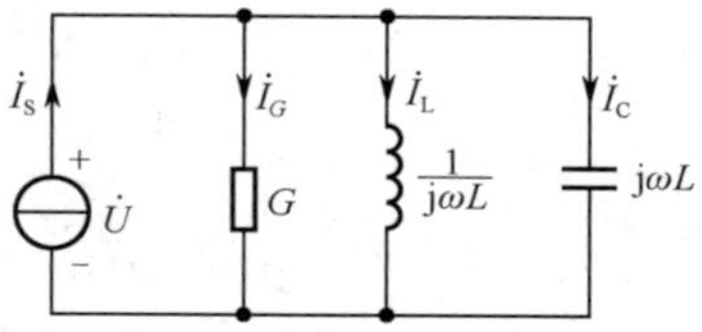

图 4-2-3　RLC 并联谐振电路

在如图 4-2-3 所示的 RLC 并联谐振电路中，在电流源的驱动下，电路的总导纳 Y 由式（4-2-1）表示。当改变电源频率，或者改变 L、C，促使端口电压达到最大值时，电纳为零，即只有当 $B_L = B_C$ 时，$|Y| = G$，电路呈阻性，这时称电路发生了谐振。

$$\begin{aligned} Y &= Y_R + Y_L + Y_C = \frac{1}{R} + \frac{1}{j\omega L} + j\omega C \\ &= \frac{1}{R} + \frac{1}{jX_L} + \frac{1}{-jX_C} \\ &= \frac{1}{R} - j\left(\frac{1}{X_L} - \frac{1}{X_C}\right) \\ &= G + j(B_C - B_L) \end{aligned} \quad (4\text{-}2\text{-}1)$$

其中，$B_C = \omega C$，$B_L = \dfrac{1}{\omega L}$。

由式（4-2-1）可得，导纳模由式（4-2-2）表示：

$$|Y|=\sqrt{\frac{1}{R^2}+\left(\frac{1}{X_L}-\frac{1}{X_C}\right)^2}=\sqrt{G^2+(B_C-B_L)^2} \tag{4-2-2}$$

相应的阻抗为导纳的倒数，阻抗模可由式（4-2-3）表示：

$$|Z|=\frac{1}{\sqrt{\frac{1}{R^2}+\left(\frac{1}{X_L}-\frac{1}{X_C}\right)^2}} \tag{4-2-3}$$

导纳 Y 是频率 ω 的函数，当导纳 Y 的虚部为零，即 $\omega C=1/\omega L$ 时，$Y=G$，此时角频率用 ω_0 表示，由 $\omega_0 C=1/\omega_0 L$ 可求得电路的固有频率，也就是谐振频率。

2. 并联电路发生谐振的条件

因为电路发生谐振时的端口电压与电流同相，RLC 并联谐振电路发生谐振的条件是式（4-2-1）的虚部为 0，故应有

$$B_L=B_C \tag{4-2-4}$$

发生并联谐振时的谐振角频率表示为 ω_0，根据上述定义，用式（4-2-5）表示 RLC 并联谐振电路发生谐振的条件：

$$\omega_0 L=\frac{1}{\omega_0 C} \tag{4-2-5}$$

电路在满足上述条件时发生谐振，称式（4-2-5）为并联谐振发生的条件。此时，谐振角频率可由式（4-2-6）表示，谐振频率可由式（4-2-7）表示：

$$\omega_0=\frac{1}{\sqrt{LC}} \tag{4-2-6}$$

$$f_0=\frac{1}{2\pi\sqrt{LC}} \tag{4-2-7}$$

由此可见，电路是否发生谐振完全由电路的 L、C 和外加电源的角频率 ω 决定，与电压、电流的有效值无关。谐振反映了并联电路的一种固有性质，而且对于每个 RLC 并联谐振电路总有一个对应的谐振频率。

3. 并联谐振的特点

（1）谐振时，输入导纳 $|Y|$ 最小且为纯电导，即阻抗 $|Z|$ 最大且为纯电阻。

当电源的频率 ω 等于并联电路的固有频率 ω_0 时，电路的感纳和容纳相等，回路工作在谐振状态，电路导纳 $Y=G$ 达到最小值，电路的阻抗 $|Z|$ 最大。$B_L=B_C$，$|Z|=R$。

（2）谐振时，电路中的端口电压最大，且与电源电流同相。

因为谐振时导纳最小，阻抗最大，如端电流不变则电路端电压达到最大值，其值为 $U(\omega_0)=\frac{I_G}{G}=I_G R$，电压与电流同相。

（3）品质因数 Q。

并联谐振电路中，电路的品质因数 Q 被定义为谐振时的感纳或容纳与电导的比值。电感电流和电容电流表达式中的 Q 称为并联电路的品质因数，如式（4-2-8）所示。

$$Q=\frac{\omega_0 C}{G}=\frac{1}{\omega_0 GL}=\omega_0 CR=\frac{R}{\omega_0 L}=\frac{1}{G}\sqrt{\frac{C}{L}} \tag{4-2-8}$$

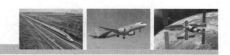

（4）谐振时，电阻上的电流等于总电流，电感电流和电容电流大小相等，为总电流的 Q 倍，相位相反。

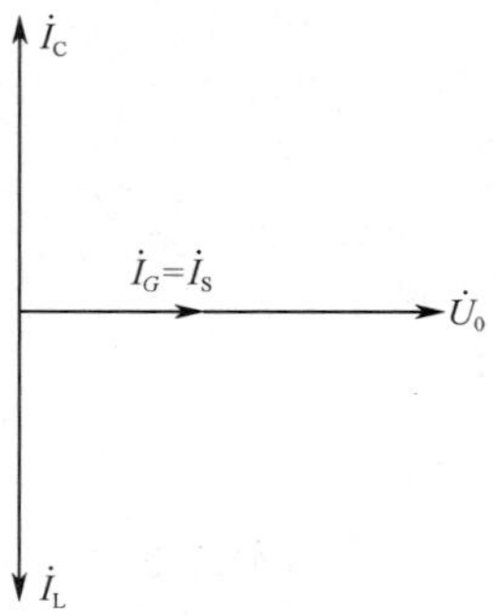

图 4-2-4　RLC 并联谐振电路的电流相量图

图 4-2-4 所示为 RLC 并联谐振电路的电流相量图。电容电流和电感电流大小相等，但两者的相量和为零。所以在图 4-2-3 所示的电路中，电流源电流全部流入电阻支路。待谐振电路稳定，实质上是电感和电容相互交换能量，不与信号源交换能量，即信号源提供的能量全部消耗于负载电阻上。

谐振时，电导支路流过的电流由式（4-2-9）表示。

$$\dot{I}_G = G\dot{U} = G\frac{\dot{I}_S}{Y(j\omega_0)} = G\frac{\dot{I}_S}{G} = \dot{I}_S \tag{4-2-9}$$

谐振时，电感支路流过的电流由式（4-2-10）表示。

$$\dot{I}_L = -j\frac{\dot{U}}{\omega_0 L} = -j\frac{\dot{I}_S}{\omega_0 LG} = -jQ\dot{I}_S \tag{4-2-10}$$

谐振时，电容支路流过的电流由式（4-2-11）表示。

$$\dot{I}_C = -j\omega_0 C\dot{U} = j\frac{\omega_0 C}{G}\dot{I}_S = jQ\dot{I}_S \tag{4-2-11}$$

谐振时，电纳电流相量由式（4-2-12）表示。

$$\dot{I}_B = \dot{I}_L + \dot{I}_C = -jQ\dot{I}_S + jQ\dot{I}_S = 0 \tag{4-2-12}$$

谐振时，总电流相量由式（4-1-13）表示。

$$\dot{I} = \dot{I}_R + \dot{I}_L + \dot{I}_C = \dot{I}_S - jQ\dot{I}_S + jQ\dot{I}_S = \dot{I}_S \tag{4-2-13}$$

可见，谐振时电感、电容电流都为输入电流的 Q 倍，电容电流和电感电流大小相等、方向相反，它们在回路中形成环流，电源只给电阻提供电流。并联时，电流 $\dot{I}_L + \dot{I}_C = 0$，LC 相当于开路，所以并联谐振也称电流谐振，此时电源电流全部流过电导，即 $\dot{I}_G = \dot{I}_S$。

【例 4-2-1】 如图 4-2-5 所示，$i_S(t) = \sqrt{2}\cos\omega_0 t$（A），若 ω_0 为谐振频率，I_{C0} 等于多少？

【解】 根据式（4-2-6）可得

$$\omega_0 = \frac{1}{\sqrt{LC}} = \frac{1}{\sqrt{\frac{1}{5}\times\frac{1}{5}}} = 5\ (\text{rad/s})$$

$$Q = \frac{\omega_0 C}{G} = \frac{5\times\frac{1}{5}}{\frac{1}{5}} = 5$$

$$\dot{I}_S = 1\angle 0^\circ\ (\text{A})$$

$$\dot{I}_{C0} = jQ\dot{I}_S = j\times 5\times 1 = 5j$$

$$I_{C0} = 5\ (\text{A})$$

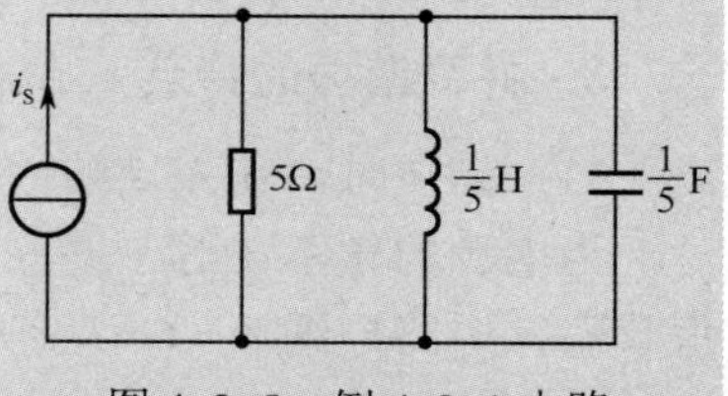

图 4-2-5　例 4-2-1 电路

【例 4-2-2】 试设计 RLC 并联谐振电路，使电路的谐振频率为 10^6 Hz，品质因数为 50，谐振时流过电阻的电流为 0.2A，若输入电压为 10V，求电容和电感。

【解】 谐振时：

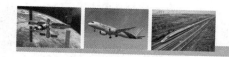

$$I_R = \frac{U}{R}$$

由此可得出电阻大小为

$$R = \frac{U}{I_R} = \frac{10}{0.2} = 50\ (\Omega)$$

根据题意可知:

$$Q = 50 = \frac{R}{\omega_0 L} = \frac{R}{2\pi f_0 L} = 2\pi f_0 CR$$

经换算可得

$$L = \frac{R}{2\pi f_0 Q} = \frac{50}{2\times\pi\times10^6\times50} \approx 1.6\times10^{-7} = 0.16\ (\mu H)$$

$$C = \frac{Q}{2\pi f_0 R} = \frac{50}{2\times\pi\times10^6\times50} \approx 1.6\times10^{-7} = 0.16\ (\mu F)$$

【例 4-2-3】 如图 4-2-6 所示，已知 R=5kΩ，L=100μH，C=400pF，端口电流 I_S=2mA，当电源角频率为多少时电路发生谐振？谐振时各支路电流和电路两端电压为多少？

【解】 电路谐振时角频率为

$$\omega = \omega_0 = \frac{1}{\sqrt{LC}} = \frac{1}{\sqrt{100\times10^{-6}\times400\times10^{-12}}} = 5\times10^6\ (\mathrm{rad/s})$$

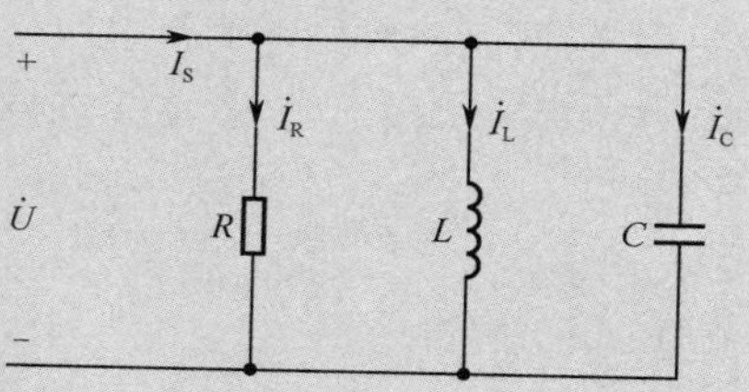

图 4-2-6　例 4-2-3 电路

谐振阻抗为

$$Z = R = 5\mathrm{k}\Omega$$

电路两端电压为

$$U = RI_S = 5\times10^3\times2\times10^{-3} = 10\ (\mathrm{V})$$

各支路电流有效值为

$$I_R = I_S = 2\ (\mathrm{mA})$$

$$I_L = \frac{U}{\omega_0 L} = \frac{10}{5\times10^6\times100\times10^{-6}} = 0.02\ (\mathrm{A})$$

$$I_C = \omega_0 CU = 5\times10^6\times400\times10^{-12}\times10 = 0.02\ (\mathrm{A})$$

4.2.2　并联谐振电路的功率

电路在发生并联谐振时，全电路的有功功率由式（4-2-14）表示：

$$P = UI = \frac{U^2}{G} \tag{4-2-14}$$

即电源向电路输送电阻吸收的功率，电阻功率达到最大值。

电路在发生并联谐振时，全电路的无功功率由式（4-2-15）表示：

$$Q = UI\sin\varphi = Q_L + Q_C = 0 \tag{4-2-15}$$

由此可等效推导出式（4-2-16）：

$$|Q_L| = |Q_C| = \omega_0 CU^2 = \frac{U^2}{\omega_0 L} \tag{4-2-16}$$

即电感中的无功功率与电容中的无功功率大小相等，电感与电容互相补偿，彼此进行能量交换。

4.2.3 RLC 并联谐振电路的频率特性

在 RLC 并联谐振电路中，感纳 $B_L=\dfrac{1}{\omega L}$、容纳 $B_C=\omega C$ 和电纳 $B=B_C-B_L$ 随频率变化的曲线称为这些量的频率特性曲线。感纳和容纳的频率特性曲线如图 4-2-7 所示，当 $\omega=\omega_0$ 时，$B_L=B_C$，$B=0$，电路发生谐振。当 $\omega<\omega_0$ 时，电路呈感性；当 $\omega>\omega_0$ 时，电路呈容性；当 $\omega=\omega_0$ 时，电路呈纯电导性，此时电路发生谐振。

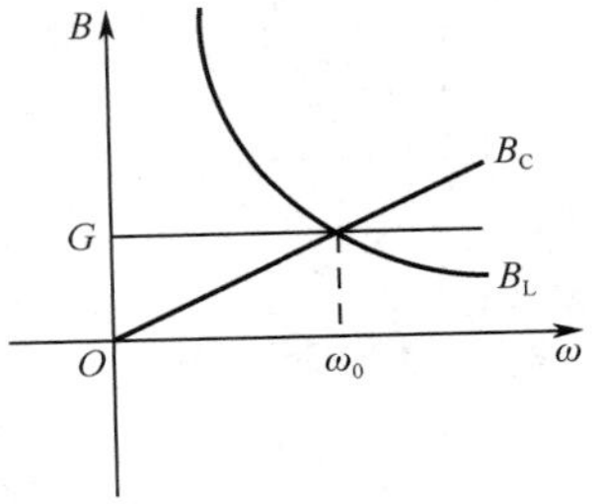

图 4-2-7　感纳和容纳的频率特性曲线

并联谐振曲线描述的是 RLC 并联谐振电路中电压的频率特性。为研究电压比 $\dot{U}/\dot{U}_0$ 的特性，写出如式（4-2-17）所示回路端电压：

$$\dot{U}=Z\dot{I}_S=\frac{\dot{I}_S}{\dfrac{1}{R}+j\left(\omega C-\dfrac{1}{\omega L}\right)}=\frac{R\dot{I}_S}{1+j\left(\omega CR-\dfrac{R}{\omega L}\right)}=\frac{\dot{U}_0}{1+j\left(\omega CR-\dfrac{R}{\omega L}\right)} \tag{4-2-17}$$

由此可以等效推导出式（4-2-18）：

$$\frac{\dot{U}}{\dot{U}_0}=\frac{1}{1+j\left(\omega CR-\dfrac{R}{\omega L}\right)} \tag{4-2-18}$$

在式（4-2-18）中，变换等号右边的分母可得式（4-2-19）：

$$\frac{\dot{U}}{\dot{U}_0}=\frac{1}{1+jQ\left(\dfrac{\omega}{\omega_0}-\dfrac{\omega_0}{\omega}\right)} \tag{4-2-19}$$

由此可得出如式（4-2-20）所示的幅频特性和如式（4-2-21）所示的相频特性：

$$\frac{U}{U_0}=\frac{1}{\sqrt{1+Q^2\left(\dfrac{\omega}{\omega_0}-\dfrac{\omega_0}{\omega}\right)^2}} \tag{4-2-20}$$

$$\varphi(\omega)=-\arctan Q\left(\frac{\omega}{\omega_0}-\frac{\omega_0}{\omega}\right) \tag{4-2-21}$$

将式（4-2-20）、式（4-2-21）与式（4-1-22）、式（4-1-23）对照，发现这两套公式在形式上相似，因此对应的曲线应该是相似的，只需要将图 4-1-5 的纵坐标 I/I_0 相应地改为 U/U_0 即可。对于 RLC 并联谐振电路，式（4-2-20）表示在电流源的作用下，并联回路端电压的频率特性；式（4-2-21）表示电压超前电流的相位的频率特性。在谐振时，RLC 并联谐振电路呈现为高阻抗和高端电压，而失谐时，回路阻抗和端电压急剧减小。因此，当由许多不同频率的正弦分量组成的信号通过回路时，RLC 并联谐振电路能够选择出以回路谐振频率为中心，及其附近很窄频率范围内的信号。RLC 并联谐振电路的通频带的定义及其计算公式也与 RLC 串联谐振电路相同。对于 RLC 并联谐振电路的特性可用对偶法去理解和研究，这里不再赘述。

与 RLC 串联谐振电路是一致的，RLC 并联谐振电路同样具有带通滤波特性，其通频带如式（4-2-22）所示：

$$\mathrm{BW}=\frac{\omega_0}{Q} \tag{4-2-22}$$

扫一扫看拓展知识：小信号调谐放大器

项目总结

1. 电路串联谐振

发生串联谐振的条件：$X_{\mathrm{L}}=X_{\mathrm{C}}$，即 $\omega_0 L=\dfrac{1}{\omega_0 C}$。

谐振角频率：$\omega_0=\dfrac{1}{\sqrt{LC}}$。

谐振频率：$f_0=\dfrac{1}{2\pi\sqrt{LC}}$。

特性阻抗：$\rho=\omega_0 L=\dfrac{1}{\omega_0 C}=\sqrt{\dfrac{L}{C}}$。

品质因数：$Q=\dfrac{\omega_0 L}{R}=\dfrac{1}{\omega_0 CR}=\dfrac{1}{R}\sqrt{\dfrac{L}{C}}=\dfrac{\rho}{R}$。

无功功率：$Q=Q_{\mathrm{C}}+Q_{\mathrm{L}}=0$。

有功功率：$P=UI\cos\varphi=UI$。

通频带：$\mathrm{BW}=\Delta\omega=\omega_2-\omega_1=\dfrac{\omega_0}{Q}$。

串联谐振电路的特点：谐振时 $Z=R$，纯阻性，阻抗最小，电流最大。电感电压 $\dot{U}_{\mathrm{L}}$ 和电容电压 $\dot{U}_{\mathrm{C}}$ 大小相等，相位相反，互相抵消，$U_{\mathrm{C}}=U_{\mathrm{L}}=QU$，因此，串联谐振又称电压谐振。

谐振时电感和电容之间进行能量交换，而与电源之间无能量交换。

2. 电路并联谐振

发生并联谐振的条件：$B_{\mathrm{L}}=B_{\mathrm{C}}$，即 $\dfrac{1}{\omega_0 L}=\omega_0 C$。

谐振角频率：$\omega_0=\dfrac{1}{\sqrt{LC}}$。

谐振频率：$f_0=\dfrac{1}{2\pi\sqrt{LC}}$。

品质因数：$Q=\dfrac{\omega_0 C}{G}=\dfrac{1}{\omega_0 GL}=\omega_0 CR=\dfrac{R}{\omega_0 L}=\dfrac{1}{G}\sqrt{\dfrac{C}{L}}$。

无功功率：$Q = UI\sin\varphi = Q_L + Q_C = 0$。

有功功率：$P = UI = \dfrac{U^2}{G}$。

通频带：$\mathrm{BW} = \dfrac{\omega_0}{Q}$。

并联谐振电路的特点：谐振时，电路导纳$Y = G$达到最小值，电路的阻抗$|Z|$最大，电路中的端口电压最大，且与电源电流同相。流过电感的电流$\dot{I}_L$和流过电容的电流$\dot{I}_C$的有效值相等，相位相反，互相抵消，且$I_C = I_L = QI$。因此，并联谐振又称为电流谐振。

自测练习4

扫一扫看本项目自测练习参考答案

一、填空题

1．在含有电感、电容的电路中，称总电压、总电流同相的现象为________。这种现象若发生在串联电路中，则电路阻抗将________，电压一定时电流________，且在电感和电容两端将出现________现象；该现象若发生在并联电路中，电路阻抗将________，电压一定时电流________，但在电感和电容支路中将出现________现象。

2．电路发生谐振时，电路中的角频率$\omega_0 =$________，$f_0 =$________。

3．RLC串联谐振电路的特性阻抗$\rho =$________，品质因数$Q =$________。

4．理想RLC并联谐振电路发生谐振时的阻抗$Z =$________，总电流=________。

5．在实际应用中，RLC并联谐振电路在未接电源时，电路的谐振阻抗为R，接入电源后，电路发生谐振时的阻抗变为________，电路的品质因数也由$Q_0 =$________变为$Q =$________，RLC并联谐振电路的选择性变________，通频带变________。

6．谐振电路的应用主要体现在用于________、用于________和用于________。

7．品质因数越________，电路的________性越好，但不能无限制地提高品质因数，否则将造成________变窄，致使接收信号产生失真。

二、判断题

1．RLC串联谐振电路不仅被广泛应用在电子技术领域，也被广泛应用在电力系统中。（　　）

2．谐振电路的品质因数越高，电路选择性越好，因此品质因数越高越好。（　　）

3．串联谐振在电感和电容两端将出现过电压现象，因此也把串联谐振称为电压谐振。（　　）

4．RLC串联电路在发生谐振时，电源内阻及负载会使电路的品质因数降低，谐振阻抗增大，通频带加宽。（　　）

5．当RLC串联电路中的电源频率f大于谐振频率f_0时，该电路呈容性。（　　）

6．RLC串联电路在由感性变为容性的过程中必然会经过谐振点。（　　）

7．RLC并联谐振电路在发生谐振时，电感和电容支路上会出现过流现象，因此常把并联谐振称为电流谐振。（　　）

8．理想RLC并联谐振电路对总电流产生的阻碍作用无穷大，因此总电流为零。（　　）

9．RLC 并联谐振电路在发生谐振时，电感支路中的电流是总电流的 $1/Q$。　（　　）

10．谐振状态下，电源供给电路的功率全部消耗在电阻上。　（　　）

三、单项选择题

1．RLC 并联谐振电路在 f_0 时发生谐振，当频率增加到 $2f_0$ 时，电路呈（　　）。

A．阻性　　B．感性　　C．容性

2．处于谐振状态的 RLC 串联电路，当电源频率升高时，电路将呈（　　）。

A．阻性　　B．感性　　C．容性

3．下列说法中（　　）是正确的。

A．串联谐振时阻抗最小　　B．并联谐振时阻抗最小　　C．电路发生谐振时阻抗最小

4．下列说法中（　　）是不正确的。

A．并联谐振时电流最大　　B．并联谐振时电流最小

C．理想状态下并联谐振时的总电流为零

5．发生串联谐振的电路条件是（　　）。

A．$f_0 = \dfrac{\omega_0 L}{R}$　　B．$f_0 = \dfrac{1}{\sqrt{LC}}$　　C．$\omega_0 = \dfrac{1}{\sqrt{LC}}$

6．在正弦交流电路中，负载上获得最大功率的条件是（　　）。

A．$R_L = R_0$　　B．$Z_L = Z_S$　　C．$Z_L = R_0$

四、简答题

1．何谓串联谐振？发生串联谐振时电路有哪些重要特征？

2．发生并联谐振时电路具有哪些特征？

3．为什么把串联谐振称为电压谐振，而把并联谐振称为电流谐振？

4．何谓 RLC 串联谐振电路的谐振曲线？品质因数的大小对谐振曲线有什么影响？

5．RLC 串联谐振电路的品质因数与 RLC 并联谐振电路的品质因数相同吗？

6．谐振电路的通频带是如何定义的，它与哪些量有关？

7．RLC 并联谐振电路接在理想电压源上是否具有选频能力，为什么？

五、计算分析题

扫一扫看微课视频：串联谐振电路参数计算

1．已知 RLC 串联谐振电路的参数 $R = 10\Omega$，$L = 0.13\text{mH}$，$C = 558\text{pF}$，外加电压 $U = 5\text{ mV}$。试求电路在发生谐振时的电流、品质因数、电感电压、电容电压。

2．已知 RLC 串联谐振电路的谐振频率 $f_0 = 700\text{kHz}$，电容 $C = 2000\text{pF}$，通频带 $\text{BW} = 10\text{kHz}$，试求电路电阻及品质因数。

3．某收音机的输入电路如自测图 4-1 所示，线圈 L 的电感为 0.3mH，电阻 R 的阻值为 16Ω。欲收听 640kHz 某电台的广播，应将可变电容 C 调到多少皮法？

4．电路如自测图 4-2 所示，其中 $u = 100\sqrt{2}\cos 314t$，调节电容 C 使电流 i 与电压 u 同相，此时测得电感两端的电压为 200V，电流 I＝2A。求电路中参数 R、L、C。当频率下调为 $f_0/2$ 时，电路呈何种性质？

扫一扫看微课视频：串联谐振电路参数计算

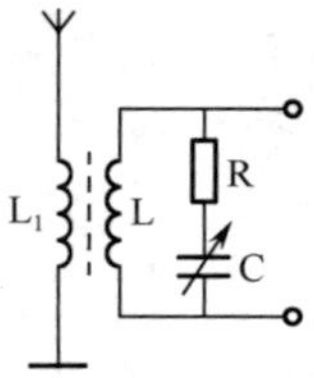

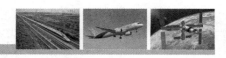

自测图 4-1

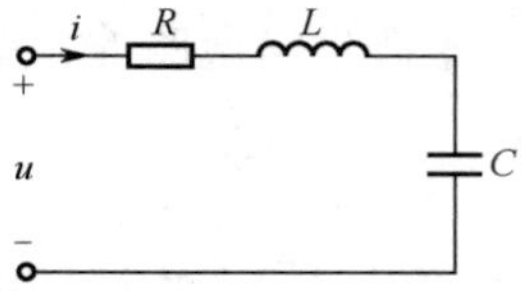

自测图 4-2

5．$L = 4\text{mH}$ 的电感、$R = 50\Omega$ 的电阻和 $C = 160\text{pF}$ 的电容串联后接在电压为 10V，且频率可调的交流电源上。试求①电路的谐振频率 f_0；②电路的品质因数；③特性阻抗 ρ；④谐振时 U_R、U_C 和 U_L 值。

扫一扫看微课视频：串联谐振电路参数计算

6．已知 RLC 串联谐振电路的线圈参数 $R = 1\Omega$，$L = 2\text{mH}$，接在角频率 $\omega = 2500\text{rad/s}$ 的 10V 电压源上，求电容 C 为何值时电路发生谐振，求谐振电流 I_0、电容两端电压 U_C、线圈两端电压 U_{RL} 及品质因数。

7. RLC 并联谐振电路也常用于接收机。设接收机调谐在 FM 波段 98MHz，已知 L=0.1μH，G=135×10^{-6} S，试求：①电容；②品质因数；③通频带。

8．RLC 并联谐振电路的 $|Z|-\omega$ 的特性曲线如自测图 4-3 所示，试求：①通频带和品质因数；②R、L、C。

9．RLC 并联谐振电路如自测图 4-4 所示。

（1）试求电路无载时的谐振频率、品质因数及通频带。

（2）接入 20kΩ 负载，求整个电路的谐振频率、品质因数及通频带。

（3）接入 20kΩ 负载，要求电路品质因数为 25，在保持谐振频率不变的情况下，应如何选择 L 和 C?

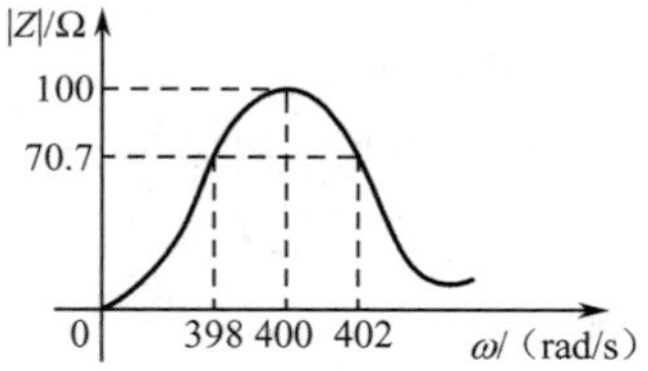

自测图 4-3

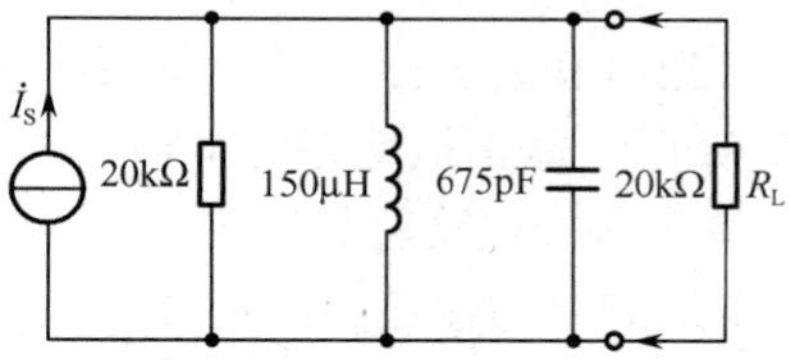

自测图 4-4

项目 5

三相电路的分析及实践

扫一扫看项目 5 教学课件

扫一扫看项目 5 电子教案

项目导入

在电力系统中，电能的产生、传输和分配几乎都采用三相制。本项目将在正弦交流电路的基础上，介绍对称三相电源、三相负载的连接及其特点，分析、计算对称三相电路的电压、电流及功率。

任务 5.1 三相电源的认识与测量

扫一扫看微课视频：三相电源波形仿真

学习导航

学习目标	1. 能识别、选择、连接符合要求的三相电源电路
	2. 会对三相电源进行基本测量
	3. 掌握三相电源的相电压、线电压关系
重点知识要求	1. 掌握对称三相电源的相电压、线电压与相电流、线电流的大小和相位关系
	2. 掌握三相电源的两种连接方式
关键能力要求	能使用 Multisim 仿真软件对不同连接方式的三相电路进行测量和分析

实施步骤

认识三相电源

搭建对称三相星形电源，接示波器，测量 A、B、C 三相电压波形，并在图 5-1-1 中绘出。

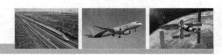

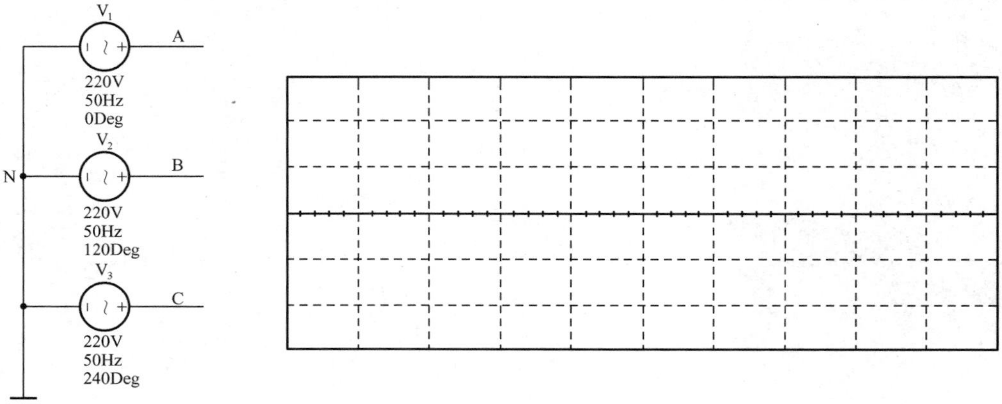

Ti　　mebase：________/DIV　　三相电压相位差：φ=________。

图 5-1-1　三相电压波形测量图

相关知识

扫一扫看微课视频：对称三相电源

5.1.1　对称三相电源的定义

图 5-1-2 所示为三相交流发电机的原理图。三相交流发电机由定子和转子组成，发电机定子铁芯的凹槽内嵌放有完全相同的三个绕组，分别为 A-X、B-Y、C-Z，分别称为 A 相、B 相、C 相。

设始端为 A、B、C，末端为 X、Y、Z，在空间位置上始端（或末端）之间互差 120°。转子铁芯上绕有励磁绕组，通入直流电后会产生磁场。选择合适的磁极形状和励磁绕组，可使转子气隙中的磁感应强度按正弦函数分布。

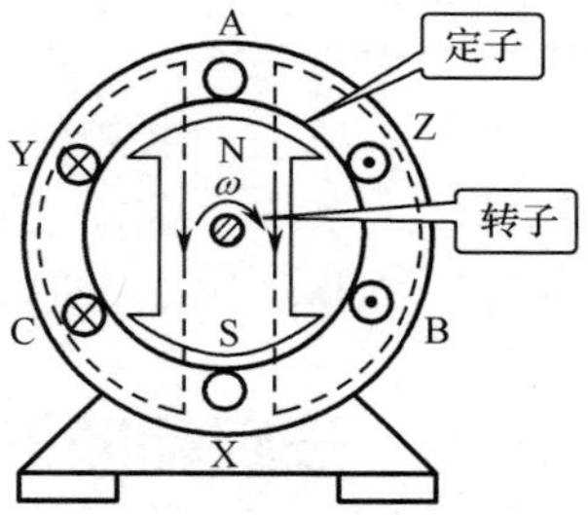

图 5-1-2　三相交流发电机的原理图

三个幅值相等、角频率相同、初相互差 120° 的电动势称为对称三相电动势或对称三相电源。

1. 瞬时值表达式

当转子在原动机带动下，按顺时针方向以角速度ω匀速旋转时，定子绕组切割磁力线，定子绕组中将产生按正弦函数变化的感应电动势，在进行电路分析时通常用电压来表示：

$$
\begin{aligned}
u_A &= \sqrt{2}U\sin\omega t \\
u_B &= \sqrt{2}U\sin(\omega t-120^\circ) \\
u_C &= \sqrt{2}U\sin(\omega t+120^\circ)
\end{aligned}
\qquad (5\text{-}1\text{-}1)
$$

2. 相量式

$$
\begin{aligned}
\dot{U}_A &= U\angle 0^\circ \\
\dot{U}_B &= U\angle -120^\circ \\
\dot{U}_C &= U\angle 120^\circ
\end{aligned}
\qquad (5\text{-}1\text{-}2)
$$

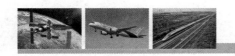

3. 波形图

对称三相交流电压波形图如图 5-1-3 所示。

4. 相量图

对称三相交流电压相量图如图 5-1-4 所示。

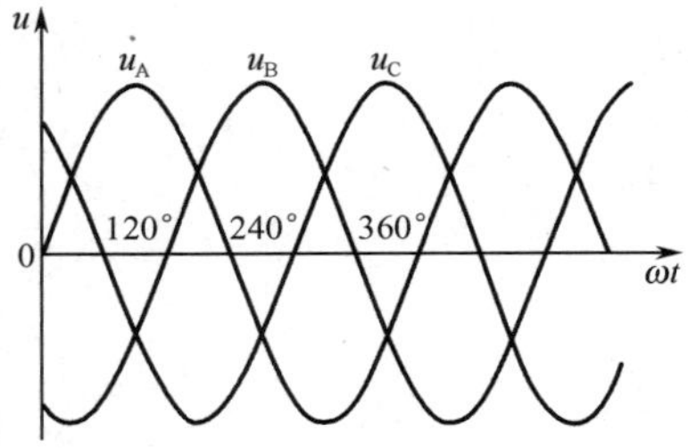

图 5-1-3　对称三相交流电压波形图

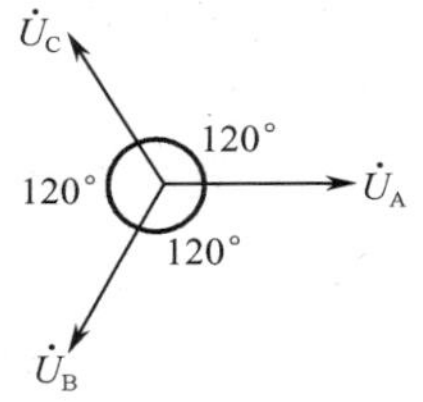

图 5-1-4　对称三相交流电压相量图

可以得出以下结论。

（1）在对称三相电源中，三个正弦量的瞬时值之和为零：

$$u_A + u_B + u_C = 0 \tag{5-1-3}$$

（2）在对称三相电源中，三个正弦量的相量和为零：

$$\dot{U}_A + \dot{U}_B + \dot{U}_C = 0 \tag{5-1-4}$$

（3）相序：对称三相电源到达幅值（或零值）的先后次序。称 A→B→C→A 为顺序（正序），称 A→C→B→A 为逆序（反序）。一般情况下相序为顺序。三相异步电动机的相序决定了其旋转方向，工程上经常通过任意对调三相电源的两根电源线来实现对电动机正反转的控制。为使电力系统能够安全可靠地运行，通常规定在配电盘上用黄色标示 A 相，用绿色标示 B 相，用红色标示 C 相。

5.1.2　对称三相电源的连接

对称三相电源的三个相之间有两种基本连接方式——星形（Y）连接和三角形（△）连接。

1. 对称三相电源的星形连接

将发电机尾端连接在一起，首端 A、B、C 分别与负载相连的方法称为星形连接，如图 5-1-5 所示。

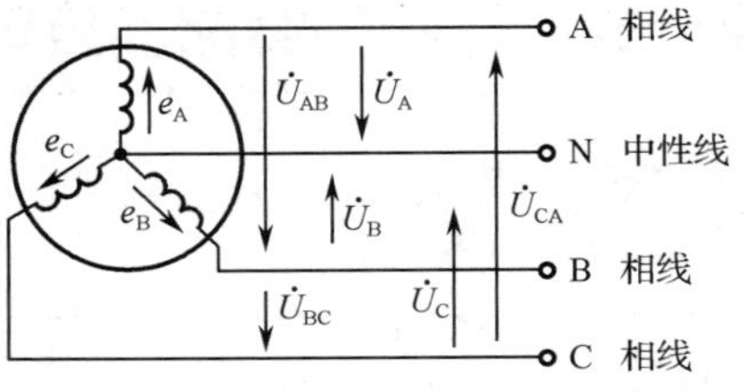

图 5-1-5　对称三相电源的星形连接

常用术语如下。

（1）中性点或零点：三个尾端的公共连接点，用 N 表示。

（2）中性线或零线：从中点引出的线。

（3）端线或相线：从首端引出的三根线，俗称火线。

（4）三相四线制：由三根相线和一根中性线组成的输电方式（通常在低压配电系统中采用）。

（5）相电压：每相绕组首端与尾端间的电压（电源为星形连接时为相线与中性线之间的电压），用 U_A、U_B、U_C 表示，通用 U_P 表示。

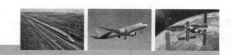

$$\dot{U}_A = U_P\angle 0^\circ$$
$$\dot{U}_B = U_P\angle -120^\circ$$
$$\dot{U}_C = U_P\angle 120^\circ$$

（6）线电压：相线与相线之间的电压，用U_{AB}、U_{BC}、U_{CA}表示，通用U_L表示。

电压方向：规定相电压方向为从绕组的首端指向尾端，线电压方向由电源的相序确定。

根据 KVL 和如图 5-1-6 所示的相量图，可得对称三相电源在星形连接时线电压和相电压的关系如下：

$$\dot{U}_{AB} = \dot{U}_A - \dot{U}_B = \sqrt{3}\dot{U}_A\angle 30^\circ$$
$$\dot{U}_{BC} = \dot{U}_B - \dot{U}_C = \sqrt{3}\dot{U}_B\angle 30^\circ$$
$$\dot{U}_{CA} = \dot{U}_C - \dot{U}_A = \sqrt{3}\dot{U}_C\angle 30^\circ$$

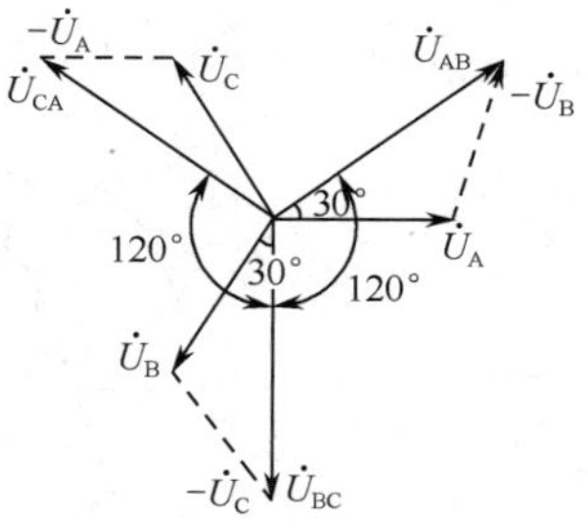

图 5-1-6　对称三相电源线电压、相电压的相量图

线电压与相电压的通用关系表达式为

$$\dot{U}_L = \sqrt{3}\dot{U}_P\ \angle 30^\circ \tag{5-1-5}$$

结论：当三个相电压对称时，三个线电压也对称，线电压有效值是相电压有效值的$\sqrt{3}$倍（$U_L=\sqrt{3}\ U_P$），线电压相位比对应的相电压超前 30°。

在我国日常生活与工农业生产中，电源采用星形连接时的线电压、相电压的有效值分别为 380V 和 220V。

2. 对称三相电源的三角形连接

将三相发电机的三个绕组首尾依次相连，接成一个闭合回路，可构成对称三相电源的三角形连接，如图 5-1-7 所示。

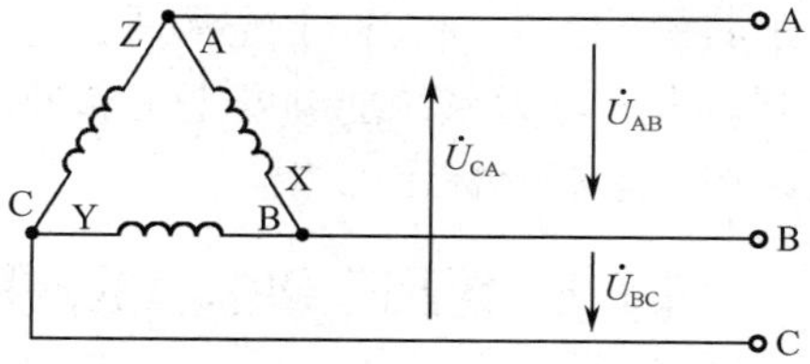

图 5-1-7　对称三相电源的三角形连接

结论：对称三相电源为三角形连接时线电压等于相电压，即$U_L = U_P$。

这种没有中性线、只有三根相线的输电方式称为三相三线制。

必须注意：如果任何一相定子绕组接反，则三个相电压之和将不为零，在三角形连接的闭合回路中将产生很大的环形电流，造成严重后果，故对称三相电源不常用三角形连接。

任务 5.2　三相负载的连接与测量

学习导航

学习目标	1. 能理解负载星形、三角形连接时的伏安关系
	2. 会根据负载要求选择正确的连接方式
	3. 熟练使用相量法对三相电路的电压、电流进行分析和计算
重点知识要求	掌握对称三相电路的星形负载连接、三角形负载连接时的相电压、线电压与相电流、线电流的大小和相位关系
关键能力要求	能使用 Multisim 仿真软件对不同连接方式的三相负载进行测量和分析

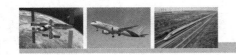

实施步骤

扫一扫看微课视频：三相星型负载测试仿真

1. 对称三相负载星形连接时的电压、电流测量与分析

搭建一个典型三相供电系统，测量相电压、线电压、相电流、线电流，理解各物理量的含义和特点。

（1）使用 Multisim 仿真软件按如图 5-2-1 所示的仿真图进行绘制。图 5-2-1 中的相电压有效值为 220V。

（2）正确接入电压表和电流表，J_1 断开，J_2、J_3 闭合，测量对称星形负载在三相四线制（有中性线）电路中各线电压、相电压、线电流和中性线电流，并记入表 5-2-1。

（3）断开 J_2，测量对称星形负载在三相三线制（无中性线）电路中的线电压、相电压、线电流和中性点位移电压，并记入表 5-2-1。

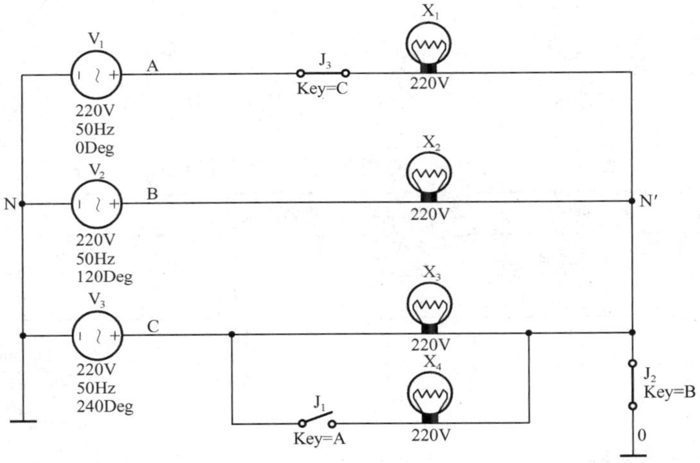

图 5-2-1　对称三相负载星形连接时的仿真图

表 5-2-1　对称三相负载星形连接时的电压、电流

分类		线电压/V			相电压/V			线电流/A			$I_{N'N}$/A	$U_{N'N}$/V
		U_{AB}	U_{BC}	U_{CA}	U_{AN}	U_{BN}	U_{CN}	I_A	I_B	I_C		
负载对称	有中性线											—
	无中性线										—	

（4）根据测量数据分析对称三相负载星形连接时电压的关系，总结结论。

2. 对称三相负载三角形连接时的电压、电流测量与分析

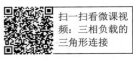

扫一扫看微课视频：三相负载的三角形连接

搭建三角形负载电路，测量相电压、线电压、相电流、线电流，分析并比较其大小和相位关系。

（1）使用 Multisim 仿真软件按如图 5-2-2 所示的仿真图进行绘制。图 5-2-2 中的相电压有效值为 120V。

（2）正确接入电压表和电流表，测量 J_1 闭合时各线电压、相电压、线电流，并记入表 5-2-2。

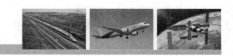

（3）根据实验数据分析对称三相负载三角形连接时的线电流与相电流，相电压与线电压关系。

（4）根据测量数据分析对称三相负载三角形连接时的关系，总结结论。

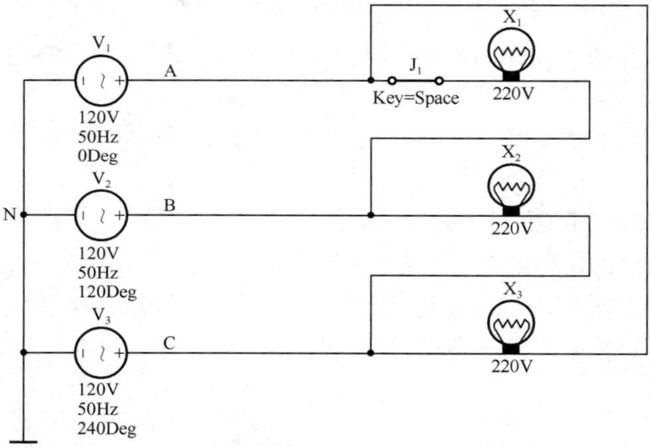

图 5-2-2　对称三相负载三角形连接时的仿真图

表 5-2-2　对称三相负载三角形连接时的电压、电流

分类	线电压/V			相电压/V			线电流/A		
	U_{AB}	U_{BC}	U_{CA}	U_{AB}	U_{BC}	U_{CA}	I_A	I_B	I_C
对称负载									

相关知识

扫一扫看微课视频：两种三相负载连接方式的对比

1. 对称三相负载的连接

在实际应用中，用电负载一般分为单相负载和三相负载。单相负载需要单相电源才能正常工作，若负载的额定电压为220V，则应接在相线和中性线之间；若负载的额定电压为380V，则应接在两根相线之间；若负载的额定电压不等于电源提供的两种电压，则要用变压器进行变压。

三相负载的连接方式也有两种，即星形连接和三角形连接。采用哪种连接方式，应视负载的额定电压而定，额定电压为220V 的三相负载应接为星形，额定电压为380V 的三相负载应接为三角形。三相负载与三相电源的连接如图 5-2-3 所示。

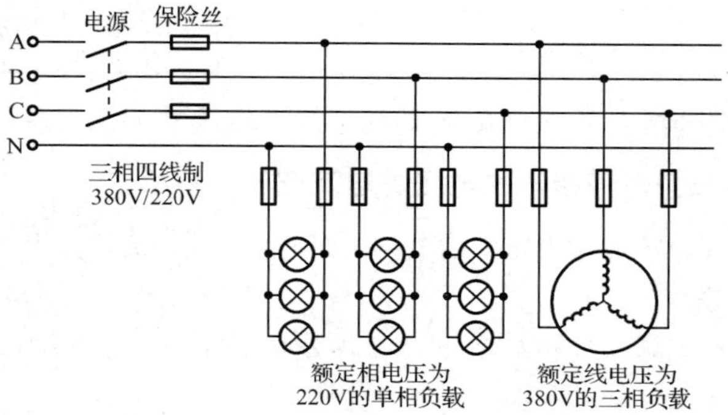

图 5-2-3　三相负载与三相电源的连接

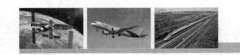

2. 对称三相负载的星形连接

1）电路图

将三相负载一端连在一起，连接点称为负载的中性点，用N′表示，并接至电源的中性线上，将三相负载的另一端分别与电源的三根相线连接。负载星形连接的三相四线制电路的电压和电流的参考方向如图5-2-4所示。

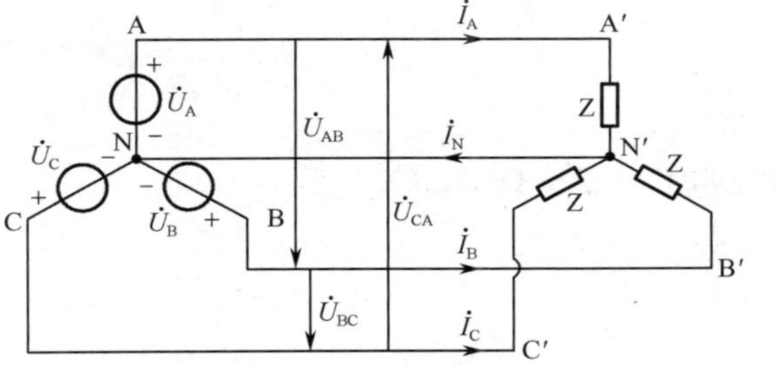

图5-2-4　负载星形连接的三相四线制电路的电压和电流的参考方向

线电流：流过每根相线的电流，用 I_L 表示。
相电流：流过每相负载的电流，用 I_P 表示。
中性线电流：流过中性线的电流，用 I_N 表示。

2）对称三相负载星形连接的特点

（1）各相负载的相电压 U_{YP} 等于电源相电压 U_P，即 $U_{YP}=U_P$。

（2）各相负载的相电压对称，线电压也对称，且线电压是相电压的 $\sqrt{3}$ 倍（$U_L=\sqrt{3}\,U_{YP}$），线电压相位比对应的相电压超前 30°，其相量图如图5-2-5所示。

（3）线电流与相电流的关系为

$$I_{YL}=I_{YP} \tag{5-2-1}$$

各相负载中通过的电流分别为

$$\dot{I}_A=\frac{\dot{U}_A}{Z_A},\ \dot{I}_B=\frac{\dot{U}_B}{Z_B},\ \dot{I}_C=\frac{\dot{U}_C}{Z_C}$$

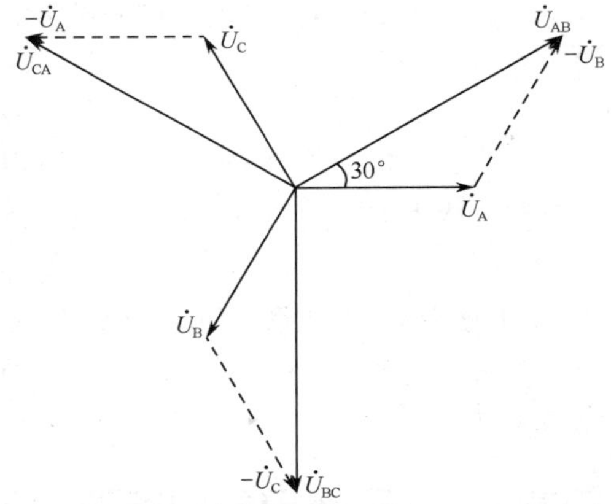

图5-2-5　星形负载的电压相量图

中性线电流为

$$\dot{I}_N=\dot{I}_A+\dot{I}_B+\dot{I}_C \tag{5-2-2}$$

在三相电源对称、三相星形负载也对称的情况下，三相负载电流是对称的，此时中性线电流为零。可见，在星形连接的三相对称电路中即使断开中性线，对电路也不会产生任何影响，所以可以省去中性线，组成三相三线制电路。三相三线制电路被广泛应用在工业生产中。

3. 对称三相负载的三角形连接

1）电路图

当单相负载的额定电压等于线电压时，负载应接在两根相线之间，当三个单相负载依次互相连接构成三角形，再将三个顶点分别接至电源的三根相线上时，就形成了负载三角形连接的三相三线制电路，如图 5-2-6 所示。

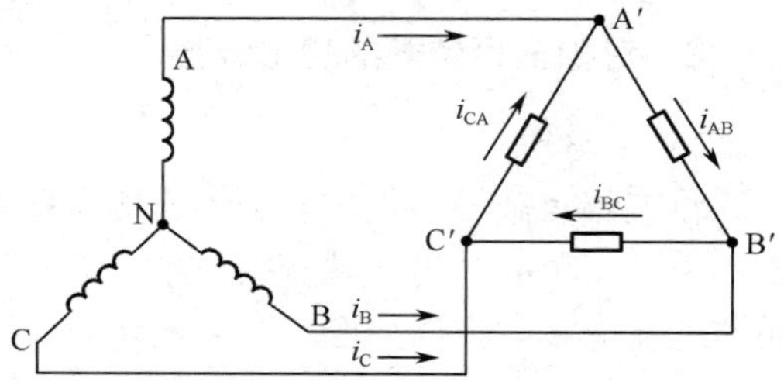

图 5-2-6　负载三角形连接的三相三线制电路

可以看出，每相负载的相电流 $I_{\triangle P}$ 不再是线电流 $I_{\triangle L}$。当三相负载对称，即各相负载完全相同时，相电流和线电流一定对称。负载的相电流为

$$I_{\triangle P}=\frac{U_{\triangle P}}{|Z|}$$

还可以看出，线电流和相电流之间有如下关系：

$$\dot{I}_A=\dot{I}_{AB}-\dot{I}_{CA}$$
$$\dot{I}_B=\dot{I}_{BC}-\dot{I}_{AB}$$
$$\dot{I}_C=\dot{I}_{CA}-\dot{I}_{BC}$$

由图 5-2-7 可得

$$\dot{I}_A=\sqrt{3}\dot{I}_{AB}\angle(-30^\circ)$$
$$\dot{I}_B=\sqrt{3}\dot{I}_{BC}\angle(-30^\circ)$$
$$\dot{I}_C=\sqrt{3}\dot{I}_{CA}\angle(-30^\circ)$$

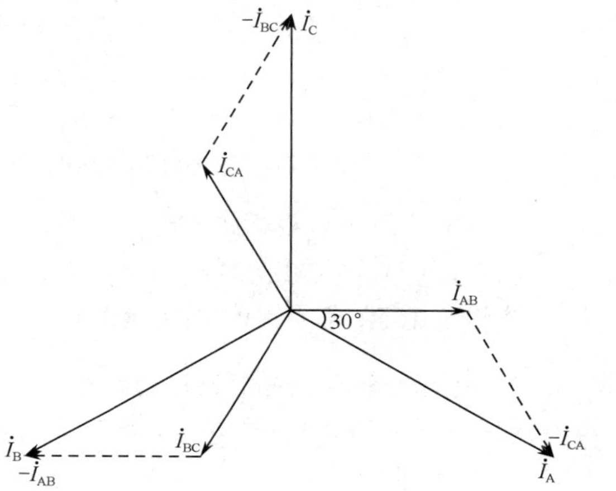

图 5-2-7　三角形负载的电流相量图

2）对称三相负载的三角形连接的特点

（1）各相负载承受的电压均为对称的电源线电压：

$$U_{\triangle P}=U_L \qquad (5\text{-}2\text{-}3)$$

（2）在三相电源对称、三相三角形负载也对称的情况下，线电流是对称的，相电流也是对称的。线电流有效值为相电流有效值的 $\sqrt{3}$ 倍，即 $I_L=\sqrt{3}I_P$，线电流比相应的各相电流滞后 30°。

【小贴士】 三相负载的连接原则：应使加在每相负载上的电压等于其额定电压；当负载的额定电压等于电源的线电压时，负载应做三角形连接；当负载的额定电压等于 $1/\sqrt{3}$ 的电源线电压时，负载应做星形连接。

任务 5.3　三相电路功率的分析与测量

学习导航

学习目标	1．能识别、选择、连接符合要求的三相电路
	2．会对三相电路进行基本测量
	3．熟练使用相量法对三相电路的电压、电流、功率进行分析和计算
重点知识要求	1．掌握对称三相电路的相电压、线电压与相电流、线电流的大小和相位关系
	2．掌握三相电路的功率关系
关键能力要求	能使用 Multisim 仿真软件对不同连接方式的三相电路进行测量和分析

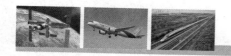

实施步骤

1. 三功率表法测功率

（1）分析 P、Q、S 的工程公式。

（2）进行仿真实验，测量功率情况。

① 在 Multisim 仿真软件中按照如图 5-3-1 所示的电路绘制仿真图。

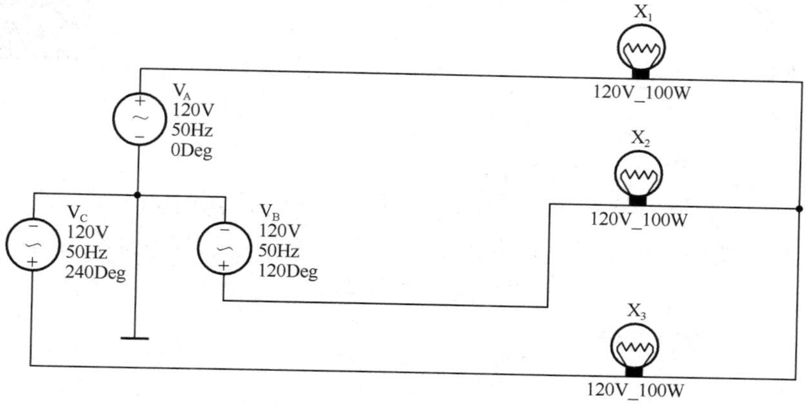

图 5-3-1　三功率表法测量仿真图

② 接入功率表测出每相功率：P_A=________，P_B=________，P_C=________，总功率 $P_{总}$=________。

③ 在 B 相接入电流表测出 I_B=________，计算总功率 $P_{总}$=________。

④ 测量相电压 U_A=________，线电压 U_{AB}=________，相电压和线电压的关系为________。

2. 二功率表法测功率

（1）进行仿真实验，测量功率情况。

① 在 Multisim 仿真软件中按照如图 5-3-2 所示的电路绘制仿真图。

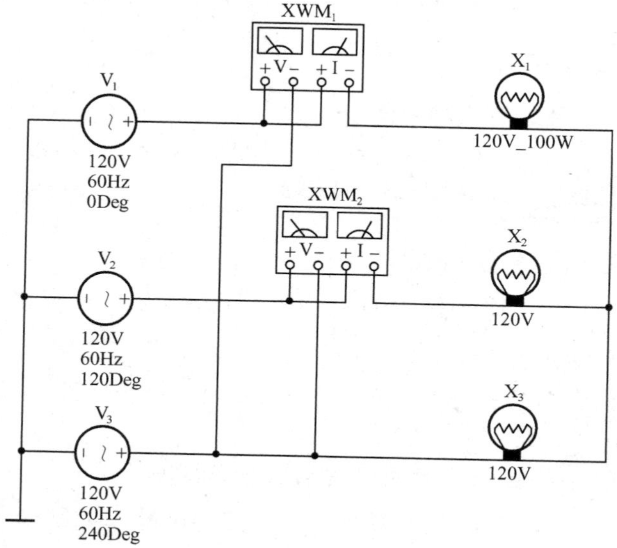

图 5-3-2　二功率表法测量仿真图

② 接入功率表测出功率 P_1=____________，P_2=____________，总功率 $P_{总}$=____________。与前一任务的测量结果对比，并进行分析。

（2）改变某相负载额定功率，使之变为不对称负载，分别用三功率表法和二功率表法测量电路功率。

① 三功率表法：每相功率 P_A=________，P_B=________，P_C=________，总功率 $P_{总}$=________。

② 二功率表法：P_1=________，P_2=________，总功率 $P_{总}$=________。

相关知识

扫一扫看微课视频：三相电路的功率

1. 有功功率 P

总功率：

$$\begin{aligned}P &= P_A + P_B + P_C \\ &= U_{AP}I_{AP}\cos\varphi_A + U_{BP}I_{BP}\cos\varphi_B + U_{CP}I_{CP}\cos\varphi_C\end{aligned}$$

在对称三相电路中，每相有功功率相同，则总功率等于三倍的单相功率，即

$$P = 3P_P = 3U_P I_P\cos\varphi \qquad (5\text{-}3\text{-}1)$$

当对称三相负载星形连接时：

$$U_L=\sqrt{3}\,U_P，\ I_L=I_P$$

$$P = 3U_P I_P\cos\varphi = 3\times\frac{1}{\sqrt{3}}U_L I_L\cos\varphi = \sqrt{3}U_L I_L\cos\varphi$$

当对称三相负载三角形连接时：

$$U_L=U_P，\ I_L=\sqrt{3}\,I_P$$

$$P = 3U_P I_P\cos\varphi = 3U_L\times\frac{1}{\sqrt{3}}I_L\cos\varphi = \sqrt{3}U_L I_L\cos\varphi$$

因此，对称三相负载不论是星形连接还是三角形连接，其总有功功率均为

$$P = \sqrt{3}U_L I_L\cos\varphi \qquad (5\text{-}3\text{-}2)$$

注意，φ 是相电压与相电流之间的相位差，不是线电压与线电流之间的相位差。

2. 三相电路的无功功率 Q

对称三相负载时三相电路的无功功率 Q：

$$Q = 3U_P I_P\sin\varphi = \sqrt{3}U_L I_L\sin\varphi \qquad (5\text{-}3\text{-}3)$$

3. 三相电路的视在功率 S

对称三相负载时三相电路的视在功率 S：

$$S = \sqrt{P^2+Q^2} = 3U_P I_P = \sqrt{3}U_L I_L \qquad (5\text{-}3\text{-}4)$$

【例 5-3-1】 已知对称三相电源星形连接，其中线电压 $u_{AB} = 380\sqrt{2}\sin(314t+30^\circ)$（V），请写出其余线电压和相电压的表达式，并在同一坐标内画出相量图。

扫一扫看微课视频：三相电源电压的计算

【解】 线电压为

$$u_{BC} = 380\sqrt{2}\sin(314t-90^\circ)\text{V}$$

$$u_{CA} = 380\sqrt{2}\sin(314t+150^\circ)\text{V}$$

相电压为

$$u_A = 220\sqrt{2}\sin 314t$$
$$u_B = 220\sqrt{2}\sin(314t - 120^\circ)\text{V}$$
$$u_C = 220\sqrt{2}\sin(314t + 120^\circ)\text{V}$$

相量图为

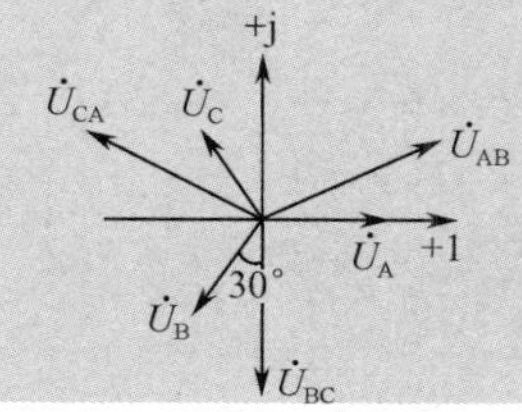

【例 5-3-2】 三相发电机采用星形接法，负载也采用星形接法，发电机的相电压 U_P=1000V，每相负载电阻均为 R=50kΩ，X_L=25kΩ。试求：①相电流；②线电流；③线电压。

【解】 $|Z|=\sqrt{50^2+25^2}\approx 55.9$（kΩ）。

（1）相电流：

$$I_P = \frac{U_P}{|Z|} = \frac{1000}{55.9} \approx 17.9\ (\text{mA})$$

（2）线电流：

$$I_L = I_P = 17.9\ (\text{mA})$$

（3）线电压：

$$U_L = \sqrt{3}U_P \approx 1732\ (\text{V})$$

【例 5-3-3】 有三个阻值为 100Ω的电阻，将它们分别用星形接法和三角形接法连接并接到线电压为 380V 的对称三相电源上，试求负载上的线电压、相电压、线电流、相电流。

【解】 （1）负载做星形连接，负载的相电压为线电压的 $\frac{1}{\sqrt{3}}$：

$$U_{YP} = \frac{U_L}{\sqrt{3}} = \frac{380}{\sqrt{3}} \approx 220\ (\text{V})$$

负载的相电流等于线电流：

$$I_{YP} = I_{YL} = \frac{U_{YP}}{R} = \frac{220}{100} = 2.2\ (\text{A})$$

（2）负载做三角形连接，负载的相电压就是线电压：

$$U_{\triangle P} = 380\ (\text{V})$$

负载的相电流：

$$I_{\triangle P} = \frac{U_{\triangle P}}{R} = \frac{380}{100} = 3.8\ (\text{A})$$

负载的线电流为 $\sqrt{3}$ 倍的相电流：

$$I_{\triangle L} = \sqrt{3}I_{\triangle P} = \sqrt{3}\times 3.8 \approx 6.58\ (\text{A})$$

【例 5-3-4】 已知某对称三相负载接在线电压为 380V 的三相电源中，其中每相负载的阻值 $R_P = 6\Omega$，感抗 $X_P = 8\Omega$，求：

（1）该负载做星形连接时的相电流、线电流、有功功率。

（2）该负载做三角形连接时的相电流、线电流、有功功率。

（3）通过计算总结负载在做不同连接时吸收的有功功率的关系。

【解】 每相的阻抗$|Z_P|=\sqrt{R_P^2+X_P^2}=\sqrt{6^2+8^2}=10$（Ω）。

（1）负载做星形连接时：

$$U_{YP}=\frac{U_L}{\sqrt{3}}=\frac{380}{\sqrt{3}}\approx 220\text{（V）}$$

$$I_{YL}=I_{YP}=\frac{U_P}{|Z_P|}=\frac{220}{10}=22\text{（A）}$$

$$\cos\varphi=\frac{R_P}{|Z_P|}=\frac{6}{10}=0.6$$

$$P_Y=\sqrt{3}U_LI_L\cos\varphi=\sqrt{3}\times380\times22\times0.6\approx 8.7\text{（kW）}$$

（2）负载做三角形连接时：

$$U_{\triangle L}=U_P=380\text{（V）}$$

$$I_{\triangle P}=\frac{U_P}{|Z_P|}=\frac{380}{10}=38\text{（V）}$$

$$I_{\triangle L}=\sqrt{3}I_{\Delta P}=\sqrt{3}\times38\approx 66\text{（A）}$$

$$P_{\triangle}=\sqrt{3}U_LI_L\cos\varphi=\sqrt{3}\times380\times66\times0.6\approx 26.1\text{（kW）}$$

（3）$\frac{P_{\triangle}}{P_Y}=\frac{26.1}{8.7}=3$。

可以看出：在线电压相同的对称电源作用下，负载做三角形连接时的有功功率是做星形连接时的3倍。无功功率和视在功率也满足这个规律。因此，工程上大功率的三相电动机常做三角形连接。

项目总结

扫一扫看拓展知识：三相四线制和三相五线制

扫一扫看拓展知识：不对称三相电路

（1）三相电路是指由三相电源、三相线路和三相负载组成的电路的总称。

（2）对称三相电源是三相电源电压的振幅、频率相等，相位彼此相差120°，三相线路和三相负载完全相同的情况。

对称三相电路中的三相电源和三相负载有星形及三角形两种连接方式。当对称三相电源做星形连接时，三相电压分别为

$$\dot{U}_A=U_P\angle0^\circ\ ,\ \dot{U}_B=U_P\angle(-120^\circ)\ ,\ \dot{U}_C=U_P\angle120^\circ$$

其线电压为

$$\dot{U}_{AB}=\dot{U}_A-\dot{U}_B=\sqrt{3}U_P\angle30^\circ\ ,\ \dot{U}_{BC}=\dot{U}_B-\dot{U}_C=\sqrt{3}U_P\angle(-90^\circ)$$

$$\dot{U}_{CA}=\dot{U}_C-\dot{U}_A=\sqrt{3}U_P\angle150^\circ$$

当对称三相电路中的三相负载做星形连接时，规律如下。

① $I_L=I_P$，负载端线电流与相电流相同。

② $U_L=\sqrt{3}U_P$，负载端线电压是$\sqrt{3}$倍的相电压，且线电压超前相电压30°。

当对称三相电路中的三相负载做三角形连接时，规律如下。

① $U_L=U_P$，负载端线电压与相电压相同。

② $I_L=\sqrt{3}\,I_P$，负载端线电流是$\sqrt{3}$倍的相电流，且线电流滞后相电流30°。

对称三相电路三相负载的有功功率：

$$P=3U_PI_P\cos\varphi=\sqrt{3}\,U_LI_L\cos\varphi$$

（3）三相四线制电路常采用三功率表法测量三相功率。三相三线制电路可只用二功率表法测量三相功率。

自测练习5

扫一扫看本项目自测练习参考答案

一、填空题

1. 把三个________相等、________相同，在相位上互差________的正弦交流电称为________三相交流电源。

2. 当三相电源做星形连接时，由各相首端向外引出的输电线俗称________线，由各相尾端公共点向外引出的输电线俗称________线，这种供电方式称为________。

3. 若对称三相电源电压$u_{AB}=380\sqrt{2}\sin(314t+30°)$（V），则$U_A$=__________________V，$U_B$=__________________V，$U_C$=__________________V。

4. 相线与相线之间的电压称为________电压，相线与中性线之间的电压称为________电压。当对称三相电源做星形连接时，数量上$U_L=$________U_P；当对称三相电源做三角形连接时，数量上$U_L=$______U_P。

5. 相线上通过的电流称为________电流，负载上通过的电流称为________电流。当对称三相负载做星形连接时，数量上$I_L=$________I_P；当对称三相负载做三角形连接时，$I_L=$________I_P。

6. 中性线的作用是使________ 星形负载的端电压继续保持________。

7. 在对称三相电路中，三相总有功功率P=________；三相总无功功率Q=________；三相总视在功率S=________。

8. 若对称三相负载做星形连接，已知电源线电压U_L=220V，负载阻抗Z=12+j16，则三相电路的总有功功率P= ________，总无功功率Q=________，总视在功率S=________。

9. 当电源做星形连接，对称三相负载做星形连接时，线电压____________对应的相电压30°。

10. 当电源做星形连接，对称三相负载做三角形连接时，线电流___________对应的相电流30°。

二、判断题

1. 三相电路只要做星形连接，线电压在数值上就是相电压的$\sqrt{3}$倍。（　）
2. 三相总视在功率等于总有功功率和总无功功率之和。（　）
3. 对称三相交流电任一瞬时值之和恒等于零，有效值之和恒等于零。（　）
4. 在对称三相星形连接电路中，线电压超前与其相对应的相电压30°。（　）
5. 三相电路的总有功功率$P=\sqrt{3}U_LI_L\cos\varphi$。（　）
6. 三相负载做三角形连接时，在数量上线电流是相电流的$\sqrt{3}$倍。（　）
7. 三相负载的相电流是指电源相线上的电流。（　）

8．两根相线间的电压叫作相电压。（　　）

9．三相交流电源是由频率、有效值、相位都相同的三个单相交流电源按一定方式组合而成的。（　　）

10．在对称三相负载的三相交流电路中，中性线上的电流为零。（　　）

11．一台三相电动机，每个绕组的额定电压是 220V，现三相电源的线电压是 380V，则这台电动机的绕组应做三角形连接。（　　）

12．只要在线路中安装保险丝，不论其规格如何，电路都能正常工作。（　　）

三、单项选择题

1．在某三相四线制电路中，相电压为 220V，则相线与相线之间的电压为（　　）。

A．220V　　B．311V　　C．380V

2．三相对称交流电路的瞬时功率为（　　）。

A．一个随时间变化的量

B．一个常量，其值恰好等于有功功率

C．0

3．某对称三相电源绕组为星形连接，已知 $\dot{U}_{AB}=380\angle15^\circ$（V），当 t=10s 时，三个线电压之和为（　　）。

A．380V　　B．0V　　C．$380/\sqrt{3}$ V

4．某三相电源绕组做星形连接时线电压为 380V，若将它改接成三角形连接，则线电压为（　　）。

A．380V　　B．660V　　C．220V

5．对于一般三相交流发电机的三个线圈的电动势，下列说法正确的是（　　）。

A．它们的幅值不同　　B．它们同时达到幅值

C．它们的周期不同　　D．它们达到幅值的时间依次落后 1/3 周期

6．三相交流发电机中的三个线圈做星形连接，三相负载中每相负载相同，则（　　）。

A．三相负载在做三角形连接时，每相负载的电压等于 U_L

B．三相负载在做三角形连接时，每相负载的电流等于 I_L

C．三相负载在做星形连接时，每相负载的电压等于 U_L

D．三相负载在做星形连接时，每相负载的电流等于 $I_L/\sqrt{3}$

7．在三相对称电路中，负载为三角形连接，已知 $i_{BC}=10\sqrt{2}\sin(314t+30^\circ)$（A），则 $\dot{I}'_A=$（　　）。

A．$10\angle0^\circ$ A　　B．$10\angle60^\circ$ A　　C．$30\angle0^\circ$ A　　D．$10\sqrt{3}\angle0^\circ$ A

8．在某对称星形连接的三相负载电路中，已知线电压 $u_{AB}=380\sqrt{2}\sin\omega t$（V），则 C 相的电压有效值相量 $\dot{U}'_C=$（　　）。

A．$220\angle90^\circ$ V　　B．$380\angle90^\circ$ V　　C．$220\angle-90^\circ$ V　　D．$380\angle-90^\circ$ V

9．对称三相电路的有功功率 $P=\sqrt{3}U_L I_L\cos\varphi$，功率因数角 φ 为（　　）。

A．线电压与线电流的相位差角　　B．相电压与线电流的相位差角

C．线电压与相电流的相位差角　　D．相电压与相电流的相位差角

10．在三相对称电路中，负载为星形连接，已知 $\dot{U}'_{AB}=100\angle30^\circ$（V），则 $\dot{U}'_A=$（　　）。

A．$100\angle0^\circ$ V　　B．$100\angle60^\circ$ V　　C．$100/\sqrt{3}\angle0^\circ$ V　　D．$100\sqrt{3}\angle60^\circ$ V

11．在电源对称的三相四线制电路中，若三相负载不对称，则该负载各相电压（　　）。

A．不对称　B．仍然对称　C．不一定对称

12．测量三相交流电路的功率有很多方法，其中三功率表法用于测量（　　）的功率。

A．三相三线制电路　B．对称三相三线制电路

C．三相四线制电路

13．三相对称电路是指（　　）。

A．电源对称的电路　B．负载对称的电路

C．电源和负载均对称的电路

14．在动力供电线路中，采用星形连接三相四线制电路供电，交流电的频率为 50Hz，线电压为 380V，则（　　）。

A．线电压为相电压的 $\sqrt{3}$ 倍　B．线电压的最大值为 380V

C．相电压的瞬时值为 220V　D．交流电的周期为 0.2s

15．对称星形–星形三相电路，线电压为 208V，负载吸收的有功功率为 12kW，$\cos\varphi=0.8$（滞后），负载每相的阻抗 $Z=$（　　）。

A．$3.88\angle 38°\ \Omega$　B．$5.2\angle 43°\ \Omega$　C．$10\angle 38.5°\ \Omega$　D．$2.88\angle 36.87°\ \Omega$

四、简答题

1．什么是三相交流电源？它和单相交流电源比有何优点？

2．在三相四线制供电系统中，中性线的作用是什么？为什么规定中性线上不得安装保险丝和开关？

3．一台电动机本来为正转，若任意调换连接在它上面的三根电源线中两根线的顺序，则电动机的旋转方向改变吗？为什么？

4．如何计算三相对称电路的功率？有功功率计算式中的 $\cos\varphi$ 表示什么？

五、计算分析题

1．发电机的三相绕组连成星形，其中某两根相线之间电压 $u_{12}=380\sqrt{2}\sin(\omega t-30°)$（V），试写出所有相电压和线电压的解析式。

2．已知对称三相电源 A、B 相线间的电压解析式为 $u_{\mathrm{AB}}=380\sqrt{2}\sin(314t+30°)$（V），试写出其余各线电压和相电压的解析式。

3．已知对称三相负载的各相阻抗均为 8+j6（Ω），星形连接于工频 380V 的三相电源上，若 u_{AB} 的初相为 60°，求各相电流。

扫一扫看微课视频：对称三相负载电流计算

4．有一对称三相负载，每相负载的电阻是 80Ω，电抗是 60Ω，求在下列两种情况下负载上流过的电流、相线上的电流和电路的吸收功率。

（1）负载做星形连接，接于线电压为 380V 的三相电源上。

（2）负载做三角形连接，接于线电压为 380V 的三相电源上。

扫一扫看微课视频：对称三相电路负载功率分析

5．有一台三相电动机绕组为星形连接，从配电盘电压表上读出线电压为 380V，从电流表上读出线电流为 6.1A，已知其总功率为 3.3kW，试求电动机每相绕组的参数。

扫一扫看微课视频：三相电动机绕组参数计算

6．对称三相负载做三角形连接，已知电源线电压为 220V，线电流为 17.3A，三相功率为 4.5kW，求每相负载的电阻和感抗。

扫一扫看微课视频：三相负载的电阻和感抗计算

7．已知对称三相负载做星形连接，电源线电压为 380V，线电流为 6.1A，三相功率为 3.3kW。求每相负载的电阻和感抗。

项目 6

动态电路的分析及实践

扫一扫看项目 6 教学课件

扫一扫看项目 6 电子教案

项目导入

在前面几个项目的讨论中，电路中的电压或电流都是某一稳定值或稳定的时间函数，这种状态被称为电路的稳定状态，简称稳态。当工作条件发生变化时，电路将从一种稳态变换到另一种稳态。对于有电容、电感的电路来说，这种变换需要经过一段时间才能完成，这一变换过程往往是短暂的，被称为动态过程（或过渡过程），处于该过程的电路称为动态电路。

任务 6.1　RC 电路充放电过程的认识与分析

学习导航

学习目标	1．了解换路定则的相关概念
	2．掌握换路定则的内容及一阶电路响应初始值、稳态值、时间常数的计算方法
	3．掌握换路定则的应用
重点知识要求	1．掌握换路定则
	2．能使用三要素法分析一阶动态电路的全响应
关键能力要求	能使用三要素法分析一阶动态电路的全响应

实施步骤

扫一扫看微课视频：RC 充放电电路分析

扫一扫看微课视频：RC 充放电电路分析

RC 电路充放电过程的仿真与分析

创建仿真电路（见图 6-1-1），先闭合开关 S_1，发现开关 S_1 闭合后 X_2 立即被点亮，而 X_1 在经过一段时间后才会被点亮。这个现象直观地说明了电容两端的电荷积聚、电压上升需要经历一个过渡过程。然后将开关 S_1 断开，发现开关 S_1 断开后 X_2 立即熄灭，而 X_1 在经过一段时间后才熄灭，这说明电容上的电荷释放、电压下降需要经历一个过渡过程。

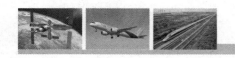

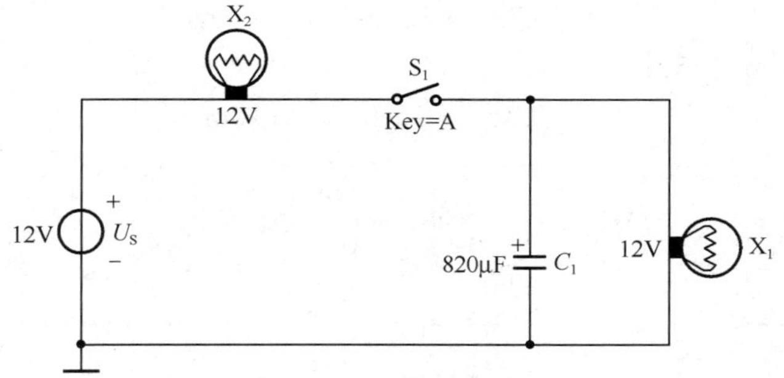

图 6-1-1　RC 电路充放电过程的仿真电路 1

为进一步准确分析 RC 电路的过渡过程，用电阻替代灯泡，选择合适的元件参数，创建仿真电路（见图 6-1-2），用虚拟示波器观察电容两端的电压变化。仿真运行，在 t_1 时刻闭合开关 S，在 t_2 时刻断开开关 S，得到如图 6-1-3 所示的电压波形，观察波形并进行分析。

观察 RC 电路充放电电压波形，发现电容两端电压不会突变，充放电过程具有过渡过程的特性。t_1 时刻闭合开关 S，电源通过 R_1 对电容充电，电容两端电压逐渐上升；t_2 时刻断开开关 S，电容经与之并联的 R_2 放电，电容两端电压逐渐下降。在充放电过程中电容两端的电压均按先快后慢的指数规律变化。

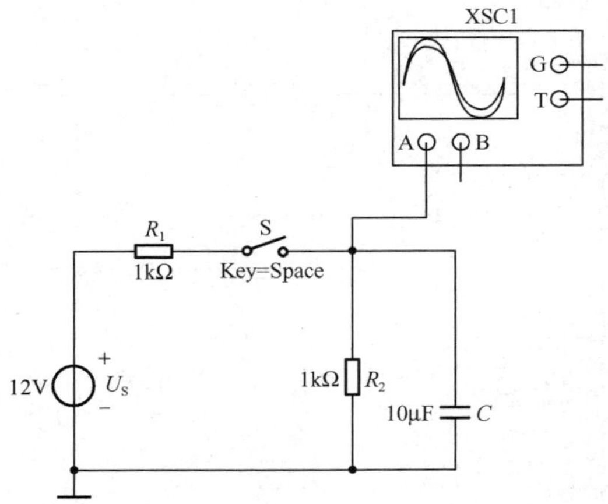

图 6-1-2　RC 电路充放电过程仿真电路 2

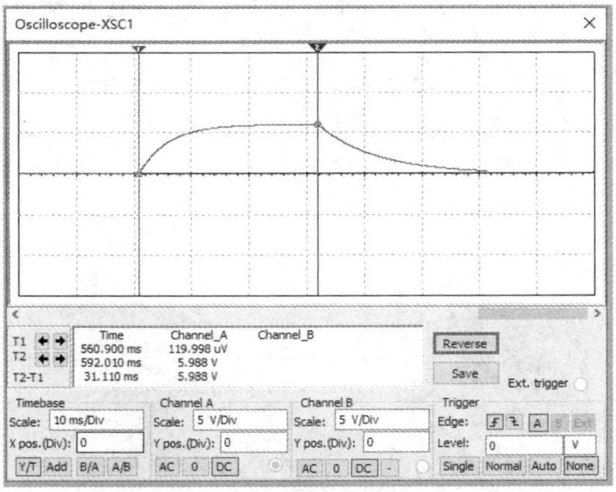

图 6-1-3　RC 电路充放电电压波形

RC 电路充放电电压波形规律和下列方程式相吻合。

充电过程：

$$u_C(t)=U_O\left(1-e^{-\frac{t}{\tau}}\right)$$

放电过程：

$$u_C(t)=U_O e^{-\frac{t}{\tau}}$$

式中，U_O 为电容充电完成后电容两端的电压，在图 6-1-3 中，U_O 约为 6V；τ 为时间常数，当 $t=0.7\tau$ 时，$u_C(t)=\frac{1}{2}U_O$。

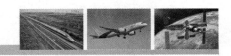

改变仿真波形上的标尺位置，读取时间，经分析可得 τ 值。

充电过程（见图 6-1-4）：

$$t = 0.7\tau_{充} \approx 3.5\text{ms}，\quad \tau_{充} \approx 5\text{ms}$$

放电过程（见图 6-1-5）：

$$t = 0.7\tau_{放} \approx 7\text{ms}，\quad \tau_{放} \approx 10\text{ms}$$

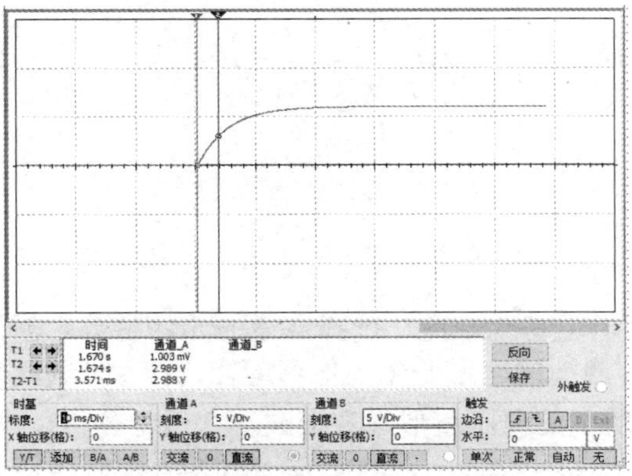

图 6-1-4　RC 电路充电过程电压波形

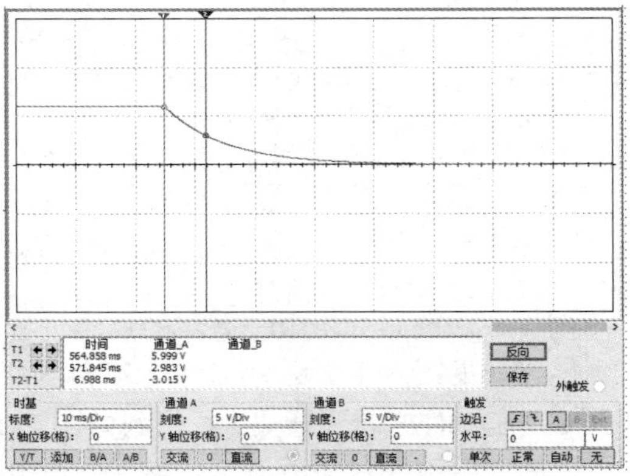

图 6-1-5　RC 电路放电过程电压波形

改变电路参数，观察 RC 电路充放电过程中电压波形的变化，讨论时间常数的意义并进行工程计算。将电容容量增大为 100μF（见图 6-1-6），发现电容充放电变慢了；将 R_1、R_2 都减小为 100Ω（见图 6-1-7），发现电容充放电变快了。

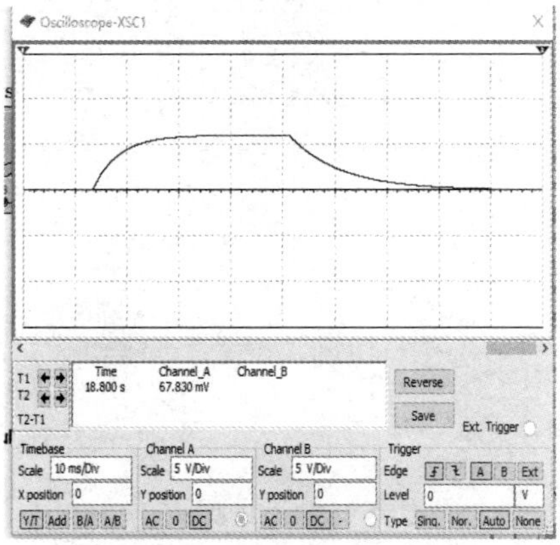

图 6-1-6　C 为 100μF 时的 RC 电路充放电过程电压波形

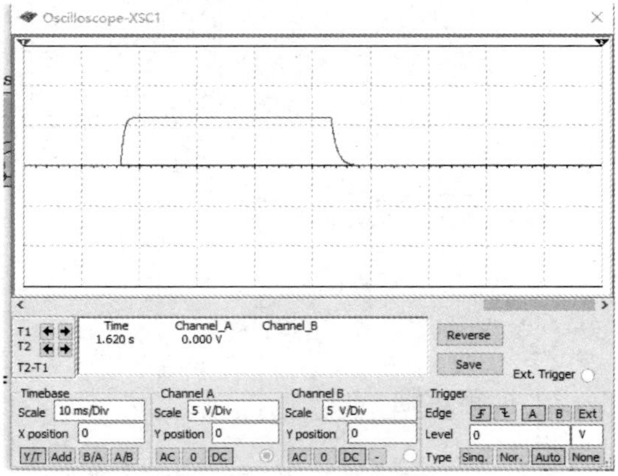

图 6-1-7　R_1 和 R_2 为 100Ω时的 RC 电路充放电过程电压波形

由此可知，时间常数反映了充放电的快慢，τ 越大充放电越慢，τ 越小充放电越快。在本电路中：

$$\tau_{充} = \frac{R_1 R_2}{R_1 + R_2} C，\quad \tau_{放} = R_2 C$$

分析 R_1、R_2、C 三个电路参数取值与时间常数的量值关系（见表 6-1-1），发现它们满足 $\tau_{放} = RC$，式中，C 为电容，R 为从电容两端看的电路等效电阻值。

表 6-1-1　R_1、R_2、C 三个电路参数取值与时间常数的量值关系

R_1	R_2	C	$\tau_{充}$	$\tau_{放}$
1kΩ	1kΩ	10μF	5ms	10ms
1kΩ	1kΩ	100μF	50ms	100ms
100Ω	100Ω	10μF	0.5ms	1ms

相关知识

6.1.1　动态电路换路定则

1. 相关概念

1）状态变量

代表物体所处状态的可变化量称为状态变量。例如，电感的磁场能 $W_L=\frac{1}{2}Li_L^2$、电容的电场能 $W_C=\frac{1}{2}Cu_C^2$，式中，电流 i_L 和电压 u_C 就是状态变量。状态变量的大小显示了储能元件上的能量储存状态。

电感的状态变量 i_L 的大小不仅能够反映电感的磁场能的储存情况，还能够反映流过电感的电流不能突变这一特征（能量不能发生突变）。同理，电容的状态变量 u_C 的大小不仅能够反映电容的电场能的储存情况，还能够反映电容极间电压不能突变这一特性。

2）换路

在含有电感和电容的动态电路中，电路的接通、断开，接线的改变，或者电路参数、电源电压的突然变化等统称为换路。

3）暂态

由于动态元件中的储能不能发生突变，因此当电路发生换路时，必将引起动态元件上响应的变化。在一般情况下，这些变化持续的时间非常短暂，所以常称为暂态。

4）全响应

当电路中的动态元件中储有原始能量时，由外部激励引起的电路响应称为全响应。

2. 换路定则

换路定则 1：在换路后的瞬间，若电感两端的电压保持为有限值，则电感中的电流应保持换路前一瞬间的值，不能突变，即

$$i_L(0_+)=i_L(0_-) \tag{6-1-1}$$

换路定则 2：在换路后的瞬间，如果流入（流出）电容的电流保持为有限值，则电容两端的电压应当保持换路前一瞬间的值，不能突变，即

$$u_C(0_+)=u_C(0_-) \tag{6-1-2}$$

扫一扫看微课视频：一阶电路的三要素法

6.1.2　一阶电路的三要素法

直流激励下的一阶动态电路响应的求解可以用三要素法进行。三要素法的通用公式为

$$f(t)=f(\infty)+[f(0_+)-f(\infty)]\mathrm{e}^{-\frac{t}{\tau}},\quad t\geqslant 0 \tag{6-1-3}$$

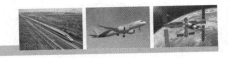

式中，$f(t)$表示电路中的响应（电流或电压）；$f(0_+)$表示响应（电流或电压）的初始值；$f(\infty)$表示响应（电流或电压）的稳态值；τ表示电路的时间常数。

在分析电路时，只要获得$f(0_+)$、$f(\infty)$和τ这3个要素，就能写出待求响应的解析表达式。具体分析步骤如下。

扫一扫看微课视频：确定初始值

1. 确定初始值 $f(0_+)$

初始值$f(0_+)$是指任一响应在换路后瞬间$t=0_+$时的数值，与本项目前面讲的初始值的确定方法是一样的。

（1）画 $t=0_-$时的电路。确定换路前电路的状态$u_C(0_-)$或$i_L(0_-)$，这个状态就是$t<0$阶段的稳态，此时电路中的电容视为开路，电感视为短路。

（2）画 $t=0_+$时的电路。这是利用换路后的瞬间的电路确定各变量的初始值。若$u_C(0_+)=u_C(0_-)=U_0$，$i_L(0_+)=i_L(0_-)=I_0$，则在此电路中，电容用输出电压为U_0的电压源代替，电感用输出电流为I_0的电流源代替。若$u_C(0_+)=u_C(0_-)=0$或$i_L(0_+)=i_L(0_-)=0$，则电容视为短路，电感视为开路。画$t=0_+$时的电路后，即可按一般阻性电路来求解各变量的初始值。

2. 确定稳态值 $f(\infty)$

画t趋于无穷大（∞）的电路。瞬态过程结束后，电路进入了新的稳态，用此时的电路确定各变量的稳态值$u(\infty)$、$i(\infty)$。在此电路中，电容视为开路，电感视为短路，可按一般阻性电路来求各变量的稳态值。

3. 求时间常数 τ

在RC电路中：

$$\tau=RC$$

在RL电路中：

$$\tau=L/R$$

式中，R是将电路中所有独立电源置零后，从电容或电感两端看进去的等效电阻（戴维南等效电路中的等效电阻）。

下面通过具体示例来说明三要素法的应用。

【例6-1-1】 电路如图6-1-8所示，在$t=0$时将开关S闭合，求$t\geqslant0$时i_1、i_L、u_L的解析式。

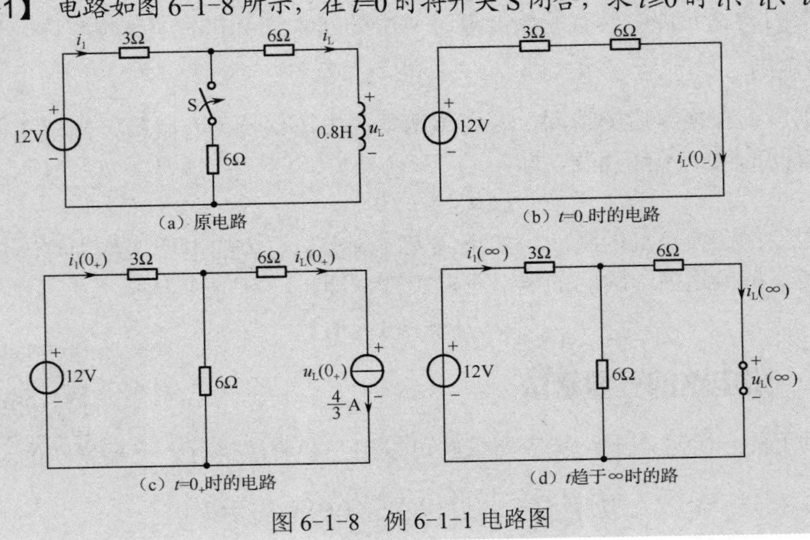

图6-1-8　例6-1-1电路图

【解】（1）求 $i_L(0_-)$。画 $t=0_-$时的电路，如图 6-1-8（b）所示，则有

$$i_L(0_-)=\frac{12}{3+6}=\frac{4}{3}\text{（A）}$$

（2）求 $f(0_+)$。画 $t=0_+$时的电路，如图 6-1-8（c）所示，则有

$$i_L(0_+)=i_L(0_-)=\frac{4}{3}\text{（A）}$$

$$3i_1(0_+)+6[i_1(0_+)-i_L(0_+)]=12\text{（V）}$$

得

$$i_1(0_+)=\frac{20}{9}\text{（A）}$$

图 6-1-8（c）右边回路中有

$$u_L(0_+)=-6i_L(0_+)+6[i_1(0_+)-i_L(0_+)]=-\frac{8}{3}\text{（V）}$$

（3）求 $f(\infty)$。画 t 趋于∞时的电路，如图 6-1-8（d）所示，电感视为短路，则有

$$i_1(\infty)=\frac{12}{3+\dfrac{6\times 6}{6+6}}=2\text{（A）}$$

$$i_L(\infty)=\frac{1}{2}i_1(\infty)=1\text{（A）}$$

$$u_L(\infty)=0\text{（V）}$$

（4）求 τ。从电感两端看进去的戴维南等效电阻为

$$R=6+3//6=6+\frac{3\times 6}{3+6}=8\text{（Ω）}$$

$$\tau=\frac{L}{R}=\frac{0.8}{8}=0.1=\frac{1}{10}\text{（s）}$$

（5）代入三要素公式有

$$f(t)=f(\infty)+[f(0_+)-f(\infty)]\mathrm{e}^{-\frac{t}{\tau}}$$

$$i_1(t)=2+\left(\frac{20}{9}-2\right)\mathrm{e}^{-10t}=2+\frac{2}{9}\mathrm{e}^{-10t}\text{（A），}t\geqslant 0$$

$$i_L(t)=1+\left(\frac{4}{3}-1\right)\mathrm{e}^{-10t}=1+\frac{1}{3}\mathrm{e}^{-10t}\text{（A），}t\geqslant 0$$

$$u_L(t)=0+\left(-\frac{8}{3}-0\right)\mathrm{e}^{-10t}=-\frac{8}{3}\mathrm{e}^{-10t}\text{（V），}t\geqslant 0$$

【例 6-1-2】 电路如图 6-1-9 所示，已知 U_S=12V，R_1=1kΩ，R_2=2kΩ，C=10μF，试用三要素法求开关 S 闭合后 u_C 和 i_C 的解析式。

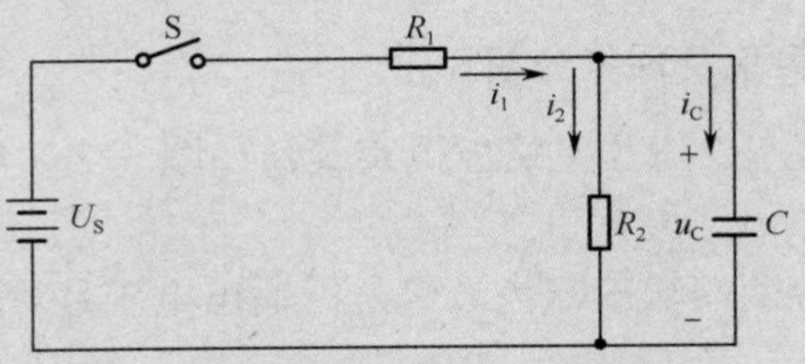

图 6-1-9　例 6-1-2 电路图

【解】（1）电容两端的电压属于零初始值$f(t)$逐渐增长的情况，因此有

$$f(0_+)=0,\quad u_C(0_+)=0$$

则$f(t)=f(\infty)+[f(0_+)-f(\infty)]e^{-\frac{t}{\tau}}$变成：

$$f(t)=f(\infty)\left(1-e^{-\frac{t}{\tau}}\right)$$

开关S闭合后，电路处于稳态时，电容相当于开路，所以有

$$u_C(\infty)=\frac{U_S}{R_1+R_2}R_2=\frac{12}{(1+2)\times10^3}\times2\times10^3=8\text{（V）}$$

（2）求τ。

$$\tau=\frac{R_1\times R_2}{R_1+R_2}C=\frac{1\times2\times10^6}{(1+2)\times10^3}\times10\times10^{-6}=\frac{2}{3}\times10^3\times10\times10^{-6}\approx6.67\times10^{-3}\text{（s）}$$

所以$u_C=8\left(1-e^{-\frac{t}{6.67\times10^{-3}}}\right)\approx8(1-e^{-150t})$（V）。

已知$u_C(0_+)=u_C(0_-)=0$（V），即R_2两端的电压的初始值为0，所以$i_2(0_+)=0$。

$$i_1(0_+)=\frac{U_S}{R_1}=\frac{12}{1\times10^3}=12\times10^{-3}\text{（A）}$$

$$i_C(0_+)=i_1(0_+)-i_2(0_+)=12\times10^{-3}\text{（A）}$$

代入数值得

$$i_C=12\times10^{-3}e^{-\frac{t}{6.67\times10^{-3}}}\approx12\times10^{-3}e^{-150t}=12e^{-150t}\text{（mA）}$$

任务6.2 RC积分、微分电路的仿真与分析

扫一扫看拓展知识：电子闪光灯

学习导航

学习目标	1．掌握RC积分、微分电路的结构
	2．理解RC积分、微分电路的功能
	3．掌握RC积分、微分电路的输入、输出关系方程
重点知识要求	1．掌握RC积分电路的结构、功能及输入、输出关系方程
	2．掌握RC微分电路的结构、功能及输入、输出关系方程
关键能力要求	能根据要求选择合适的电路结构与参数

实施步骤

扫一扫看微课视频：RC积分电路虚拟实验及现象分析

1．RC积分电路虚拟实验及现象分析

（1）教师指导学生完成RC积分电路虚拟实验，如图6-2-1所示。

（2）讨论研究实验现象与结果。

输入矩形波信号，电容两端输出锯齿波信号，输出电压是对输入电压进行积分的结果，因此称这种电路为RC积分电路。

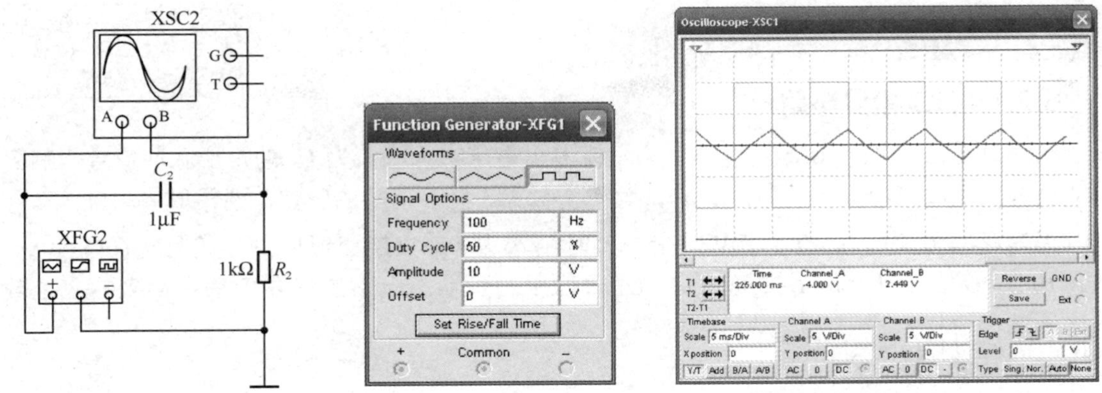

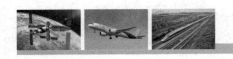

（a）仿真电路　　（b）信号设置　　（c）仿真波形

图 6-2-1　RC 积分电路虚拟实验

（3）探究总结电路功能及电路元件参数的选取原则。

改变电路元件参数，进行虚拟实验，观测输出波形。由如图 6-2-1（c）所示的波形可知，时间常数越大，充放电进行得越缓慢，锯齿波信号的线性越好。

改变电路元件参数，进行虚拟实验，观测波形。

扫一扫看微课视频：RC 微分电路虚拟实验及现象分析

2. RC 微分电路虚拟实验及现象分析

（1）教师指导学生完成 RC 微分电路虚拟实验，如图 6-2-2 所示。

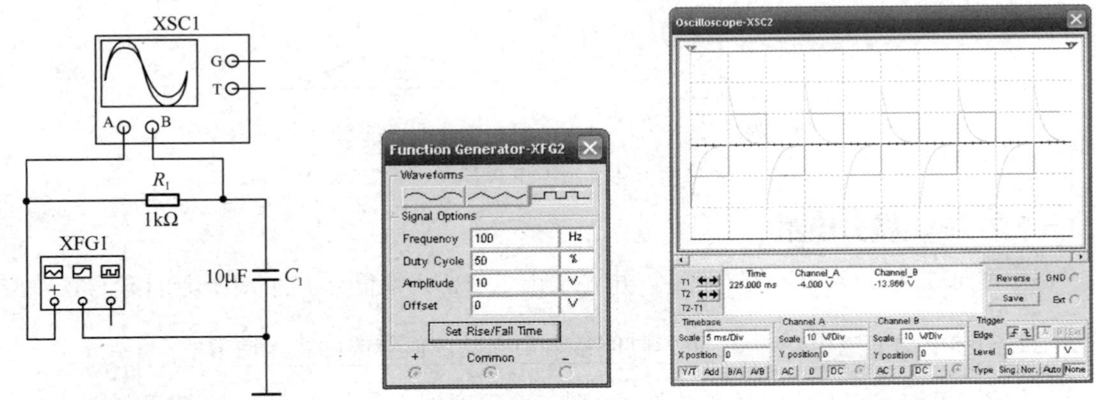

（a）仿真电路　　（b）信号设置　　（c）仿真波形

图 6-2-2　RC 微分电路虚拟实验

（2）讨论研究实验现象与结果。

输入矩形波信号，电阻两端输出尖脉冲信号，输出电压是对输入电压进行微分的结果，因此称这种电路为 RC 微分电路。

（3）探究总结电路功能及电路元件参数的选取原则。

改变电路元件参数，可观察输出波形的变化，进而分析理解元件参数、时间常数取值的要求。若时间常数变小，则输出尖峰波将变窄；若时间常数过大，则电路将失去波形变换作用。

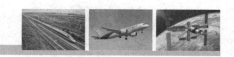

相关知识

扫一扫看微课视频：RC 微积分电路

6.2.1 RC 积分电路

在如图 6-2-3（a）所示的电路中，电源输出电压 u_i 为幅值为 U_S 的矩形脉冲信号，响应是从电容两端取出的电压，即 $u_o=u_C$，时间常数大于脉冲信号的脉宽，通常取 $\tau=10t_p$。

因为在 $t=0_-$ 时，$u_C(0_-)=0V$，在 $t=0$ 时刻 u_R 从 0V 突然变到 U_S 时，仍有 $u_C(0_+)=0V$，故 $u_R(0_+)=U_S$。在 $0\leqslant t<t_1$ 期间，$u_i=U_S$，运用一阶动态电路的三要素法，得到响应函数 $u_o(t)=u_C(\infty)\left(1-e^{-\frac{t}{\tau}}\right)$。

由于 $\tau=10t_p$，所以电容充电极慢。当 $t=t_1$ 时，$u_o(t_1)=\dfrac{1}{3}U_S$。在电容尚未充电至稳态时，输入信号已经发生了突变，从 U_S 突然下降至 0V。在 $t_1<t<t_2$ 期间，$u_i=0V$，运用一阶动态电路的三要素法，得到 $u_o(t)=u_C(0_+)e^{-\frac{t}{\tau}}$。

由如图 6-2-3（b）所示的波形图可知，时间常数越大，充放电进行得越慢，锯齿波信号的线性越好；输出电压是对输入电压进行积分的结果，因此称这种电路为 RC 积分电路。

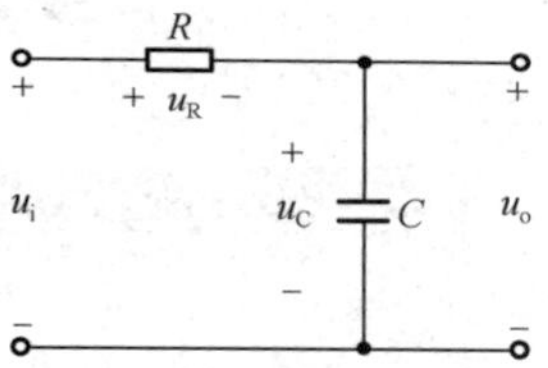

（a）电路图

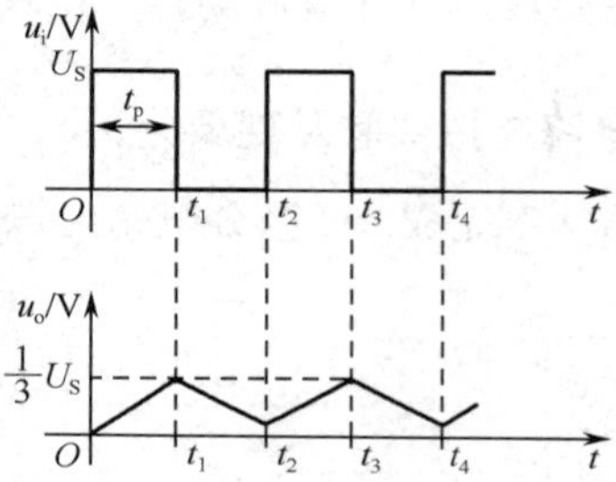

（b）波形图

图 6-2-3　RC 积分电路

6.2.2 RC 微分电路

在如图 6-2-4（a）所示的电路中，电源输出电压 u_i 为幅值为 U_S 的矩形脉冲信号，响应是从电阻两端取出的电压，即 $u_o=u_R$，时间常数小于脉冲信号的脉宽，通常取 $\tau=\dfrac{t_p}{10}$。

因为在 $t<0$ 时，$u_C(0_-)=0V$，而在 $t=0$ 时，u_i 突变到 U_s，且在 $0\leqslant t<t_1$ 期间有 $u_i=U_S$，相当于在 RC 串联电路上接了一个恒压源，$u_C(t)=u_C(\infty)\left(1-e^{-\frac{t}{\tau}}\right)$。由于 $u_C(0_+)=0V$，由如图 6-2-4（a）所示的电路图可知 $u_i=u_C+u_o$，所以 $u_o(0_+)=U_S$，即输出电压产生了突变，从 0V 突变到 U_S。

在 $t=t_1$ 时刻，u_i 又突变到 0V，且在 $t_1\leqslant t<t_2$ 期间有 $u_i=0V$，相当于将 RC 串联电路短接，$u_C(t)=u_C(0_+)e^{-\frac{t}{\tau}}$。由于在 $t=t_1$ 时，$u_C(t_1)=U_S$，故 $u_o(t_1)=-u_C(t_1)=-U_S$。

因为 $\tau=\dfrac{t_p}{10}$，所以电容充电极快。当 $t=3\tau$ 时，有 $u_C(3\tau)=U_S$，则 $u_o(3\tau)=0V$，故在 $0\leqslant t<t_1$ 期间，电阻两端输出一个正的尖脉冲信号，如图 6-2-4（b）所示。这种输出的尖脉

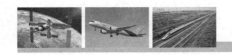

冲波是对输入电压进行微分的结果，因此称这种电路为 RC 微分电路。

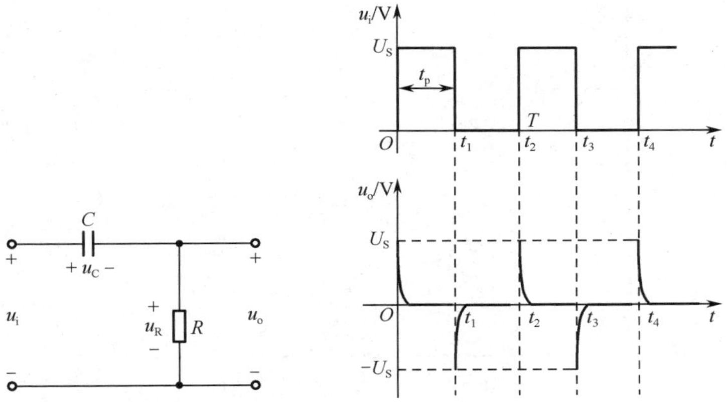

（a）电路图　　（b）波形图

图 6-2-4　RC 微分电路

【例 6-2-1】 在如图 6-2-4（a）所示的电路图中，输入信号 u_i 的波形如图 6-2-5 所示。试画出下列两种参数时的输出电压波形，并说明电路的作用。①当 $C=300\text{pF}$，$R=10\text{k}\Omega$ 时；②当 $C=1\mu\text{F}$，$R=10\text{k}\Omega$ 时。

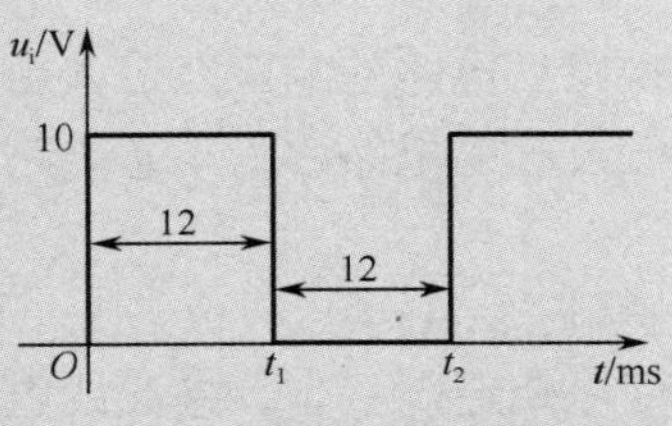

图 6-2-5　例 6-2-1 的电路图

【解】（1）由 $C=300\text{pF}$，$R=10\text{k}\Omega$ 可得，$\tau_1=RC=300\times10^{-12}\times10\times10^3=3\mu\text{s}$。

由图 6-2-5（a）可知，$t_p=12\text{ms}=4000\tau_1$。显然，此时电路是一个 RC 微分电路，其输出电压波形如图 6-2-4（b）所示。

（2）由 $C=1\mu\text{F}$，$R=10\text{k}\Omega$ 可得，$\tau_2=RC=1\times10^{-12}\times10\times10^3=10\text{ms}$。

而 $t_p=12\text{ms}>\tau_2$，τ_2 很接近于 t_p，所以电容充电较慢，$u_C(t)=10\left(1-e^{-\frac{t}{\tau}}\right)$（V）。

故 $u_o(t)=10e^{-\frac{t}{\tau_2}}$（V），所以当 $t=0_+$ 时，$u_o(0_+)=10\text{V}$，$u_C(0_+)=0\text{V}$。

当 $t=t_1=t_p$ 时，$u_C(t_1)=10\left(1-e^{-\frac{12}{10}}\right)\approx6.988\text{V}$，$u_i$ 已从 10V 突变到 0V，电容要经过电阻进行放电，即 $u_C(t)=u_C(t_1)e^{-\frac{t}{\tau_2}}$，所以 $u_o(t)=-u_C(t)=-u_C(t_1)e^{-\frac{t}{\tau_2}}$。

当 $t=t_1$ 时，$u_o(t_1)=-u_C(t_1)\approx-6.988\text{V}$。

当 $t=t_2$ 时，电容经过电阻放电的时间为 12ms，$u_o(t_2)=-u_C(t_2)e^{-\frac{t}{\tau}}=-6.988e^{-\frac{12}{10}}\approx-2.104$（V）。

由分析可知，时间常数越大，输出波形越接近输入波形。此时的电路被称为耦合电路，RC 耦合电路波形图如图 6-2-6 所示。

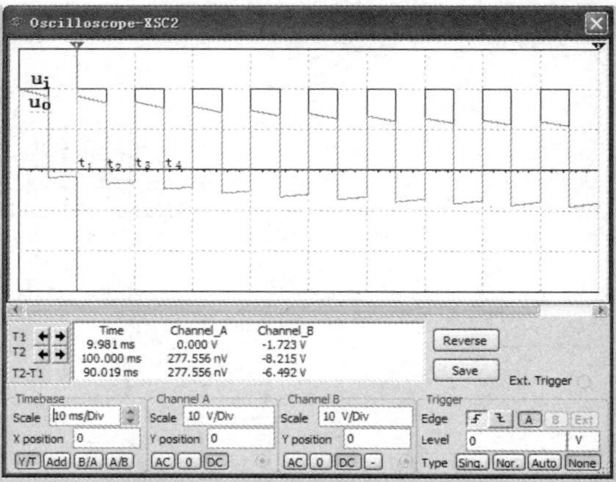

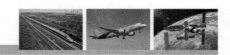

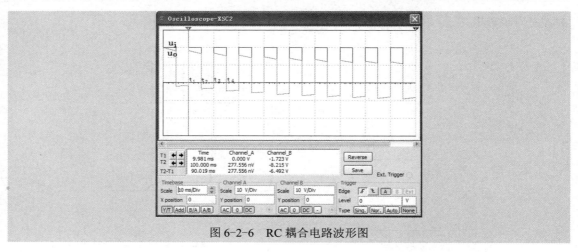

图 6-2-6 RC 耦合电路波形图

项目总结

1. 动态电路概念与初始值计算

1）动态电路概念

电路状态的变化称为换路。换路后电路的响应在进入新的稳态前的变化过程就是动态过程，又称过渡过程或暂态，处于该过程的电路称为动态电路。电路要发生动态过程需要满足以下 3 个条件。

（1）电路中要含有电容、电感。

（2）电路要发生换路现象，即电路通断状态、接线或电路参数、电源电压等发生突变。

（3）动态元件换路前的响应与换路后达到稳态时的响应不同。

2）初始值计算

换路定则是指若电容电压、电感电流为有限值，则 u_C、i_L 不能突变，即换路前、后瞬间的 u_C、i_L 是相等的，可表达为

$$u_C(0_+) = u_C(0_-)$$
$$i_L(0_+) = i_L(0_-)$$

换路定则用于求初始值。

2. 直流激励一阶电路响应的三要素法求解

三要素法的通用公式为

$$f(t) = f(\infty) + [f(0_+) - f(\infty)]e^{-\frac{t}{\tau}},\quad t \geqslant 0$$

三要素是指初始值 $f(0_+)$、稳态值 $f(\infty)$ 和时间常数 τ。RC 电路的时间常数 $\tau = RC$，RL 电路的时间常数 $\tau = \dfrac{L}{R}$。R 为电路从电容或电感端看进去的等效电阻。

3. RC 积分电路和 RC 微分电路

（1）RC 积分电路可以把矩形波变为锯齿波信号。要组成 RC 积分电路，必须满足如下两个条件。

① 取电容两端的电压为输出电压。

② 电容充放电的时间常数 τ 远大于矩形脉冲宽度 t_p 。

（2）RC 微分电路可以把矩形波变为尖脉冲信号。要组成 RC 微分电路，必须满足如下两个条件。

① 取电阻两端的电压为输出电压。

② 电容充放电的时间常数 τ 远小于矩形脉冲宽度 t_p 。

自测练习 6

扫一扫看本项目自测练习参考答案

一、填空题

1. ________态是指从一种________态过渡到另一种________态所经历的过程。

2. 换路定则指出，在电路发生换路后的瞬间，________上通过的电流和________元件上的端电压，都应保持换路前一瞬间的值，不能突变。

3. 电路发生换路时引起的动态元件上响应的变化，常被称为________。

4. 既有外激励，又有元件原始能量的作用所引起的电路响应称为一阶电路的________响应。

5. 一阶 RC 电路的时间常数 τ =________；一阶 RL 电路的时间常数 τ =________。时间常数 τ 的取值取决于电路的________和________。

6. 一阶电路全响应的三要素是指待求响应的________、________和________。

7. 在电路中，电路的突然接通或断开、电源瞬时值的突然跳变、某一元件的突然接入或移去等，统称为________。

8. 换路定则指出，一阶电路在发生换路时，状态变量不能发生突变。该定则用公式可表示为________和________。

9. 由时间常数公式可知，在 RC 一阶电路中，C 一定时，R 越大过渡过程持续的时间越________；在 RL 一阶电路中，L 一定时，R 越大过渡过程持续的时间越________。

二、判断题

1. 换路定则指出，电感两端的电压是不能发生突变的，只能连续变化。（　　）

2. 换路定则指出，电容两端的电压是不能发生突变的，只能连续变化。（　　）

3. 单位阶跃函数除了在 t=0 处不连续，其余都是连续的。（　　）

4. 一阶电路的全响应等于其稳态分量和暂态分量之和。（　　）

5. 一阶电路中所有的初始值，都要根据换路定则进行求解。（　　）

6. RL 一阶电路，L 上无初始储能，在外部激励作用下，u_L 按指数规律上升，i_L 按指数规律下降。（　　）

7. RC 一阶电路，C 上无初始储能，在外部激励作用下，u_C 按指数规律上升，i_C 按指数规律下降。（　　）

8. RL 一阶电路中 L 含有初始储能，在没有外部激励的情况下，u_L 按指数规律衰减，i_L 按指数规律下降。（　　）

9. RC 一阶电路中 C 含有初始储能，在没有外部激励的情况下，u_C 按指数规律上升，i_C 按指数规律下降。（　　）

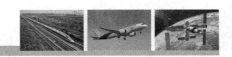

三、单项选择题

1．微分电路输入方波输出（　　）。

A．三角波　　B．尖脉冲波　　C．正弦波

2．在换路瞬间，下列说法中正确的是（　　）。

A．电感电流不能突变　　B．电感电压必然突变　　C．电容电流必然突变

3．工程上认为 R=25Ω、L=50mH 的串联电路的过渡过程将持续（　　）。

A．30～50ms　　B．37.5～62.5ms　　C．6～10ms

4．自测图 6-1 所示的电路在换路前已达到稳态，在 t=0 时断开开关 S，则该电路（　　）。

A．电路有储能元件 C，要产生过渡过程

B．电路有储能元件且发生换路，要产生过渡过程

C．因为换路时元件 C 的储能不发生变化，所以该电路不产生过渡过程

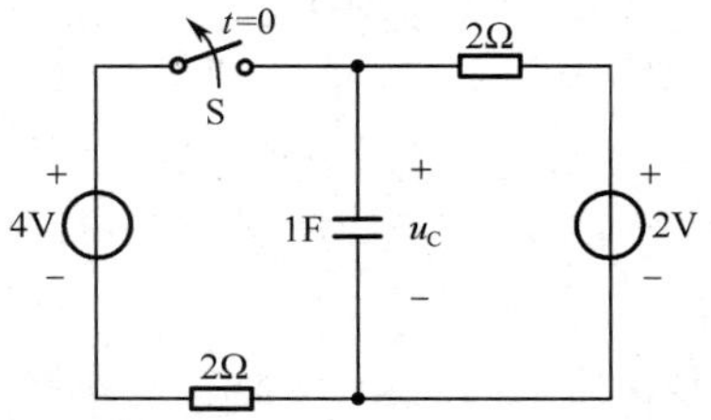

自测图 6-1

5．自测图 6-2 所示的电路已达到稳态，增大 R，则该电路（　　）。

A．因为发生换路，要发生过渡过程

B．因为电容的储能值没有变，所以不发生过渡过程

C．因为有储能元件且发生换路，所以发生过渡过程

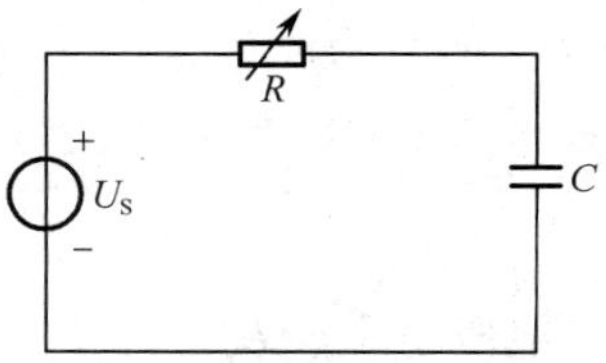

自测图 6-2

6．自测图 6-3 所示的电路在开关 S 断开之前已达到稳态，若在 t=0 时将开关 S 断开，则电路中电感上通过的电流 $i_L(0_+)$ 为（　　）。

A．2A　　B．0A　　C．−2A

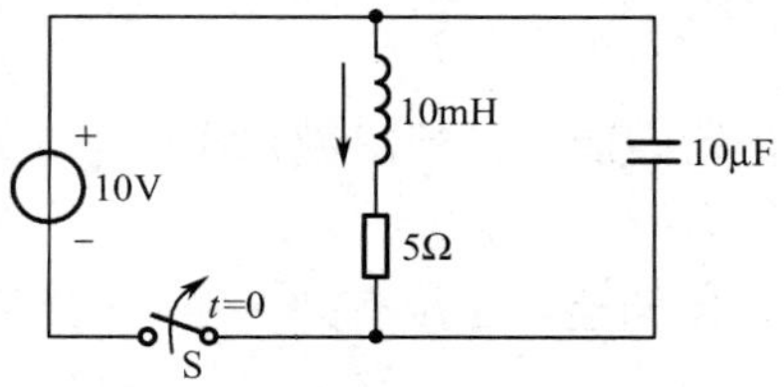

自测图 6-3

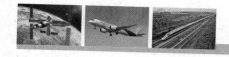

7．自测图 6-3 所示的电路在开关 S 断开时，电容两端的电压为（　　）。

A．10V　　B．0V　　C．按指数规律增加

四、简答题

1．电路的过渡过程是什么？包含哪些元件的电路存在过渡过程？

2．什么叫换路？在换路瞬间，电容上的电压初始值应等于什么？

3．在 RC 电路中，怎样确定电容上的电压初始值？

4．“电容接在直流稳压电源上是没有电流通过的”这句话准确吗？试完整地说明。

5．在 RC 电路充电过程中，电容两端的电压按照什么规律变化？充电电流按什么规律变化？在 RC 电路放电过程中呢？

6．RL 一阶电路与 RC 一阶电路的时间常数相同吗？其中，R 是指某一电阻吗？

7．RL 一阶电路中的电感有初始储能，在无外部激励作用下，电感两端的电压按照什么规律变化？电感中通过的电流按照什么规律变化？RC 一阶电路中的电容有初始储能，在无外部激励作用下，电容两端的电压按照什么规律变化？电容中通过的电流按照什么规律变化？

8．通有电流的 RL 电路被短接，电流具有怎样的变化规律？

9．怎样计算 RL 电路的时间常数呢？试用物理概念解释为什么 L 越大，R 越小，时间常数越大。

五、计算分析题

扫一扫看微课视频：初始值的计算

1．电路如自测图 6-4 所示，开关 S 在 t=0 时闭合，求 $i_L(0_+)$。

2．求如自测图 6-5 所示的电路中开关 S 在“1”和“2”位置时的时间常数。

扫一扫看微课视频：电路时间常数计算

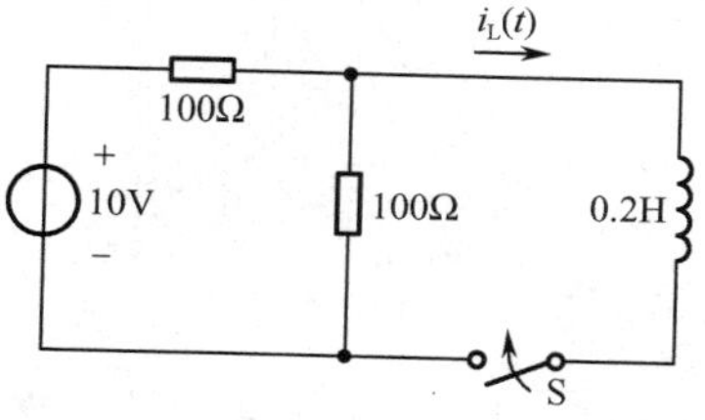

自测图 6-4

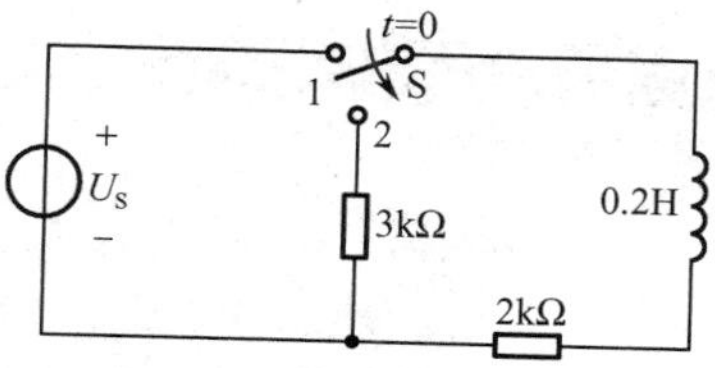

自测图 6-5

3．自测图 6-6 所示的电路在换路前已达到稳态，在 t=0 时将开关 S 断开，试求换路瞬间各支路电流及储能元件上的电压初始值。

4．求如自测图 6-6 所示的电路中电容支路电流的全响应。

扫一扫看微课视频：一阶动态电路全响应分析与计算

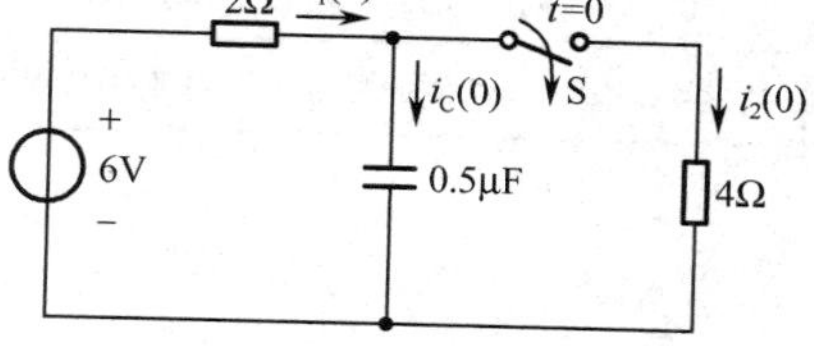

自测图 6-6

项目 7 非正弦周期电流电路的分析与测试

扫一扫看项目 7 教学课件

扫一扫看项目 7 电子教案

项目导入

实际工程中经常会遇到非正弦信号。例如，由声音、图像等转换而来的信号，自动控制、计算机、数字通信中大量使用的脉冲信号。本项目研究的是非正弦周期信号和非正弦周期电路。

任务 7.1 非正弦周期信号的分析与测试

学习导航

学习目标	1. 了解非正弦周期信号产生的原因及分解方法
	2. 掌握非正弦周期信号的有效值、平均值和有功功率的计算方法
	3. 可以使用示波器、低频信号发生器对非正弦周期电路进行测试
重点知识要求	1. 非正弦周期信号的表达式及其含义
	2. 非正弦周期信号的有效值、平均值和有功功率的计算方法
关键能力要求	能使用示波器、低频信号发生器对非正弦周期电路进行测试

实施步骤

扫一扫看微课视频：看非正弦周期信号的波形与频谱观测（仿真）

1. 非正弦周期信号的波形及频谱观察分析

1）观察非正弦周期信号的波形

首先，应用仿真软件来快捷、直观地观察非正弦周期信号的波形。调用软件中的信号发生器（Function Generation）和示波器（Oscilloscope），按如图 7-1-1 所示的仿真电路接线。调节信号源信号种类、频率、幅值等参数，观察示波器显示的波形。

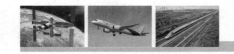

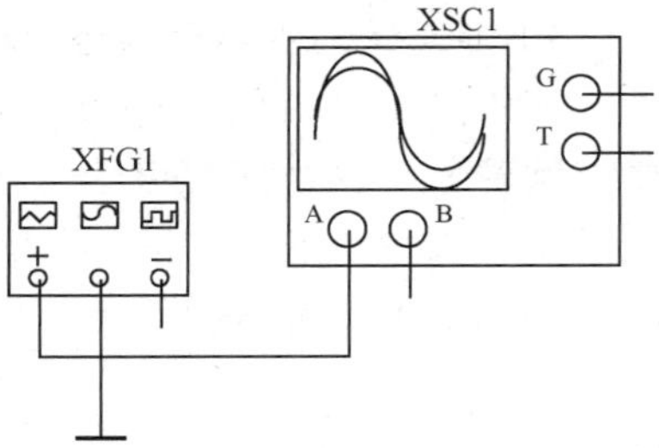

图 7-1-1　信号源波形观察仿真电路

（1）观察锯齿波。将信号发生器调节为输出锯齿波，将频率设为 5kHz，将占空比设为 50%，将峰值设为 10V，示波器实时显示如图 7-1-2 所示的波形。占空比为 50%的锯齿波又称三角波。

（2）观察矩形波。将信号发生器调节为输出矩形波，将频率设为 5kHz，将占空比设为 50%，将峰值设为 10V，示波器显示如图 7-1-3 所示。占空比为 50%的矩形波又称方波。

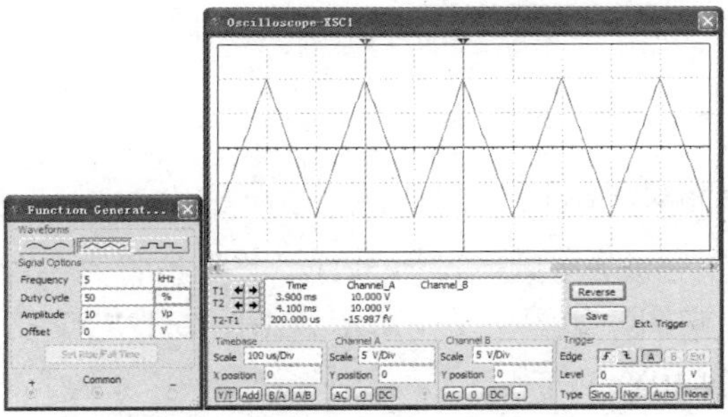

图 7-1-2　锯齿波

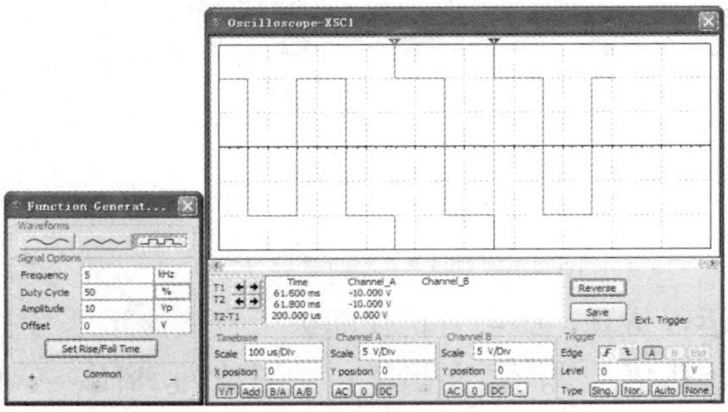

图 7-1-3　矩形波

2）三角波合成实验

经理论分析可知，非正弦周期信号是由一系列不同频率的正弦量叠加而成的，不妨从实验的角度来验证此观点。在 Multisim 仿真软件中，调出 4 个频率、峰值不同且相位各异的正弦交流电压源。如图 7-1-4 所示，将它们串联，u_1 为信号源 V_1 的输出信号，u_2 为信号源 V_1 和信号源 V_2 输出信号的叠加，u_3 为信号源 V_1、信号源 V_2 和信号源 V_3 输出信号的叠加，u_4 为信号源 V_1、信号源 V_2、信号源 V_3 和信号源 V_4 输出信号的叠加，将 u_1～u_4 同时送到 4 踪示波器（4 Channel Oscilloscope），如图 7-1-5 所示。由图 7-1-5 可知，由 1kHz、3kHz、5kHz、7kHz 4 个正弦波叠加而成的信号的波形十分接近三角波。

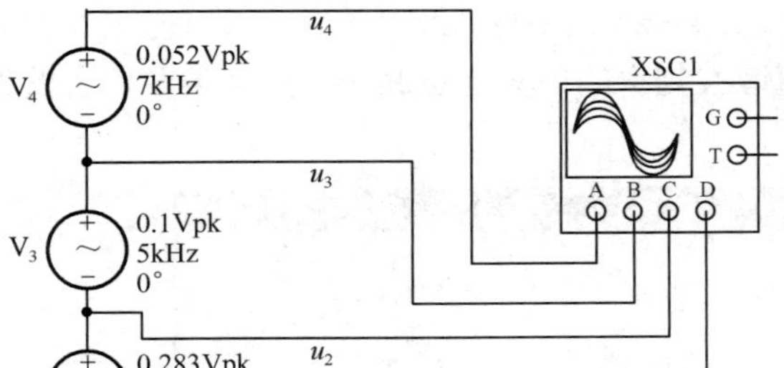

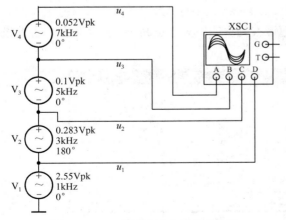

图 7-1-4　三角波合成实验仿真电路

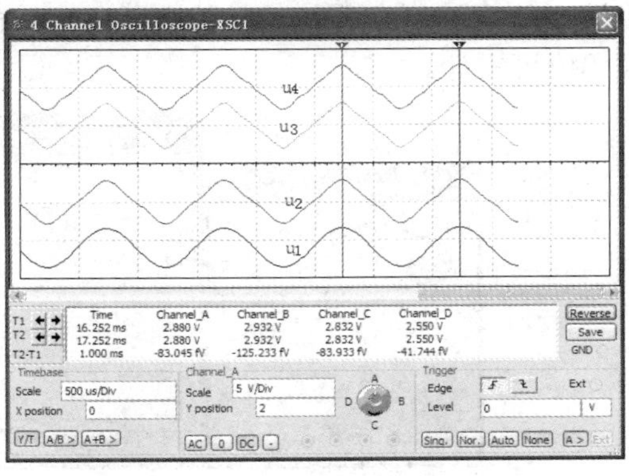

图 7-1-5　三角波合成实验波形图

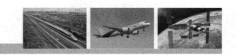

3）非正弦周期信号频谱的观察与分析

使用频谱分析仪（Spectrum Analyzer）来探究非正弦周期信号所含有的正弦分量的规律。频谱分析仪是研究电信号频谱结构的仪器，仿真软件中也有其对应的虚拟仪器。在如图 7-1-1 所示的电路中接入频谱分析仪 XSA1，同时将信号送至频谱分析仪 XSA1 的输入端 IN，如图 7-1-6 所示。

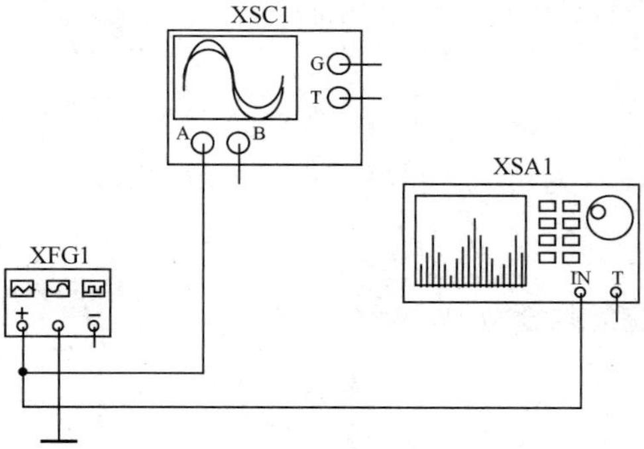

图 7-1-6 信号频谱观察电路

（1）正弦波频谱。将信号发生器调节为输出正弦波，将频率设为 5kHz，将峰值设为 10V。运行仿真，频谱分析仪面板上直接显示信号的频谱图，如图 7-1-7 所示。由图 7-1-7 可知，正弦信号只有一条谱线，频率值为 5kHz，幅值为 10V。

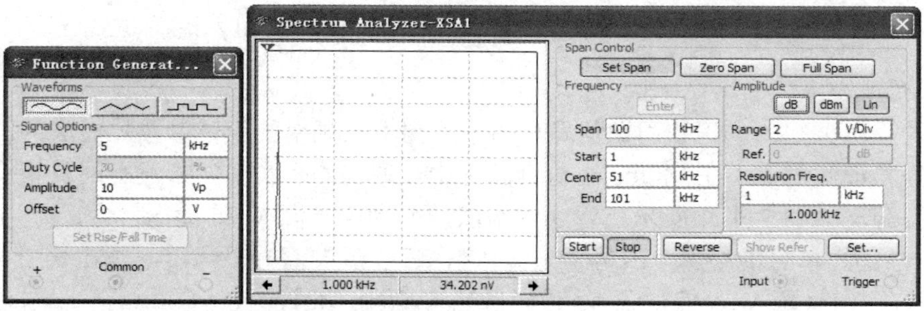

图 7-1-7 正弦波频谱

（2）三角波频谱。三角波频谱如图 7-1-8 所示。由图 7-1-8 可知，三角波有多条离散谱线，各谱线频率由低到高依次为 5kHz、15kHz、25kHz、35kHz，最小频率谱线（基波）的幅值为 8V，其余各倍频谱线（各次谐波）幅值随谐波频率的增大迅速减小，第 4 条及以上的谱线幅值可不计。

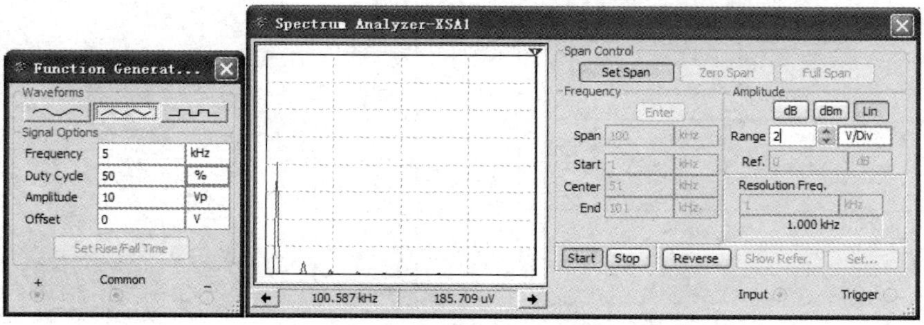

图 7-1-8 三角波频谱

（3）矩形波频谱。矩形波频谱如图 7-1-9 所示。由图 7-1-9 可知，矩形波频谱图也呈离散谱线，各谱线频率由低到高依次为 5kHz、15kHz、25kHz、35kHz 等，最小频率谱线（基波）的幅值为 13V，其余各倍频谱线（各次谐波）的幅值随谐波频率的增大迅速减小。

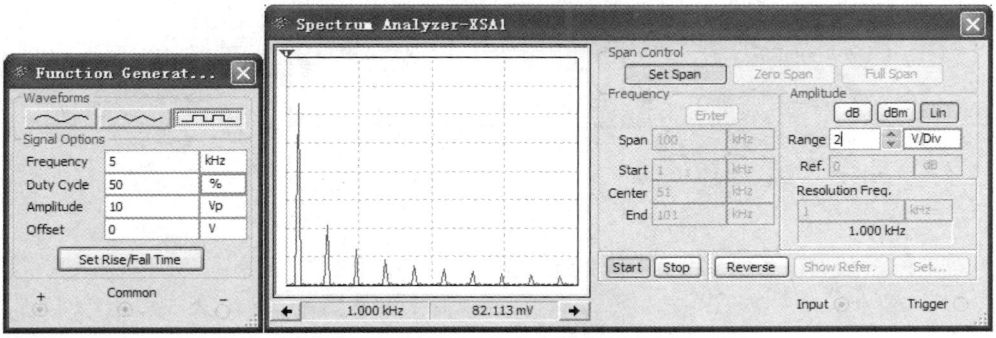

图 7-1-9　矩形波频谱

由此证实，锯齿波、矩形波等非正弦周期信号的频谱具有谐波性、离散性和收敛性。相关定量分析见理论分析部分。

2. 非正弦周期信号的有效值和有功功率的测试与分析

1）正弦信号的有效值和有功功率的测试与分析

按图 7-1-10 连接仿真电路，信号发生器输出的频率为 5kHz、幅值为 10V 的正弦信号加在阻值为 100Ω的负载电阻上，交流电压表 V_1 测得电压信号的有效值约为 7.07V，功率表 XWM1 测得的有功功率约为 500mW。

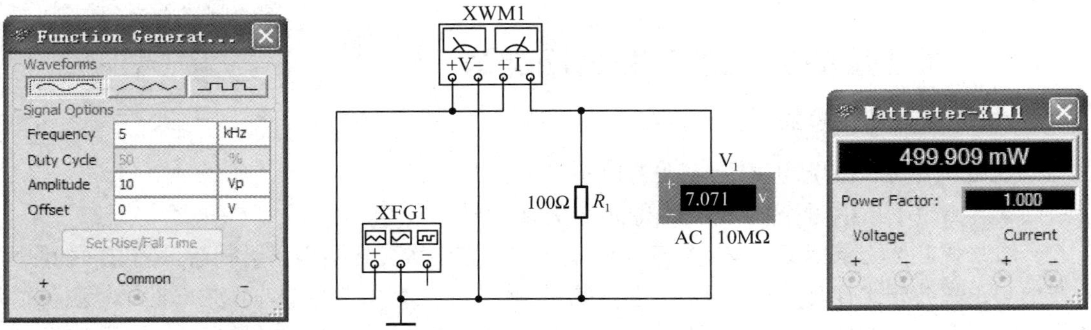

图 7-1-10　正弦信号的有效值和有功功率的测试与分析电路

扫一扫看微课视频：非正弦周期信号的有效值和功率的测试与分析（仿真）

2）非正弦周期信号的有效值和有功功率的测试与分析

按图 7-1-11 连接仿真电路。

（1）启动仿真，待电路稳定后，电压表和功率表分别测量电路端电压有效值 U 及有功功率 P，将数据记入表 7-1-1。用示波器观察并记录两个电压源叠加的波形和电阻两端电压的波形（同电流的波形）。

（2）把产生基波的信号源 V_1 的电压设为 0V，即产生三次谐波的信号源 V_3 单独作用，电压表和功率表分别测量电压有效值和有功功率的三次谐波分量 U_3、P_3，将数据记入表 7-1-1。

（3）把产生三次谐波的信号源 V_3 的电压设为 0V，即产生基波的电压源 V_1 单独作用，电压表和功率表分别测量电压有效值和有功功率的基波分量 U_1、P_1，将数据记入表 7-1-1。

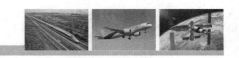

（4）根据测量数据，验证非正弦周期信号的有效值和有功功率的计算公式。

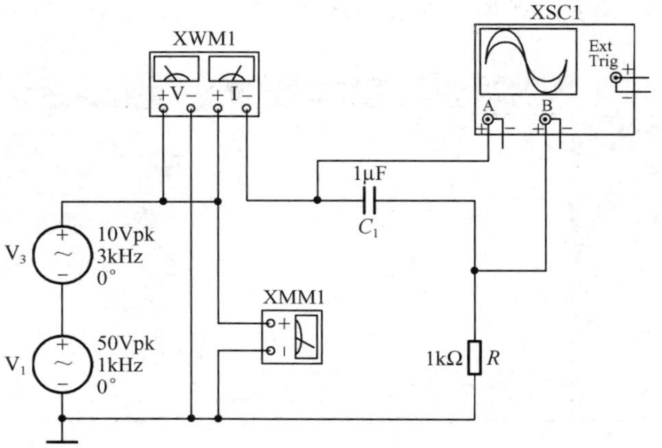

图 7-1-11　非正弦周期信号的有效值和有功功率测试仿真图

表 7-1-1　非正弦周期电路的测量

电　压　源	电压有效值/V	有功功率/W
信号源 V_1、信号源 V_3 共同作用	U=	P=
信号源 V_3 单独作用	U_3=	P_3=
信号源 V_1 单独作用	U_1=	P_1=

相关知识

扫一扫看微课视频：非正弦周期信号产生和表示方法

7.1.1　非正弦周期信号的产生和表示方法

1. 非正弦周期信号的产生及特点

非正弦周期信号的产生原因主要有以下几种。

（1）电路中的信号源产生的就是非正弦周期信号。

一般来说，虽力求使交流发电机产生的电压按正弦函数变化，但出于制造工艺方面的原因，该波形与正弦波相比存在一些畸变，为非正弦周期信号。工程中典型的非正弦周期信号源包括脉冲信号发生器产生的矩形脉冲电压信号、示波器扫描电路产生的时基扫描锯齿波电压等。

（2）电路中同时有数个不同频率的正弦信号源（包括直流）。

（3）正弦信号电源作用于非线性电路。

如果电路中含有非线性元件，即使信号源产生的是正弦信号，其响应也可能是非正弦周期函数。例如，在二极管半波整流电路中因为二极管具有单向导电性，电流只能在一个方向通过，在另一个方向受阻，所以该电路的输出半个正弦波，为非正弦周期信号。

2. 非正弦周期信号的表示方法

周期函数只要满足狄利克雷条件（周期函数在有限的区间内，只有有限个第一类间断点和有限个极大值、极小值），就可以分解为傅里叶级数，而电工技术中常用的非正弦周期函数都满足狄利克雷条件。

$$
\begin{aligned}
f(t) &= A_0 + A_{1\mathrm{m}}\sin(\omega t+\varphi_1) + A_{2\mathrm{m}}\sin(2\omega t+\varphi_2) + \cdots + A_{k\mathrm{m}}\sin(k\omega t+\varphi_k) \\
&= A_0 + \sum_{k=1}^{\infty} A_{k\mathrm{m}}\sin(k\omega t+\varphi_k)
\end{aligned}
\tag{7-1-1}
$$

式中，A_0是不随时间变化的常数，称为$f(t)$的直流分量或恒定分量；$k=1$项$A_{1\mathrm{m}}\sin(\omega t+\varphi_1)$称为$f(t)$的基波分量，其频率与$f(t)$的频率相同；$k\geqslant 2$的各项统称为谐波分量，$k$为几就称为几次谐波，$k$为奇数就称为奇次谐波，$k$为偶数就称为偶次谐波。

傅里叶级数是一个无穷级数，理论上有无限多项，在实际应用时，由于其收敛很快，较高次谐波的振幅很小，因此只需要计算级数的前几项即可。将周期函数分解为直流分量、基波分量和各次谐波分量之和就是谐波分析。

由周期函数推导得出其对应的傅里叶级数的方法和过程此处不再赘述。一般工程上较多使用查表法来寻找典型周期函数对应的傅里叶级数展开式。

7.1.2　非正弦周期量的有效值、平均值和有功功率

扫一扫看微课视频：非正弦周期信号的有效值、平均值和功率

1. 非正弦周期量的有效值

若

$$
i(t) = I_0 + \sum_{k=1}^{\infty} I_{k\mathrm{m}}\sin(k\omega t+\varphi_{ik})
$$

则有效值为

$$
\begin{aligned}
I &= \sqrt{\frac{1}{T}\int_0^T i^2(\omega t)\,\mathrm{d}t} \\
&= \sqrt{\frac{1}{T}\int_0^T [I_0 + \sum_{k=1}^{\infty} I_{k\mathrm{m}}\sin(k\omega t+\varphi_{ik})]^2\,\mathrm{d}t}
\end{aligned}
\tag{7-1-2}
$$

$$
I = \sqrt{I_0^2 + \sum_{k=1}^{\infty}\frac{I_{k\mathrm{m}}^2}{2}}
$$

$$
I = \sqrt{I_0^2 + I_1^2 + I_2^2 + \cdots} \tag{7-1-3}
$$

即非正弦周期电流的有效值为直流分量及各次谐波分量有效值平方和的开方。

对于非正弦周期电压的有效值，也存在同样的计算公式，即

$$
U = \sqrt{U_0^2 + \sum_{k=1}^{\infty}\frac{U_{k\mathrm{m}}^2}{2}} = \sqrt{U_0^2 + U_1^2 + U_2^2 + \cdots} \tag{7-1-4}
$$

2. 非正弦周期量的平均值

在非正弦周期量的傅里叶级数展开式中，直流分量为零的交流分量平均值为零。为便于测量和分析，一般定义周期量的平均值为它的绝对值的平均值。

周期电流$i(t)$的平均值为

$$
I_{\mathrm{av}} = \frac{1}{T}\int_0^T |i(t)|\,\mathrm{d}t \tag{7-1-5}
$$

即非正弦周期量的平均值等于其绝对值在一个周期内的平均值。

应注意，在一个周期内取值有正有负的周期量的平均值I_{av}与其直流分量I是不等的，只

有一个周期内取值均为正的周期量的平均值才等于其直流分量。

若

$$i(t)=I_0+\sum_{k=1}^{\infty}I_{km}\sin(k\omega t+\varphi_{ik})$$

则其直流分量为

$$I=\frac{1}{T}\int_0^T i(t)\mathrm{d}t=I_0 \tag{7-1-6}$$

其平均值为

$$I_{av}=\frac{1}{T}\int_0^T |i(t)|\mathrm{d}t \tag{7-1-7}$$

特例正弦周期量的平均值为

$$I_{av}=\frac{1}{T}\int_0^T |I_m\sin\omega t|\mathrm{d}t=0.898I \tag{7-1-8}$$

对于同一个非正弦周期电流，若用不同类型的仪表进行测量，则会得出不同的结果。若用直流仪表进行测量，则所测结果是直流分量；若用电磁式或电动式仪表进行测量，则所测结果是直流分量；若用整流磁电式仪表进行测量，则所测结果是平均值。在测量时，要注意选择合适的仪表，并注意不同类型仪表读数的含义。

3. 非正弦周期交流电路的有功功率

非正弦周期交流电路的有功功率的定义为

$$P=\frac{1}{T}\int_0^T p(t)\,\mathrm{d}t \tag{7-1-9}$$

设某二端网络端口电压$u(t)$、电流$i(t)$分别为

$$\begin{cases}u(t)=U_0+\sum_{k=1}^{\infty}U_{km}\sin(k\omega t+\varphi_{uk})\\ i(t)=I_0+\sum_{k=1}^{\infty}I_{km}\sin(k\omega t+\varphi_{ik})\end{cases}$$

式中，φ_{uk}、φ_{ik}为k次谐波的电压、电流的初相。设$\varphi_k=\varphi_{uk}-\varphi_{ik}$为$k$次谐波电压与$k$次谐波电流的相位差，则有

$$P=\frac{1}{T}\int_0^T p(t)\mathrm{d}t=\frac{1}{T}\int_0^T u(t)\cdot i(t)\mathrm{d}t$$

利用三角函数的正交性可得

$$\begin{aligned}P&=U_0I_0+\sum_{k=1}^{\infty}U_kI_k\cos\varphi_k\\&=P_0+\sum_{k=1}^{\infty}P_k\end{aligned} \tag{7-1-10}$$

结论：非正弦周期交流电路的有功功率等于直流分量的有功功率和各次谐波的有功功率之和。

【例 7-1-1】 求下述电流的有效值：

$$i=282\sin\omega t+141\sin 3\omega t+71\sin\left(5\omega t+\frac{\pi}{6}\right)\text{（A）}$$

【解】

$$I_1 = \frac{I_{m1}}{\sqrt{2}} = \frac{282}{\sqrt{2}} \approx 200\text{（A）}$$

$$I_3 = \frac{141}{\sqrt{2}} \approx 100\text{（A）}$$

$$I_5 = \frac{71}{\sqrt{2}} \approx 50\text{（A）}$$

所以有

$$I = \sqrt{I_1^2 + I_3^2 + I_5^2} = \sqrt{200^2 + 100^2 + 50^2} \approx 229\text{（A）}$$

即电流i的有效值为 229A。

【例 7-1-2】 某非正弦周期交流电路的电压和电流如下：

$$u = 60 + 40\sqrt{2}\sin(\omega t + 50^\circ) + 30\sqrt{2}\sin(3\omega t + 30^\circ) + 16\sqrt{2}\sin(5\omega t + 0^\circ)\text{（V）}$$

$$i = 30 + 20\sqrt{2}\sin(\omega t - 10^\circ) + 15\sqrt{2}\sin(3\omega t + 60^\circ) + 8\sqrt{2}\sin(5\omega t + 50^\circ)\text{（mA）}$$

试求该电路的吸收功率。

【解】

$$\begin{aligned} P &= U_0 I_0 + U_1 I_1 \cos\varphi_1 + U_2 I_2 \cos\varphi_2 + U_3 I_3 \cos\varphi_3 \\ &= 60\times 30 + 40\times 20\times \cos 60^\circ + 30\times 15\times \cos(-30^\circ) + 16\times 8\times \cos(-50^\circ) \\ &\approx 2672\text{（mW）} \end{aligned}$$

任务 7.2 非正弦周期信号作用下的线性电路的分析与测试

学习导航

学习目标	1．掌握分析非正弦周期电路的方法和步骤
	2．能在 Multisim 13 仿真软件中创建非正弦周期电路，并进行仿真
重点知识要求	掌握非正弦周期电路的分析与测试方法和步骤
关键能力要求	1．能对非正弦周期电路进行分析
	2．能在 Multisim 13 仿真软件中创建非正弦周期电路，并进行仿真

实施步骤

扫一扫看微课视频：非正弦周期电流电路的分析

1．非正弦周期电路的分析

掌握对非正弦周期电路进行分析的方法和步骤，并进行对应分析练习。

2．非正弦周期电路的测试

在 Multisim 仿真软件上创建如图 7-2-1 所示的仿真图。

启动仿真，电压表、电流表分别测量的是端电压 U 和电流 I，待电路稳定后，将数据记入表 7-2-1，并与理论值进行比较。用示波器观察电源提供的电压的波形。

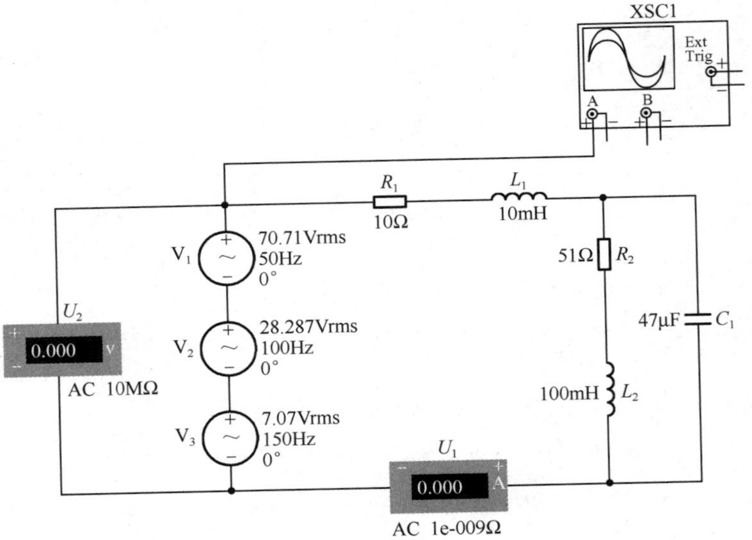

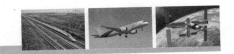

图 7-2-1 非正弦周期电路仿真图

表 7-2-1 非正弦周期电路的测量

项 目	测 量 值	理 论 值	电路端电压波形
电压			
电流			

误差分析：____

____

____

相关知识

应用谐波法对非正弦周期信号源下的线性电路的响应进行分析。分析电路的一般的步骤如下。

（1）对给定的非正弦周期信号函数进行傅里叶级数展开，根据精度要求，取有限项高次谐波。

（2）分别计算直流分量和各次谐波单独作用下的电路的响应，计算方法与直流电路和正弦交流电路的计算方法相同。

（3）应用叠加原理对步骤（2）得到的结果进行叠加，得到所求的实际电流、电压。

在分析非正弦周期电路时应注意以下事项。

（1）在直流分量单独作用时，电路相当于直流电路，电容相当于开路，电感相当于短路。在标明参考方向后，用直流电路的计算方法求解各电压、电流。

（2）在各次谐波单独作用时，电路为正弦交流电路。应注意电感和电容对不同次谐波激励表现出不同的感抗和容抗，感抗与谐波频率成正比，容抗与谐波频率成反比。在基波作用时，$X_{L(1)}=\omega L$，$X_{C(1)}=1/(\omega C)$；在 k 次谐波作用时，$X_{L(k)}=k\omega L=kX_{L(1)}$，$X_{C(k)}=1/(k\omega C)=X_{C(1)}/k$。

（3）叠加时，需要先将各次谐波分量写成瞬时值表达式再叠加，表示不同频率谐波的正弦量的相量不能直接进行加减。最后求得的响应解析式应用时间函数表示。

【例 7-2-1】 已知：$\omega L = 20\Omega$，$u_1 = 220\sqrt{2}\sin\omega t$（V），$u_2 = 220\sqrt{2}\sin\omega t + 100\sqrt{2}\sin(3\omega t + 30^\circ)$（V），求 U_{ab}、i 及功率表的读数。

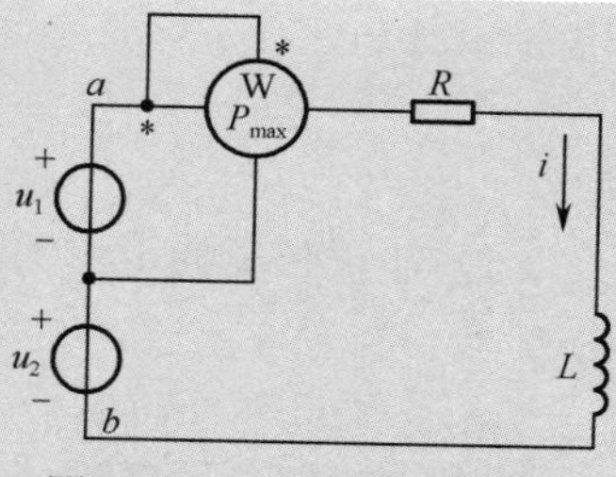

图 7-2-2　例 7-2-1 电路图

扫一扫看微课视频：电路参数计算

【解】 $U_{ab} = \sqrt{440^2 + 100^2} \approx 451.22$（V）

一次谐波作用：

$$\dot{U}_{ab(1)} = 440\angle 0^\circ \text{（V）}$$

$$\dot{I}_{(1)} = \frac{440}{60 + \mathrm{j}20} = 6.96\angle(-18.4^\circ) \text{（A）}$$

三次谐波作用：

$$\dot{U}_{ab(3)} = 100\angle 30^\circ \text{（V）}$$

$$\dot{I}_{(3)} = \frac{100\angle 30^\circ}{60 + \mathrm{j}60} = 1.18\angle(-15^\circ) \text{（A）}$$

$$i = 6.96\sqrt{2}\sin(\omega t - 18.4^\circ) + 1.18\sqrt{2}\sin(3\omega t - 15^\circ) \text{（A）}$$

$$P = 220 \times 6.96\sin 18.4^\circ = 483.32 \text{（W）}$$

【例 7-2-2】 某元件上电压、电流取关联参考方向，其表达式为

$$u(t) = 80 + 50\sin(t) + 30\sin(2t) + 30\sin(3t) \text{（V）}$$

$$i(t) = 70 + 60\sin(2t - 60^\circ) + 40\sin(3t - 135^\circ) \text{（A）}$$

求其吸收的有功功率。

【解】 按式（7-1-10）计算得

$$\begin{aligned} P &= U_0 I_0 + U_1 I_1 \cos\varphi_1 + U_2 I_2 \cos\varphi_2 \\ &= 80 \times 70 + 0.5 \times 50 \times 60\cos 60^\circ + 0.5 \times 20 \times 40\cos 135^\circ \\ &\approx 6067.2 \text{（W）} \end{aligned}$$

项目总结

（1）非正弦周期电流、电压可以利用傅里叶级数展开式分解为直流分量和各次谐波分量之和：

$$i(t) = I_0 + \sum_{k=1}^{\infty} I_{km}\sin(k\omega t + \varphi_{ik})$$

$$u(t) = u_0 + \sum_{k=1}^{\infty} U_{km}\sin(k\omega t + \varphi_{uk})$$

（2）可以用傅里叶级数的系数公式或查表法，确定非正弦周期电流、电压的直流分量和各次谐波（不做推导要求）。

（3）用谐波法分析非正弦周期电路。先应用线性电路的叠加原理分别求直流分量和各次谐波单独作用时的电路响应，然后将这些响应分量的瞬时值表达式叠加为电路总的响应。各次谐波单独作用时的响应可以应用相量法进行计算。

（4）非正弦周期电压、电流的有效值：

$$I=\sqrt{I_0^2+\sum_{k=1}^{\infty}\frac{I_{km}^2}{2}}$$

$$U=\sqrt{U_0^2+\sum_{k=1}^{\infty}\frac{U_{km}^2}{2}}$$

（5）非正弦周期电流的平均值（整流平均值）：

$$I_{av}=\frac{1}{T}\int_0^T|i|\,dt$$

（6）非正弦周期交流电路的有功功率：

$$P=P_0+\sum_{k=1}^{\infty}P_k$$

自测练习 7

扫一扫看本项目自测练习参考答案

一、填空题

1. 一系列________不同，________成整数倍的正弦波，叠加后可构成一个________周期波。

2. 与非正弦周期波频率相同的正弦波称为非正弦周期波的________波；是构成非正弦周期波的________成分；频率为非正弦周期波频率奇次倍的叠加正弦波称为它的________次谐波；频率为非正弦周期波频率偶次倍的叠加正弦波称为它的________次谐波。

3. 一个非正弦周期波可分解为无限多项________成分，这个分解的过程称为________分析，其数学基础是________。

4. 所谓谐波分析，就是对于一个已知________的非正弦周期信号，找出它包含的各次谐波分量的________和________，写出其傅里叶级数表达式的过程。

5. 方波的谐波成分中只含有________成分的各________次谐波。

6. 非正弦周期量的有效值与________量的有效值定义相同，但计算式有很大差别，非正弦量的有效值等于它的各次________有效值的________的开方。

7. 只有________的谐波电压和电流才能构成有功功率，不同________的电压和电流是不能产生有功功率的。数值上，非正弦波的有功功率等于它的________产生的有功功率之和。

二、判断题

1. 非正弦周期量的有效值等于它各次谐波的有效值之和。（　　）
2. 正确找出非正弦周期量各次谐波的过程称为谐波法。（　　）
3. 周期信号的频谱具有离散性、谐波性和收敛性。（　　）
4. 和三角波相比，方波含有的高次谐波更加丰富。（　　）
5. 和三角波相比，方波波形的平滑性要比等腰三角波好得多。（　　）
6. 非正弦周期量作用的线性电路具有叠加性。（　　）
7. 在非正弦周期量作用的电路中，电感上的电流波形的平滑性比电压波形差。（　　）
8. 在非正弦周期量作用的电路中，电容上的电压波形的平滑性比电流波形好。（　　）

三、单项选择题

1．一个含有直流分量的非正弦波作用于线性电路，其电流中（　　）。

A．含有直流分量　　B．不含直流分量　　C．无法确定是否含有直流分量

2．某方波信号的周期 T=5μs，此方波的三次谐波频率为（　　）。

A．10^6Hz　　B．2×10^6Hz　　C．6×10^5Hz

3．在非正弦周期信号的傅里叶级数展开式中，谐波的频率越高，其幅值越（　　）。

A．大　　B．小　　C．无法判断

4．已知基波的频率为 120Hz，该非正弦波的三次谐波频率为（　　）。

A．360Hz　　B．300Hz　　C．240Hz

5．非正弦周期量的有效值等于它各次谐波（　　）平方和的开方。

A．平均值　　B．有效值　　C．最大值

6．非正弦周期信号作用下的线性电路分析，电路响应等于它的各次谐波单独作用时产生的响应的（　　）的叠加。

A．有效值　　B．瞬时值　　C．相量

7．已知一个非正弦电流 $i(t)=10+10\sqrt{2}\sin 2\omega t$（A），它的有效值为（　　）。

A．$20\sqrt{2}$ A　　B．$10\sqrt{2}$ A　　C．20A

四、简答题

1．什么叫非正弦周期信号，你能举出几个实际中的非正弦周期信号的例子吗？

2．非正弦周期性线性电路的分析步骤是什么？其分析思想遵循什么电路原理？

3．什么是基波？什么是高次谐波？什么是奇次谐波和偶次谐波？

4．“只要电源信号是正弦的，电路中各部分电流及电压都是正弦的”这一说法对吗？为什么？

五、计算分析题

1．电路如自测图 7-1 所示，已知 $u(t)=25+100\sqrt{2}\sin\omega t+25\sqrt{2}\sin 2\omega t+10\sqrt{2}\sin 3\omega t$（V），$R$=20Ω，$\omega L$=20Ω，求电流的有效值及电路吸收的有功功率。

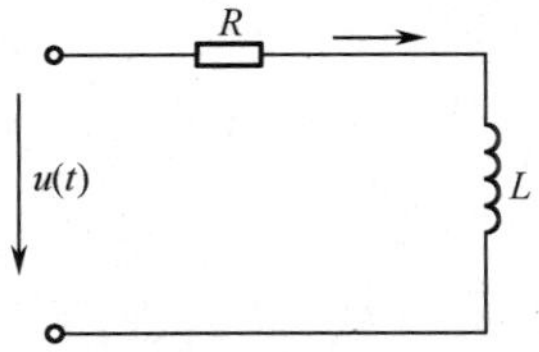

扫一扫看微课视频：电路参数计算

自测图 7-1

2．电路如自测图 7-2 所示，已知 $u(t)=200+100\sqrt{2}\sin 3\omega t$（V），$R$=20Ω，基波感抗 ωL=10/3Ω，基波容抗 $1/\omega C$=60Ω，求 $i(t)$及电感两端电压 u_L 的谐波表达式。

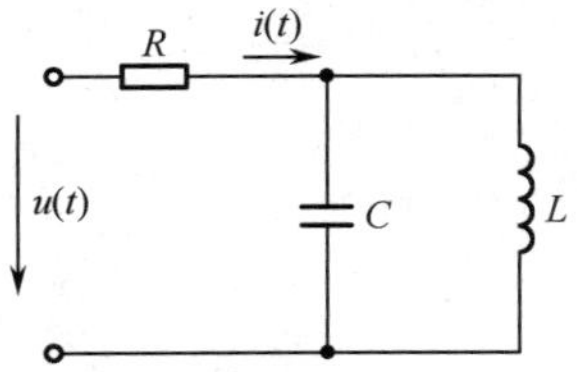

扫一扫看微课视频：电路参数计算与分析

自测图 7-2

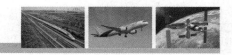

3．电路如自测图 7-3 所示，已知 $u(t) = 10 + 80\sin(\omega t + 30^\circ) + 18\sin 3\omega t$（V），$R$=6Ω，$\omega L$=2Ω，$1/\omega C$=18Ω，求交流电压表、交流电流表及功率表的读数，并求 $i(t)$的谐波表达式。

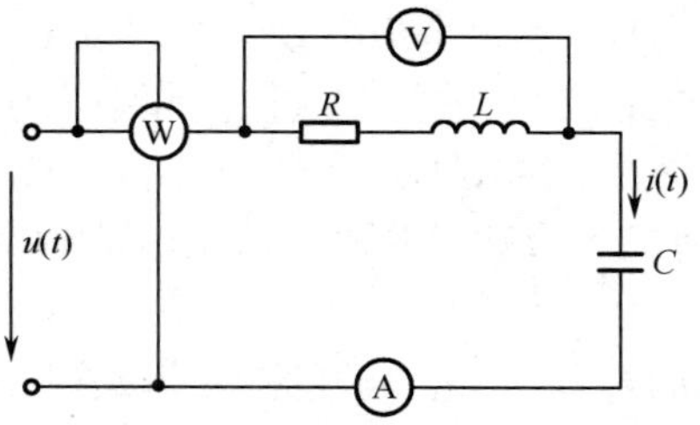

自测图 7-3

项目 8

变压器的认知与使用

扫一扫看项目 8 教学课件

扫一扫看项目 8 电子教案

项目导入

变压器是以电磁感应原理为基础工作的，它实现了电力电路中电能的传送和电子电路中信号的变换、传递，是电力电路、电子电路中的重要设备和器件。应了解变压器的结构与特性，能进行线圈同名端的判别、互感系数的测量，能应用变压器的电压变换、电流变换和阻抗变换作用解决实际问题。

任务 8.1 互感线圈的认知与检测

学习导航

学习目标	1．理解互感现象及工程量
	2．掌握线圈同名端的含义及判别方法
	3．掌握测量互感系数的方法
重点知识要求	1．掌握线圈的同名端含义及判别方法
	2．掌握测量互感系数的方法
关键能力要求	1．能够判别线圈的同名端
	2．能正确测量互感系数

实施步骤

扫一扫看微课视频：互感现象仿真

1．互感现象演示

教师从虚拟的物理实验演示入手，引导学生了解互感现象、互感系数、耦合系数、互感电压等知识。

自感虚拟实验电路如图 8-1-1（a）所示，互感虚拟实验电路如图 8-1-1（b）所示。

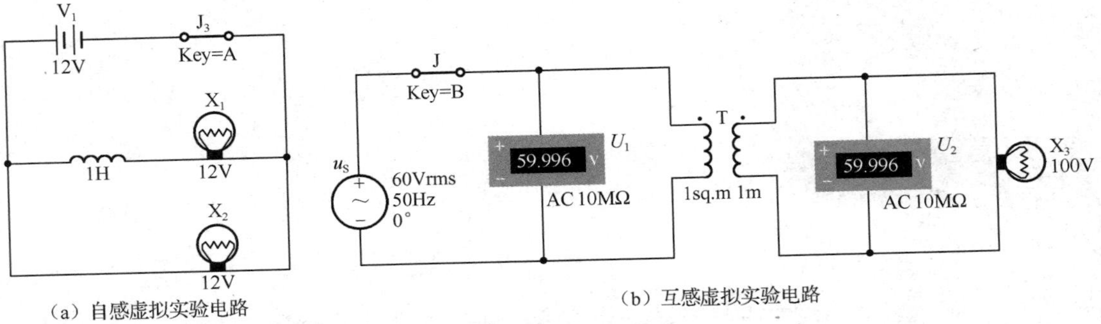

（a）自感虚拟实验电路　　（b）互感虚拟实验电路

图 8-1-1　虚拟实验演示

2. 线圈同名端的含义及实验判别

在同一变化磁通的作用下，两个互感线圈感应电压极性始终保持一致的端子称为同名端，感应电压极性相反的端子称为异名端。

扫一扫看微课视频：线圈同名端的直流法判别

1）直流判别法

如图 8-1-2（a）所示，将左侧互感线圈通过开关 S 接到直流稳压电源上，将右侧互感线圈直接接到电压表上。迅速闭合开关 S，随时间增大的电流 i_1 从电源正极流入线圈端 1。

如果电压表指针正向偏转，则端 1 和端 3 为同名端；如果电压表指针反向偏转，则端 1 和端 4 为同名端。实验结果：电压表指针________，________和________为同名端。

扫一扫看微课视频：线圈同名端的交流法判别

2）交流判别法

按图 8-1-2（b）连接电路，把两个互感线圈的任意两个接线端连在一起，如将端 2、端 4 相连，并在其中一个线圈上加上一个较低的交流电压，用交流电压表分别测量 U_{12}、U_{34}、U_{13}。

若测得 U_{13} 约为 U_{12} 和 U_{34} 之差，则端 2、端 4 为同名端；若测得 U_{13} 约为 U_{12} 和 U_{34} 之和，则端 2、端 4 为异名端。实验结果：U_{12}=______、U_{34}=______、U_{13}=______，所以________和________为同名端。

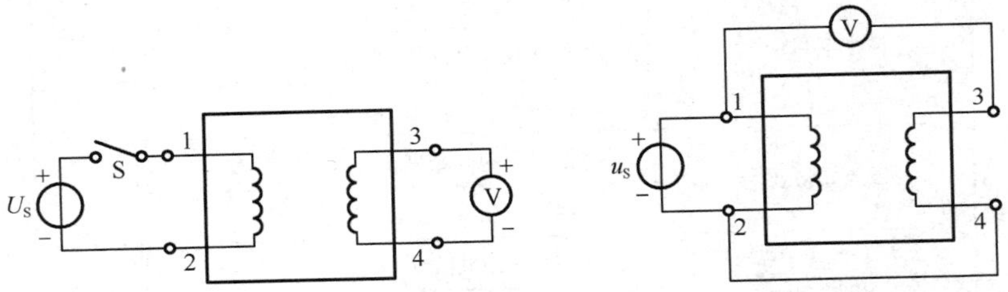

（a）　　（b）

图 8-1-2　实验法判别同名端

3. 互感系数 *M* 的测量

扫一扫看微课视频：互感系数的4M法仿真测试

1）功率电流 4M 法测互感系数

（1）原理：两个耦合线圈串联接到正弦交流电源上，测出正向串联和反向串联两种情况下的电流和功率，依据公式可推算出互感系数 M。

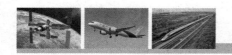

设两个线圈的电阻分别为 R_1、R_2，则正向串联时有

$$P = I^2(R_1 + R_2)$$

$$R_1 + R_2 = \frac{P}{I^2}$$

$$|Z_F| = \frac{U}{I}$$

$$|Z_F| = \sqrt{(R_1 + R_2)^2 + (\omega L_F)^2}$$

$$L_F = \frac{1}{\omega}\sqrt{|Z_F|^2 - (R_1 + R_2)^2}$$

同理，可推算出反向串联时的总电感：

$$L_R = \frac{1}{\omega}\sqrt{|Z_R|^2 - (R_1 + R_2)^2}$$

因此有

$$M = |L_F - L_R|/4$$

（2）动手操作：20V、50Hz 正弦信号源，两个耦合线圈串接，先后按图 8-1-3（a）和图 8-1-3（b）连接电路，将测量数据记录到表 8-1-1 中，根据实验原理计算出互感系数 M。

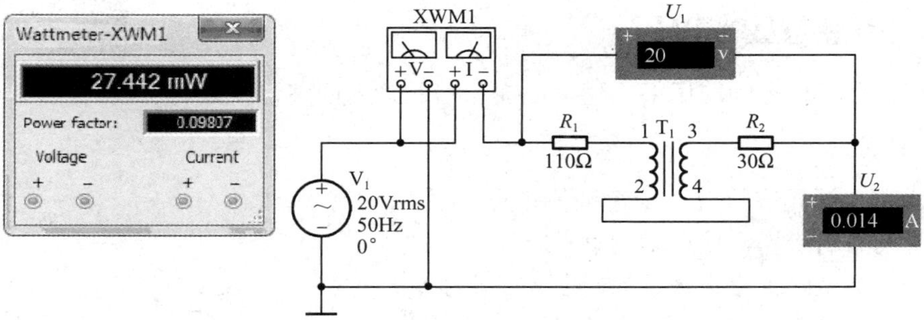

（a）

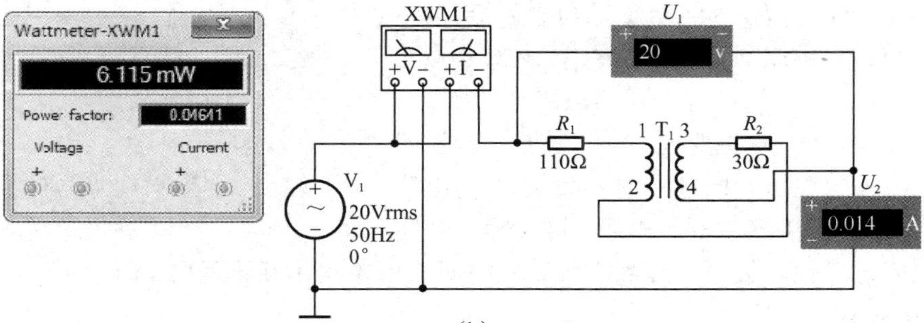

（b）

图 8-1-3　功率电流 4M 法测互感系数

表 8-1-1　功率电流 4M 法测互感系数测量数据

接线方式	I	U	P	R_1+R_2	$\|Z\|$	L
图 8-1-3（a）						L_a=
图 8-1-3（b）						L_b=

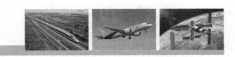

$M=(L_a-L_b)/4=$________，经分析可判断________和________为同名端。

2）谐振法测互感系数

扫一扫看微课视频：谐振法测互感系数

（1）实验电路原理。

谐振法测电感的电路原理图如图 8-1-4 所示，LC 电路的固有谐振频率 $f_0=\dfrac{1}{2\pi\sqrt{LC}}$，当谐振时，LC 电路阻抗呈纯阻性且阻值最大，$I$ 最小，可通过测量电阻上的电压或电流寻找谐振频率。改变信号源 u_i 的频率，当电阻上的电压或电流最小时，电路处于谐振状态。将此时的参数值代入公式 $L=\dfrac{1}{4\pi^2 f_0^2 C}$ 即可计算电感 L。

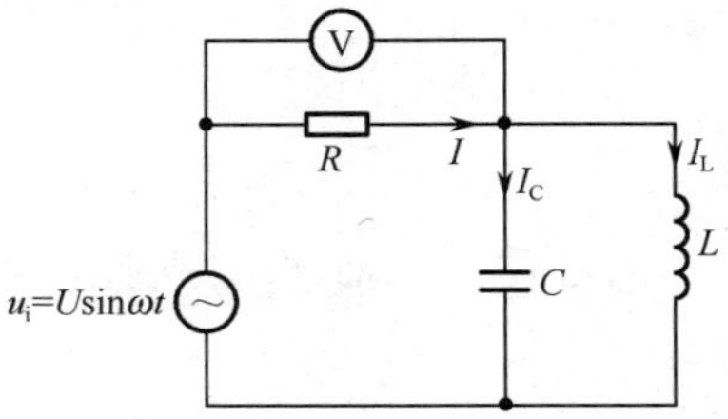

图 8-1-4　谐振法测电感的电路原理图

（2）测量互感系数。先将两个线圈串接在电路中，找出此时的谐振频率，并算出电感。再将其中一个线圈反向接入电路，找出谐振频率，并算出电感。根据正向接入时 $L_{01}=L_1+L_2+2M$，反向接入时 $L_{02}=L_1+L_2-2M$，得出 $M=(L_{01}-L_{02})/4$。

相关知识

扫一扫看微课视频：互感与互感电压

8.1.1　互感与互感电压

互感在实际工程中的应用很广泛，如变压器的输入回路，就是利用互感原理制成的。

1. 互感现象

两个线圈在互相靠近时，一个线圈的磁场变化影响另一个线圈的磁场，这种影响就是互感。

图 8-1-5 中是两个相距很近的，匝数分别为 N_1、N_2 的线圈。线圈 1 在通入交流电流 i_1 时，就会产生自感磁通 Φ_{11}，$\psi_{11}=N_1\Phi_{11}$ 为线圈 1 的自感磁链。Φ_{11} 中的一部分磁通穿过线圈 2，记作 Φ_{21}，这部分磁通称为互感磁通，$\psi_{21}=N_2\Phi_{21}$ 称为互感磁链。

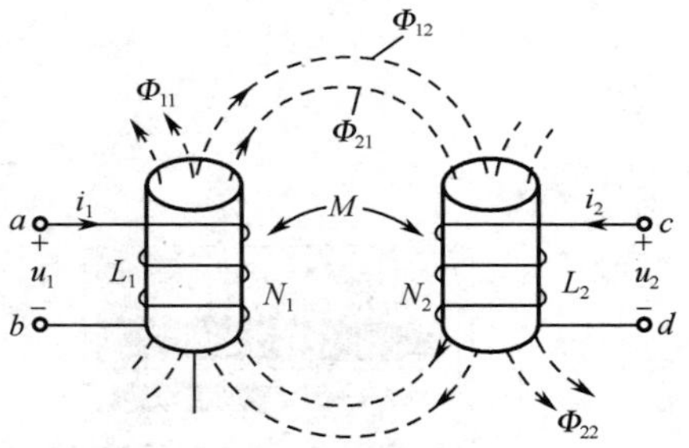

图 8-1-5　两线圈的互感

随着 i_1 变化，ψ_{21} 发生变化，因此线圈 2 产生感应电压，称为互感电压。同理，通入线圈 2 的电流 i_2 变化，也会使线圈 1 产生互感电压。这种因一个线圈的通入电流的变化，另一个线圈产生感应电压的现象叫作互感现象。

2. 互感系数

在非铁磁性的介质中，电流产生的磁通与电流成正比，当匝数一定时，磁链也与电流大小成正比。当选择电流的参考方向与磁通的参考方向满足右手螺旋定则时，可得 $\psi_{21}\propto i_1$，设比例系数为 M_{21}，则有

$$\psi_{21}=M_{21}\cdot i_1,\quad M_{21}=\psi_{21}/i_1 \tag{8-1-1}$$

式中，M_{21} 为线圈 1 对线圈 2 的互感系数，简称互感。

同理，线圈 2 对线圈 1 的互感系数为

$$M_{12}=\psi_{12}/i_2 \quad (8\text{-}1\text{-}2)$$

实践证明，$M_{21}=M_{12}$，两个线圈的互感系数用 M 表示，$M=M_{21}=M_{12}$。互感系数 M 的单位和自感系数 L 相同，都是亨利（H）。

线圈间的互感系数 M 不仅与两个线圈的匝数、形状及尺寸有关，还与线圈间的相互位置及周围磁介质的性质有关。当用铁磁材料作为介质时，互感系数 M 将不是常数。本书只讨论互感系数 M 为常数的情况。

3. 耦合系数

两个耦合线圈的电流所产生的磁通一般只有部分相交链。两个耦合线圈相交链的磁通越大，说明两个线圈耦合得越紧密。为了能定量表征两个线圈之间磁耦合的紧密程度，人们引入了耦合系数 k。耦合系数 k 的定义为

$$k=\frac{M}{\sqrt{L_1L_2}} \quad (8\text{-}1\text{-}3)$$

经证明可得，耦合系数的变化范围为 $0\leqslant k\leqslant 1$。

当两个线圈的轴向互相垂直或两个线圈相隔很远时，$k\approx 0$，属于松耦合，电信系统一般采取垂直架设的方法来减少输电线对电信线路的干扰；当两个线圈在同一轴线上时，$k\approx 1$，属于紧耦合，电力变压器各绕组之间就属于这种情况，$k\approx 0.95$；理想情况为 $k=1$，称为全耦合。因此，改变线圈的相互位置可以相应改变互感系数 M 和耦合系数 k 的大小。

4. 互感电压

当通过两个线圈的电流是交变的电流时，会产生交变的磁场。交变的磁链穿过 L_1 和 L_2 引起的自感电压为

$$u_{11}=L_1\frac{\mathrm{d}i_1}{\mathrm{d}t}$$

$$u_{22}=L_2\frac{\mathrm{d}i_2}{\mathrm{d}t}$$

两个相邻线圈中的电流产生的磁场不仅穿过本线圈，还有相当一部分穿过相邻线圈，这部分交变的磁链在相邻线圈中必定会引起互感现象，产生的互感电压为

$$u_{21}=M\frac{\mathrm{d}i_1}{\mathrm{d}t}$$

$$u_{12}=M\frac{\mathrm{d}i_2}{\mathrm{d}t}$$

当线圈中通过的电流为正弦电流时，自感电压、互感电压都可以用相量表示：

$$\dot{U}_{11}=\mathrm{j}\omega L_1\dot{I}_1,\quad \dot{U}_{21}=\mathrm{j}\omega M\dot{I}_1$$

$$\dot{U}_{22}=\mathrm{j}\omega L_2\dot{I}_2,\quad \dot{U}_{12}=\mathrm{j}\omega M\dot{I}_2$$

线圈上自感电压和互感电压叠加合成为耦合线圈上的总电压。叠加时有如下两种情况。

（1）当自感磁通与互感磁通方向一致时，称为磁通相助，如图 8-1-6（a）所示。

设两个线圈上的电压、电流为关联参考方向，即其方向与各磁通的方向符合右手螺旋定则，则总电压为

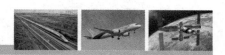

$$u_1 = L_1\frac{\mathrm{d}i_1}{\mathrm{d}t} + M\frac{\mathrm{d}i_2}{\mathrm{d}t}$$
$$u_2 = L_2\frac{\mathrm{d}i_2}{\mathrm{d}t} + M\frac{\mathrm{d}i_1}{\mathrm{d}t} \qquad (8\text{-}1\text{-}4)$$

（2）当自感磁通与互感磁通方向相反时，称为磁通相消，如图 8-1-6（b）所示。

设两个线圈上的电压、电流为关联参考方向，即其方向与各磁通的方向符合右手螺旋定则，则总电压为

$$u_1 = L_1\frac{\mathrm{d}i_1}{\mathrm{d}t} - M\frac{\mathrm{d}i_2}{\mathrm{d}t}$$
$$u_2 = L_2\frac{\mathrm{d}i_2}{\mathrm{d}t} - M\frac{\mathrm{d}i_1}{\mathrm{d}t} \qquad (8\text{-}1\text{-}5)$$

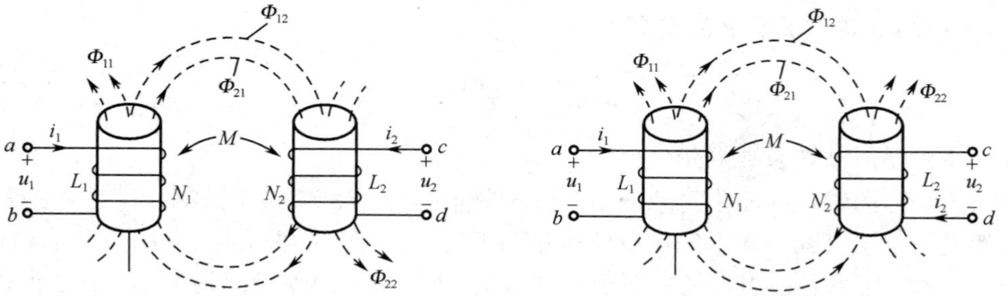

（a）磁通相助　　（b）磁通相消

图 8-1-6　互感耦合的两种情况

说明：

（1）若自感电压与本线圈中通过的电流为关联参考方向，则自感电压和电流前面均取正号；互感电压前面的正、负号要依据两个线圈通入的电流的磁场是否一致确定。

（2）若两个线圈电流产生的磁场方向一致，则两个线圈中的磁场相互增强，这时它们产生的互感电压前面取正号；若两个线圈电流产生的磁场相互削弱，则它们产生的感应电压前面应取负号。

【例 8-1-1】 在图 8-1-7 中，i_1=10A，i_2=5sin10t（A），L_1=2H，L_2=3H，M=1H，求耦合电感的端电压 u_1 和 u_2。

【解】

$$u_1 = L_1\frac{\mathrm{d}i_1}{\mathrm{d}t} + M\frac{\mathrm{d}i_2}{\mathrm{d}t} = 0 + 1\times 50\cos 10t = 50\cos 10t\ (\mathrm{V})$$

$$u_2 = L_2\frac{\mathrm{d}i_2}{\mathrm{d}t} + M\frac{\mathrm{d}i_1}{\mathrm{d}t} = 3\times 50\cos 10t + 0 = 150\cos 10t\ (\mathrm{V})$$

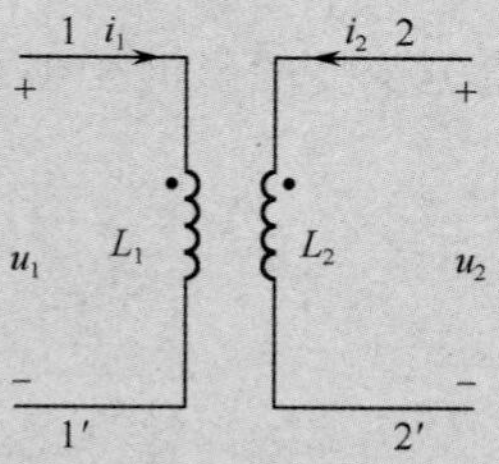

图 8-1-7　例 8-1-1 电路图

8.1.2　线圈的同名端及判定

扫一扫看微课视频：线圈的同名端及判定

1. 线圈的同名端

分析线圈的自感电压和电流时，只要选择自感电压与电流为关联参考方向，就满足 $u_\mathrm{L} = L\frac{\mathrm{d}i}{\mathrm{d}t}$ 关系，不必考虑线圈的实际绕向问题。

在分析线圈的互感电压和电流时，仅规定电流的参考方向是不够的，还要知道线圈各自的绕向和两个线圈的相对位置。在实际应用中，电气设备中的线圈都是密封在壳体内的，一般无法看到线圈的绕向。那么，怎样才能像确定自感电压那样，在选定了电流的参考方向后直接运用公式计算互感电压呢？解决这个问题要引入线圈同名端的概念。

在同一变化磁通的作用下，两个互感线圈的感应电压极性始终保持一致的端子称为同名端（用 • 或*表示），感应电压极性相反的端子称为异名端。同名端特性为电流同时由两个线圈上的同名端流入（或流出）时，两个互感线圈的磁场相互增强；否则，相互削弱。

通常采用“同名端标记”表示绕向一致的两个相邻线圈的端子。图 8-1-8（a）中的 1、4 为同名端，用 • 表示，2、3 也是同名端，可不标示；图 8-1-8（b）中的 1、3 为同名端，用 • 表示，2、4 也是同名端，可不标示。

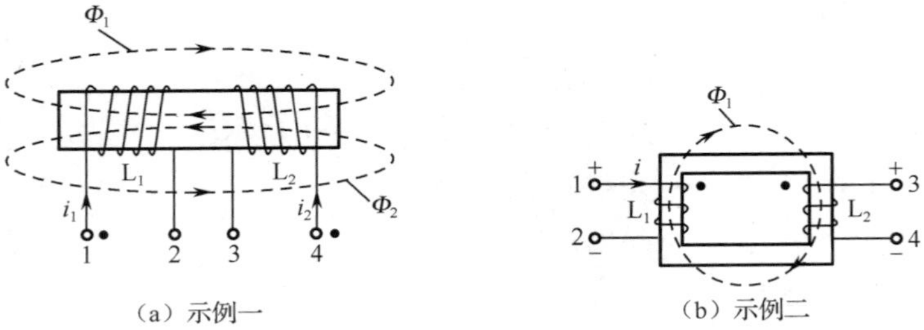

（a）示例一　　（b）示例二

图 8-1-8　线圈同名端判别示例

2. 线圈同名端的判别方法

1）已知线圈的绕向和相对位置

在已知线圈的绕向和相对位置时，可利用同名端概念和特性判别同名端。

图 8-1-8（a）中同名端的判别可依同名端特性进行。假设 1、4 为同名端，电流从假设的两个同名端流入，两个线圈产生的磁通方向一致，磁场相互增强，说明假设正确。

如图 8-1-8（b）所示，L_1、L_2 绕在同一个环形支架上，L_1 中通有电流 i。当 i 增大时，它产生的磁通 Φ_1 增加，L_1 中产生自感电动势，L_2 中产生互感电动势，这两个电动势都是由于磁通 Φ_1 的变化引起的。根据楞次定律可知，它们的感应电流都要产生与磁通 Φ_1 相反的磁通，以阻碍磁通 Φ_1 的增加，由安培定则确定 L_1、L_2 中的感应电动势的方向，即电源的正、负极，并标注在图上，即 1 与 3、2 与 4 极性相同。当 i 减小时，L_1、L_2 中的感应电动势方向都反了过来，但 1 与 3、2 与 4 极性仍然相同。无论电流从哪端流入线圈，1 与 3、2 与 4 的极性都保持相同，说明 1、3 为同名端。

2）线圈绕向未知

当线圈绕向未知时，需要采用实验手段判别同名端，实验法判别同名端有直流判别法和交流判别法两种。无论采用哪种实验手段，遵循的都是同名端的概念和特性，具体的实验方法见前面的“实施步骤”部分。

扫一扫看微课视频：耦合线圈的连接

8.1.3　耦合线圈的串联

耦合线圈有正向串联和反向串联两种形式。两个线圈异名端相接时为正向串联，如图 8-1-9（a）所示，当两个线圈同名端相接时为反向串联，如图 8-1-9（b）所示。

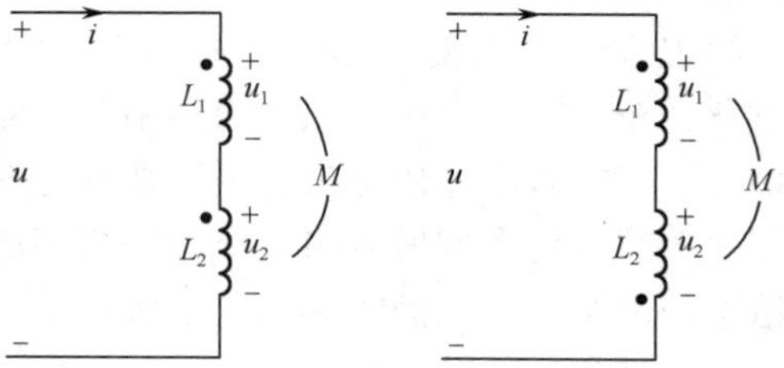

（a）正向串联　　（b）反向串联

图 8-1-9　耦合线圈的串联

对于如图 8-1-9（a）所示的正向串联电路，根据 KVL 可得

$$u = u_1 + u_2 = L_1\frac{\mathrm{d}i}{\mathrm{d}t} + M\frac{\mathrm{d}i}{\mathrm{d}t} + L_2\frac{\mathrm{d}i}{\mathrm{d}t} + M\frac{\mathrm{d}i}{\mathrm{d}t}$$

用相量表示为

$$\begin{aligned}\dot{U} &= \dot{U}_1 + \dot{U}_2 \\ &= \mathrm{j}\omega L_1\dot{I} + \mathrm{j}\omega M\dot{I} + \mathrm{j}\omega L_2\dot{I} + \mathrm{j}\omega M\dot{I} \\ &= \mathrm{j}\omega(L_1 + L_2 + 2M)\dot{I} \\ &= \mathrm{j}\omega L_{\mathrm{F}}\dot{I}\end{aligned}$$

正向串联的等效电感为

$$L_{\mathrm{F}} = L_1 + L_2 + 2M \tag{8-1-6}$$

对于如图 8-1-9（b）所示的反向串联电路，根据 KVL 可得

$$\begin{aligned}\dot{U} &= \dot{U}_1 + \dot{U}_2 = \mathrm{j}\omega L_1\dot{I} - \mathrm{j}\omega M\dot{I} + \mathrm{j}\omega L_2\dot{I} - \mathrm{j}\omega M\dot{I} \\ &= \mathrm{j}\omega(L_1 + L_2 - 2M)\dot{I} \\ &= \mathrm{j}\omega L_{\mathrm{R}}\dot{I}\end{aligned}$$

反向串联的等效电感为

$$L_{\mathrm{R}} = L_1 + L_2 - 2M \tag{8-1-7}$$

工程中可应用耦合电感正、反向串联的等效电感的差异，来分析测定线圈的互感系数。

【例 8-1-2】 两个耦合线圈的正向串联的等效电感 L_1=0.09H，反向串联的等效电感 L_2=0.01H，试求其互感系数。

【解】 $M=(L_1-L_2)/4=0.02$（H）

任务 8.2　变压器的认知与测试

扫一扫看微课视频：耦合线圈的连接

学习导航

学习目标	1．了解变压器的结构和用途
	2．掌握变压器的电压变换、电流变换和阻抗变换原理
	3．掌握变压器参数的测定方法
重点知识要求	1．变压器的电压变换、电流变换和阻抗变换原理
	2．变压器参数的测定方法
关键能力要求	能理解并测定变压器相关参数

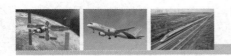

实施步骤

1. 变压器的认知

教师讲解单相变压器的用途、结构、分类、特性等知识。

2. 单相变压器参数的测定

1）测试变压器的同名端

之前已介绍过的直流差别法、交流判别法仍然适用，再介绍几种测试方法，以拓展实践手段。

（1）电感量判别法。

同一磁芯的两个绕组异名端串联后，电感与匝数比为

$$L/L_1=\left(\frac{n_1+n_2}{n_1}\right)^2$$

同一磁芯的两个绕组同名端串联后，电感与匝数比为

$$L/L_1=\left(\frac{|n_1-n_2|}{n_1}\right)^2$$

扫一扫看微课视频：变压器同名端的相位法判定

在已测得各绕组的电感的基础上，将某两个绕组串联再测等效电感，根据等效电感判断这两个绕组串接点是同名端还是异名端。

（2）相位判断法。

使用信号发生器对变压器的初级绕组施加频率为 1kHz、幅值为 5V 的正弦波信号，使用双踪示波器同时跟踪初级引脚信号波形和次级引脚信号波形，若两个信号相位一致，则探针接触的引脚为同名端；否则，探针接触的引脚为异名端。图 8-2-1 所示为波形相位不一致的变压器引脚信号波形图。

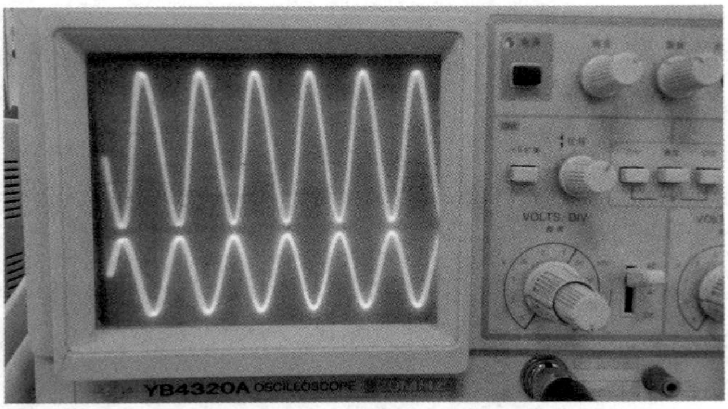

图 8-2-1　波形相位不一致的变压器引脚信号波形图

2）测定绝缘电阻

用兆欧表分别检查变压器初级绕组、次级绕组之间和各绕组与地之间的冷态绝缘电阻。

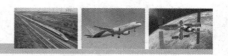

3）电压变换、电流变换、阻抗变换实验测试

按图 8-2-2 连接电路，闭合电源开关，图中变压器 Tr 为 220V/110V，负载选用 3 个 36V/25W 的灯泡，交流调压器 T 的输出范围为 0～250V。调节调压器 Tr 的输出电压，使变压器 Tr 空载时输出电压为 36V，分别在变压器 Tr 的次级接入 1 个、2 个、3 个灯泡，测量变压器 Tr 的输入电压、输出电压、输入电流、输出电流，将测量数据填入表 8-2-1。根据测得的数据计算 Z_L 和 Z_1，分析变压器的阻抗变换作用。

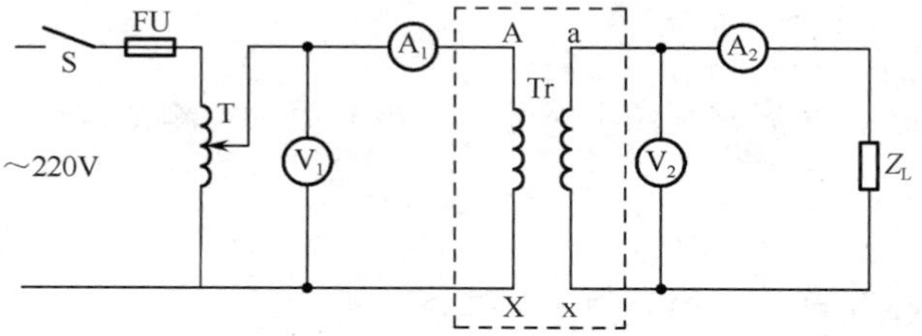

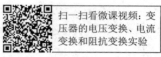

扫一扫看微课视频：变压器的电压变换、电流变换和阻抗变换实验

图 8-2-2　电压变换、电流变换、阻抗变换实验测试电路图

表 8-2-1　电压变换、电流变换、阻抗变换实验测试数据与分析

灯泡数/个	初级			次级			变压比	变流比
	U_1/V	I_1/mA	$\|Z_1\|$/Ω	U_2/V	I_2/mA	$\|Z_L\|$/Ω		
0（空载）		—	—		—	—		—
1								
2								
3								

相关知识

8.2.1　初识变压器

扫一扫看微课视频：初识变压器

1. 变压器的基础知识

变压器是依据电磁感应原理制成的，它可以把某一电压下的交流电变换为同频率的另一电压下的交流电。输送电能时采用的电压越高，输电线路中的电流越小，输电线路上的损耗越少，故远距离输电都用高电压。目前，我国交流输电电压已高达 500kV，发电机的输出电压一般有 3.15kV、6.3kV、10.5kV 等，因此需要用变压器将电压升高。电能输送到用电区域后，为适应用电设备的电压要求，需要通过各级变电所，利用变压器将电压降低为各类用电设备需要的电压，多数用电设备所需电压是 380V、220V、36V，少数电动机采用 3kV、6kV 高压。图 8-2-3 所示为几种常见的变压器。

变压器组成部件包括器身（铁芯、绕组、绝缘装置、引线）、变压器油、油箱与冷却装置、调压装置、保护装置（吸湿器、安全气道、气体继电器、储油柜、测温装置等）和出线套管。变压器结构示意图如图 8-2-4 所示。变压器符号如图 8-2-5 所示。

1）铁芯

铁芯是变压器主要的磁路部分，通常由含硅量较高，厚度分别为 0.35mm、0.3mm、0.27mm 的表面涂有绝缘漆的热轧或冷轧硅钢片叠装而成。铁芯分为铁芯柱和横片两部分，铁芯柱套

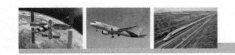

有绕组；横片用于闭合磁路。铁芯结构的基本形式有芯式和壳式两种。

（a）高频变压器

（b）环形变压器

（c）电源变压器

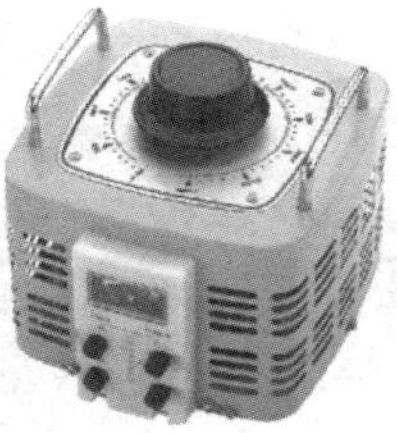
（d）自耦变压器

（e）油浸式配电变压器

图 8-2-3 几种常见的变压器

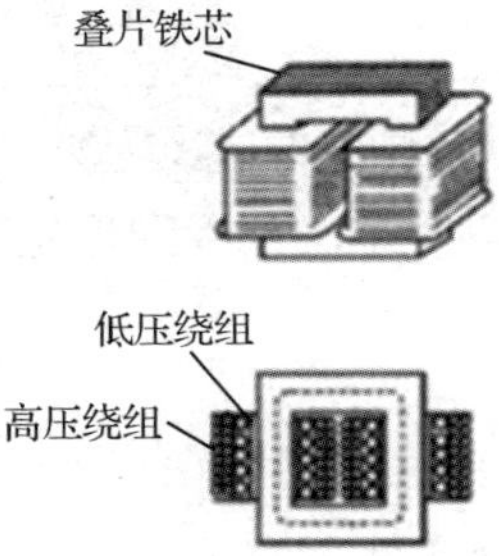

（a）芯式

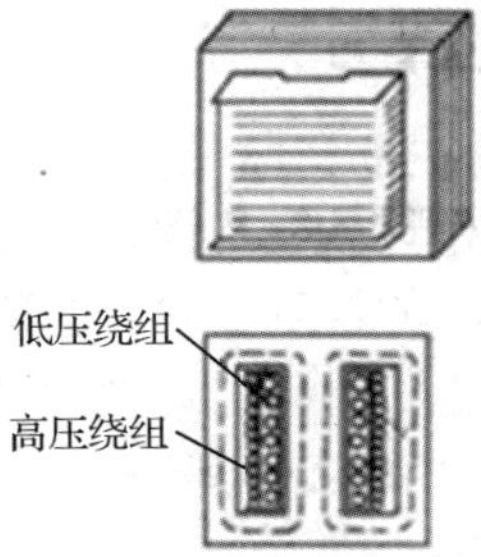

（b）壳式

图 8-2-4 变压器结构示意图

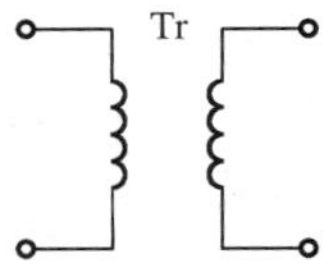

图 8-2-5 变压器符号

2）绕组

绕组是变压器的电路部分，它是用双丝包绝缘扁线或漆包圆线绕制而成的。绕组可分为同芯式和交叠式。

同芯式绕组的高、低压绕组同芯地绕在铁芯柱上，为便于绝缘，低压绕组一般靠近铁芯柱。同芯式绕组结构简单，制造方便，国产电力变压器均采用这种结构。交叠式绕组绕制成饼形，高、低压绕组上下交叠放置，主要用在电焊、电炉等变压器中。

2. 变压器的功率和效率

变压器初级绕组额定电压 U_{1N} 是设计时按照变压器的绝缘强度和容许发热规定的应加电压，次级绕组额定电压 U_{2N} 是初级绕组加额定电压、变压器空载时的次级绕组的端电压。变压器的额定电流 I_{1N}、I_{2N} 是按照变压器容许发热规定初级绕组、次级绕组长期允许通过的最大电流。在实际运用中不得超过各项额定值，否则变压器会因过热或绝缘破坏而受到损害。次级绕组的额定电压与额定电流的乘积 $U_{2N}I_{2N}$ 称为变压器的额定容量 S_N，即变压器的额定视在功率。

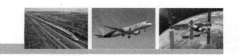

变压器实际输出的有功功率 P_2 不仅取决于次级绕组的实际电压、电流，还与负载的功率因数 $\cos\varphi_2$ 有关，$P_2=U_2I_2\cos\varphi_2$。变压器的输入有功功率 $P_1=U_1I_1\cos\varphi_1$。

变压器的损耗功率为输入功率、输出功率之差（P_1-P_2），简称损耗，它包括铜损和铁损两部分。铜损是电流通过绕组时，变压器的初级绕组和次级绕组所消耗的能量和，铁损是铁芯中涡流损耗和磁滞损耗之和。铜损与电流有关，随负载变化，也称可变损耗。频率一定时，铁损只与交变磁通幅值有关，与变压器负载无关，也称固定损耗。

输出功率与输入功率之比是变压器的效率，记为 η：

$$\eta=\frac{P_2}{P_1}\times 100\%=\frac{P_2}{P_2+P_{\mathrm{Cu}}+P_{\mathrm{Fe}}}\times 100\% \tag{8-2-1}$$

一般变压器的效率较高，可超过 80%。

【例 8-2-1】 变压器铭牌上标明 220V/36V、300V·A，下面哪种规格的电灯能接在此变压器次级使用？为什么？电灯规格：36V/500W；36V/60W；12V/60W；220V/25W。

【解】 变压器次级能接的电灯为 36V/60W。变压器额定容量为 300V·A，即变压器的最大输出功率为 300W，36V/500W 的电灯的额定功率超出变压器的最大输出功率，因此不能使用。变压器额定输出电压为 36V，超出 12V/60W 电灯的耐压，故 12V/60W 的电灯不能使用。如接入 220V/25W 的电灯，电灯会因为电压不足无法正常点亮。只有 36V/60W 的电灯可以在变压器次级使用。

8.2.2 理想变压器

扫一扫看微课视频：理想变压器的特性分析

实际的变压器在工作时或多或少存在漏磁、能量损耗，效率不能达到 100%，为便于分析计算，认为变压器在满足以下条件时，可视为理想变压器。

（1）$k=1$，即全耦合，作为铁芯的铁磁性材料的磁导率 μ 趋于无穷大。

（2）自感系数 L_1、L_2 趋于无穷大，但 L_1/L_2 为常数。

（3）无任何损耗，绕组的金属导线无电阻。

分析讨论理想变压器的相关工作、性能指标，对合理选择和使用变压器有着现实的意义。

1. 变压器的电压比

图 8-2-6 所示为理想变压器。

因为有

$$u_1=\frac{\mathrm{d}\psi_1}{\mathrm{d}t}=N_1\frac{\mathrm{d}\Phi}{\mathrm{d}t}, \quad u_2=\frac{\mathrm{d}\psi_2}{\mathrm{d}t}=N_2\frac{\mathrm{d}\Phi}{\mathrm{d}t}$$

所以有

$$\frac{u_1}{u_2}=\frac{N_1}{N_2}=n \tag{8-2-2}$$

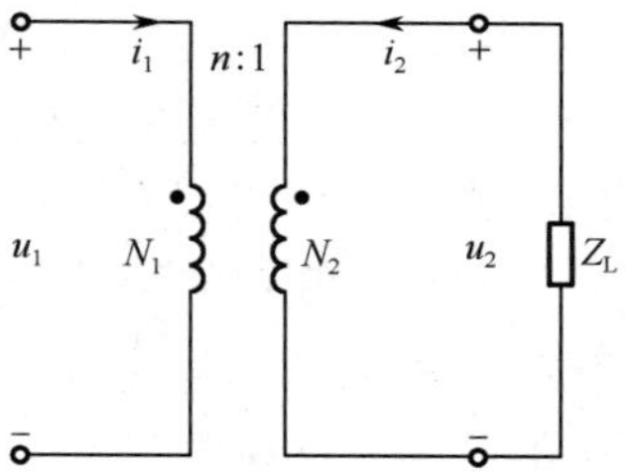

图 8-2-6 理想变压器

相量形式为

$$\frac{\dot{U}_1}{\dot{U}_2}=n$$

有效值为

$$\frac{U_1}{U_2}=n \tag{8-2-3}$$

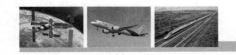

2. 变压器的电流比

由安培定则可得

$$i_1N_1+i_2N_2=Hl=\frac{B}{\mu}l=\frac{\Phi}{\mu S}l$$

因为μ趋于无穷大，Φ为有限值，所以$i_1N_1+i_2N_2=0$，可得

$$\frac{i_1}{i_2}=-\frac{N_2}{N_1}=-\frac{1}{n} \tag{8-2-4}$$

相量形式为

$$\frac{\dot{I}_1}{\dot{I}_2}=-\frac{1}{n} \tag{8-2-5}$$

有效值为

$$\frac{I_1}{I_2}=\frac{1}{n} \tag{8-2-6}$$

3. 功率大小

$$p(t)=i_1u_1+i_2u_2=\left(-\frac{1}{n}i_2\right)nu_2+i_2u_2=0$$

上述推导说明：理想变压器不消耗能量也不储存能量，它将能量从输入端全部送到输出负载上，是一种无记忆元件。

4. 变压器的阻抗变换

如图 8-2-7 所示，从输入端看等效输入阻抗为

$$Z_1=\frac{\dot{U}_1}{\dot{I}_1}=\frac{n\dot{U}_2}{-\frac{1}{n}\dot{I}_2}=n^2\left(-\frac{\dot{U}_2}{\dot{I}_2}\right)=n^2Z_L \tag{8-2-7}$$

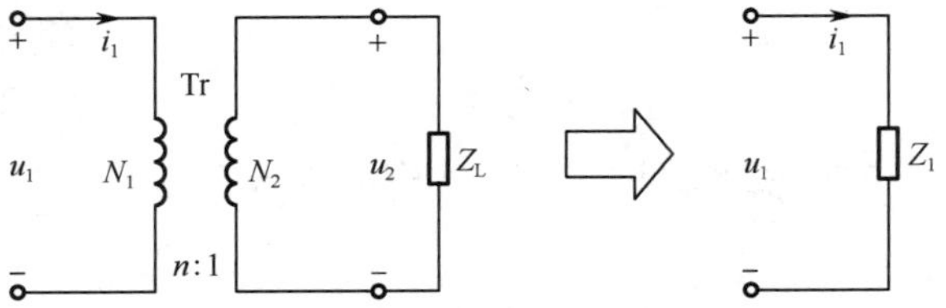

图 8-2-7 变压器的阻抗变换作用

以上分析说明变压器除有变压作用和变流作用以外，还可用来实现阻抗变换。设在变压器次级绕组接入负载的阻抗为 Z_L，那么从初级绕组两端看，这个阻抗相当于负载阻抗 Z_L 的 n^2 倍，变压器起到了阻抗变换的作用。当 n 变化时，Z_1 将随之变化：$n>1$，$Z_1>Z_L$；$n<1$，$Z_1<Z_L$。通过改 n，可以实现不同的阻抗变化，若将负载阻抗变为最佳负载，则可以实现阻抗匹配，达到最大功率传输。

【例 8-2-2】 有一个理想变压器，其初级绕组匝数 N_1=550，接电源电压 U_1=220V，次级绕组开路电压 U_2=12V，接纯电阻负载（12V/36W），试求次级绕组的匝数 N_2 和流过初级绕组的电流 I_1。

【解】 由 $\dfrac{U_1}{U_2}=\dfrac{N_1}{N_2}$ 可得

$$N_2=\frac{U_2}{U_1}\times N_1=30\ （匝）$$

由题意可得

$$I_2=\frac{36}{12}=3\ （\text{A}）$$

由 $\dfrac{I_1}{I_2}=\dfrac{N_2}{N_1}$ 可得

$$I_1=\frac{N_2}{N_1}\times I_2\approx 0.164\ （\text{A}）$$

【例8-2-3】 某晶体管收音机输出变压器的初级绕组匝数 N_1=230，次级绕组匝数 N_2=80，原配有阻抗为 8Ω 的电动扬声器，现要改接 4Ω 的扬声器，问输出变压器次级绕组的匝数应如何变动（原绕组匝数不变）。

【解】 初级等效阻抗：

$$Z_1=\left(\frac{N_1}{N_2}\right)^2 Z_{\text{L}}=\left(\frac{230}{80}\right)^2\times 8\approx 66\ （\Omega）$$

扫一扫看微课视频：变压器参数计算

负载变动后，为保证与信号源匹配，初级等效阻抗不变，须改变次级绕组匝数。

由 $Z_1=\left(\dfrac{N_1}{N_2'}\right)^2 Z_{\text{L}}'$ 可得

$$N_2'=\sqrt{(N_1)^2\frac{Z_{\text{L}}'}{Z_1}}=\sqrt{(230)^2\times\frac{4}{66}}\approx 57\ （匝）$$

项目总结

扫一扫看拓展知识：其他变压器及变压器常见的故障及检修方法

1. 互感

一个线圈通过电流产生的磁通穿过另一个线圈的现象，称为互感现象。

互感系数为

$$M=\frac{\psi_{21}}{i_1}=\frac{\psi_{12}}{i_2}$$

耦合系数 k：表示两个线圈耦合的紧密程度，$k=\dfrac{M}{\sqrt{L_1L_2}}$，$0\leqslant k\leqslant 1$。

互感电压：当互感电压和产生它的电流的参考方向相对于同名端为关联参考方向时，有

$$u_{21}=M\frac{\text{d}i_1}{\text{d}t},\quad u_{12}=M\frac{\text{d}i_2}{\text{d}t}$$

对于正弦交流电路有

$$\dot{U}_{21}=\text{j}\omega M\dot{I}_1,\quad \dot{U}_{12}=\text{j}\omega M\dot{I}_2$$

2. 同名端

在同一变化磁通的作用下，两个互感线圈感应电压极性始终保持一致的端子称为同名端

（用·或*表示）。当电流同时由两个线圈上的同名端流入时，两个互感线圈的磁场相互增强。

3. 互感线圈的串联

两个互感线圈正向串联时，其等效电感 $L_F = L_1 + L_2 + 2M$ ；反向串联时，其等效电感 $L_R = L_1 + L_2 - 2M$ 。互感系数 $M = \dfrac{L_F - L_R}{4}$ 。

4. 理想变压器的变换关系

$$\frac{U_1}{U_2} = \frac{N_1}{N_2} = n, \quad \frac{I_1}{I_2} = \frac{N_2}{N_1} = \frac{1}{n}, \quad Z_1 = \left(\frac{N_1}{N_2}\right)^2 Z_L = n^2 Z_L$$

自测练习8

扫一扫看本项目自测练习参考答案

一、填空题

1．当流过一个线圈的电流发生变化时，引起的线圈本身的电磁感应现象称为________现象，本线圈电流变化引起了相邻线圈的感应电压的现象称为________现象。

2．当端口电压、电流为________参考方向时，自感电压取正；当端口电压、电流的参考方向________时，自感电压取负。

3．互感电压的正负与电流的________及________端有关。

4．两个互感线圈正向串联时，其等效电感为________；反向串联时，其等效电感为________。

5．两个互感线圈同侧相并时，其等效电感为________；它们异侧相并时，其等效电感为________。

6．理想变压器的理想条件：①耦合系数 k=________，②线圈的________趋于无穷大，________为常数，③变压器中无________。

7．理想变压器的变压比 n=________。

8．从输入端看理想变压器次级负载阻抗的等效输入阻抗 Z_1=________。

二、判断题

1．由线圈本身的电流变化引起的本线圈中的电磁感应称为自感。（　　）

2．任意两个距离较近的线圈总是存在互感现象。（　　）

3．由同一电流引起的感应电压，其极性始终保持一致的端子称为同名端。（　　）

4．两个串联互感线圈的感应电压极性取决于电流流向，与同名端无关。（　　）

5．正向串联的两个互感线圈的等效电感是它们的电感之和。（　　）

6．一个220V/110V的单相变压器，初级绕组为400匝、次级绕组为200匝，可以将初级绕组只绕2匝，次级绕组只绕1匝。（　　）

7．通过互感线圈的电流若同时流入同名端，则它们产生的感应电压彼此增强。（　　）

三、单项选择题

1．符合全耦合、参数无穷大、无损耗3个条件的变压器称为（　　）。

A．空芯变压器　　　　B．理想变压器　　　　C．实际变压器

2．线圈几何尺寸确定后，其互感电压的大小正比于相邻线圈中电流的（　　）。

A．大小　　B．变化量　　C．变化率

3．两个互感线圈的耦合系数 k=（　　）。

A．$\dfrac{\sqrt{M}}{L_1L_2}$　　B．$\dfrac{M}{\sqrt{L_1L_2}}$　　C．$\dfrac{M}{L_1L_2}$

4．变压器铭牌上标明 220V/36V、300V·A，下面哪种规格的电灯能接在此变压器的次级使用（　　）。

A．36V/500W　　B．36V/50W　　C．220V/60W

5．两个互感线圈正向串联时的等效电感 L=（　　）。

A．L_1+L_2-2M　　B．L_1+L_2+M　　C．L_1+L_2+2M

6．符合无损耗、k=1 和自感趋于无穷大条件的变压器是（　　）。

A．理想变压器　　B．全耦合变压器　　C．空芯变压器

四、简答题

1．互感现象和自感现象有何不同？

2．何谓耦合系数？何谓全耦合？

3．试述同名端的概念。为什么两个互感线圈串联、并联时必须注意它们的同名端呢？

4．判断如自测图 8-1 所示的线圈的同名端。

扫一扫看微课视频：同名端判别

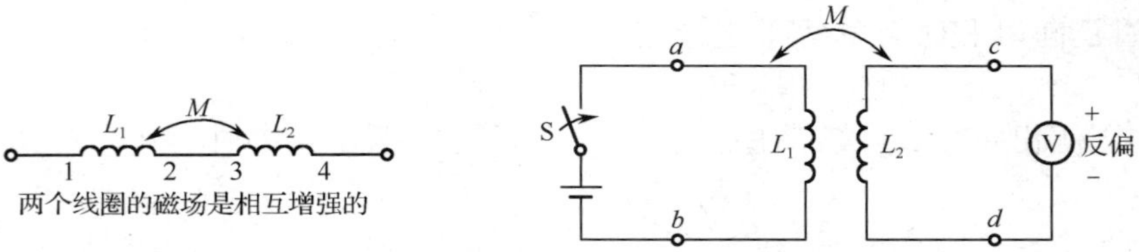

（a）　　（b）

自测图 8-1

五、计算分析题

1．求如自测图 8-2 所示的电路的等效阻抗。

2．耦合电感 $L_1=6\text{H}$，$L_2=4\text{H}$，$M=3\text{H}$，试分别计算耦合电感串联、并联时的各等效电感。

3．电路如自测图 8-3 所示，①试选择合适的匝数比使传输到负载上的功率达到最大；②求 1Ω负载上获得的最大功率。

扫一扫看微课视频：变压器最大功率传输

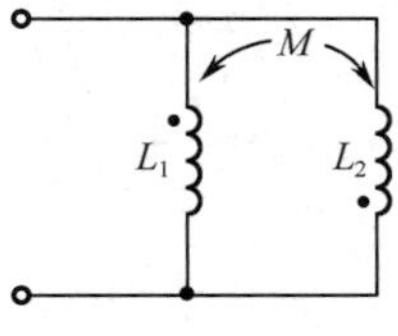

自测图 8-2

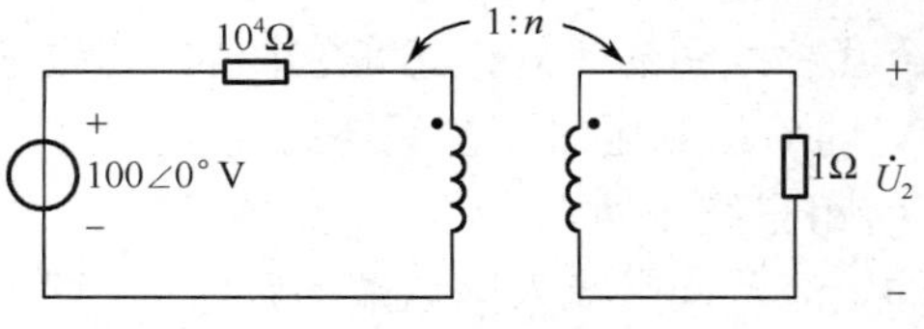

自测图 8-3

4．将两个线圈串联起来接到工频 220V 的正弦电源上。正向串联时电流 I=2.7A，吸收功率为 21.8W，反向串联时电流 I=7A，求互感系数 M。

扫一扫看微课视频：互感系数测算